JN063994

初学者のための
微積分学

（問題演習編）　加藤 明史 著

現代数学社

本書は 1997 年 4 月に小社から出版した
『初めて学ぶ微分積分　問題集』
を書名変更し、再出版するものです。

はしがき

数学はアイデアの一大叙事詩である．数学で使われる概念や記号は，人間の歴史における最高の思想のいくつかを反映している．現代では，それは益々大規模なものに成長し，その道具立ては実に精緻を極めている．

かくして，今日，数学を学ぶ我々が，抽象的に定義された概念を真に理解し，またそれを真に使いこなすためには，豊かな数学的情緒が必要であると共に，優れた問題集による基本事項の習練が必要である．計算練習の特に必要とされる微分積分学においては尚更なことである，そして，このことは，単に数学的技巧の修得のためばかりではなく，自己の数学的情感を一層豊かで確実なものにし，またそれを一層適切に表現するためにも必要なのである．

ものごとは，問題意識を持って見ると，今まで気のつかなかった思わぬ眺望が開けるものである．これは，思考にも一種の遠近法が作用するからであろう．この意味で，単なる問題集も適切に用いればその効力は多大である．

本書は１変数，多変数および複素変数の関数の微分積分学について，基本事項を簡潔に要項欄にまとめ，それに基本問題と適切な応用問題を集成したもので，巻末には親切な解答を付した．問題は単なる難問や末梢的なものを避け，理論的にも重要な基本的良問を精選した．それらはすべて体系的に配置され，新しい用語にはすべて厳密な定義が付されているので，問題集全体が要項集としても役立つであろう．

本書が，それを伴侶として日々前進される読者諸氏の数学的琴線に触れることになれば幸いである．

1997 年 1 月

加藤明史

復刊によせて

本書は，1997 年に現代数学社から刊行された「初めて学微分積分問題集」を一部新訂したもので，書名は『初学者のための微積分学 問題演習編』と変更されています．

復刊を望まれる多くの方々の声にお応えし，旧版の良さを生かすため本文には手を加えていないことをご了承ください．本書刊行にあたり，ご快諾くださった加藤明史先生に，心より厚く御礼を申し上げます．

2023 年 8 月　　現代数学社編集部

目　次

問 題 篇

第 1 部

1 変数関数

For in learning the Science, examples are
of more use than precepts. —— Newton

なぜなら，科学を学ぶには，教訓よりも例題の方が
もっと有用だから．

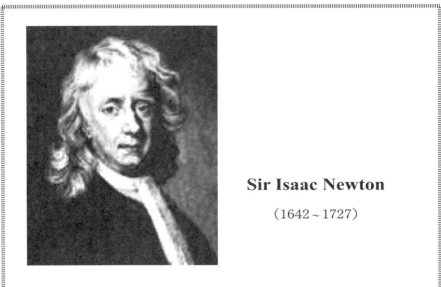

Sir Isaac Newton

（1642～1727）

三大発見〈万有引力，光の分析，微積分法〉をして近世科学史上に不朽の業績を残したNewtonは，大いに夢想をしたが，無益な思弁はもてあそばなかった．

彼は，科学史上の金字塔『プリンキピア』（自然哲学の数学的原理，1687）の終り近くで，「私は仮説を作らない」（Hypotheses non fingo.）と書いている．彼は，アリストテレス以来の不毛な実体的形相を排除しようとしたのであり，しばしば誤解されているように，合理的な想像力の持つ豊かさを排除しようとしたのではない．そして，合理的な仮説は常に実証的検証の中でその有効性を発揮するものである．

全く，百千のアリストテレスの教条といえども，一つの例証に対しては道を譲らなければならないのである．

§1.　1次元点集合

基本事項

1　実数全体の集合 $\boldsymbol{R}$ は**数直線**として幾何学的に表示される．数直線上の有限個または無限個の**点**の集まりを**1次元点集合**という．

2　原点だけの集合 $\{0\}$，自然数全体の集合 $\boldsymbol{N}$，整数全体の集合 $\boldsymbol{Z}$，有理数全体の集合 $\boldsymbol{Q}$，実数全体の集合 $\boldsymbol{R}$ は，1次元点集合であり，複素数全体の集合 $\boldsymbol{C}$ はそうではない．

3　数直線上の2点 $a, b(a<b)$ に対し，**開区間** (a, b)，**閉区間** $[a, b]$，**半開区間** $[a, b)$，$(a, b]$ を**有限区間**といい，それ以外の区間 (a, ∞)，$[a, \infty)$，$(-\infty, b)$，$(-\infty, b]$，$(-\infty, -\infty)$ を**無限区間**という．任意の区間は**連結**である．

4　**絶対値** $|x|=\sqrt{x^2}$．$|x|=x$ $(x\geqq 0)$ または $-x$ $(x<0)$．

(1)　$|x|\geqq 0$，等号は $x=0$ のときに限り成立つ．

(2)　$|xy|=|x|\,|y|$，特に，$|-x|=|x|$．

(3)　$|x+y|\leqq|x|+|y|$（**三角不等式**）．

5　任意の2点 x，y の**距離**は $|x-y|$ で与えられる．

6　点 a と正数 δ に対して，$|x-a|<\delta$ をみたす点 x 全体の集合，すなわち開区間 $(a-\delta, a+\delta)$ を a の **δ 近傍**という．

7　点集合 S と点 l（Sの点とは限らない）において，l の任意の δ 近傍が l 以外の S の点を少なくとも一つ含むとき，l を Sの**集積点**という．Sがそのすべての集積点を Sの点として含むならば，Sは**閉集合**と呼ばれる．閉区間は閉集合である．

8　点集合 Sの点 a は，S の集積点でなければ**孤立点**という．

9　点集合 S のすべての点 x に対して，$m\leqq x\leqq M$ なる実数 m, M が存在するとき，S は**有界**であるという．

10　すべての有界な無限点集合は少なくとも一つの集積点を持つ（**Weierstrass-Bolzano の定理**）．有限な点集合は集積点を持たない．

11　任意の正数 a, b に対して，$a<nb$ となるような自然数 n が必ず存在する（**Archimedes の公理**）．正数の最小値，最大値は存在しない．

A (解答は131頁)

1 次の各不等式を満足する実数 x の範囲を区間の形で表わせ．閉区間はどれか．

(1) $|x-3|\leqq 5$　　(2) $|x-5|<|x+1|$

(3) $x(x+2)\leqq 24$　　(4) $x^3-4x^2-11x+30<0$

(5) $\dfrac{1}{x}+\dfrac{3}{2x}\geqq 5$　　(6) $\dfrac{1}{x-3}\geqq 1$

(7) $\dfrac{4x+6}{x^2+3x+4}\leqq 1$　　(8) $\dfrac{x}{x+2}>\dfrac{x+3}{3x+1}$

(9) $\sqrt{x}>x-5$　　(10) $\sqrt{x+1}\leqq 3-x$

2 任意の実数 x に対して，$|x|^2=x^2$ が成立つことを証明せよ．

3 任意の実数に対し，次の不等式が成立つことを証明せよ．

(1) $|x+y|\geqq|x|-|y|$　　(2) $|x-y|\geqq|x|-|y|$

(3) $|x-y|\leqq|x|+|y|$　　(4) $|x+y+z|\leqq|x|+|y|+|z|$

4 **Schwarz の不等式**

$$(x_1y_1+x_2y_2+x_3y_3)^2\leqq(x_1{}^2+x_2{}^2+x_3{}^2)(y_1{}^2+y_2{}^2+y_3{}^2)$$

を証明せよ．但し，各文字は任意の実数とする．

5 任意の正数に対し，次の不等式が成立つことを証明せよ．

(1) $x+y\geqq 2\sqrt{xy}$　　(2) $x^2+y^2+z^2\geqq xy+yz+zx$

(3) $x>y$ ならば，$x^n>y^n$（n は任意の正整数）

6 数直線上の相異なる2点 $\dfrac{b}{a}$，$\dfrac{d}{c}$ の中点 x の座標を求め，それが $\dfrac{b+d}{a+c}$ に等しくなるための a と c の条件を求めよ．

7 次の点集合はいずれも集積点0を持つことを証明せよ．

(1) $\left\{1,\dfrac{1}{2},\dfrac{1}{3},\dfrac{1}{4},\cdots\cdots\right\}$　　(2) $\left\{1,\dfrac{1}{2},\dfrac{1}{4},\dfrac{1}{8},\cdots\cdots\right\}$

8 点集合$\left\{1,\dfrac{1}{2},\dfrac{2}{3},\dfrac{3}{4},\cdots\cdots\right\}$は集積点1を持つことを証明せよ．この集合は閉集合か．

9 ちょうど二つの集積点を持つような点集合の例を作れ．

10 ちょうど三つの集積点を持つような点集合の例を作れ．

11 3と4を集積点とするような点集合の例を作れ．

12 有限な点集合は集積点を持たないことを証明せよ．

13 有理数全体の集合 $\boldsymbol{Q}$ は任意の実数を集積点として持つことを証明せよ．

14 有理数全体の集合 $\boldsymbol{Q}$ は閉集合ではない．何故か．

15 整数全体の集合 $\boldsymbol{Z}$ は孤立点だけからなることを証明せよ．

16 点 l と点集合 S に対して次の 4 通りの可能性がある．それぞれの場合について，l と S の具体例を作れ．

(1) l は S の点であり，S の集積点でもある．

(2) l は S の点ではないが，S の集積点である．

(3) l は S の点であるが，S の集積点ではない．

(4) l は S の点ではなく，S の集積点でもない．

17 点集合 S を半開区間 $[0,1)$ とするとき，前問の各条件をみたす点 l の存在範囲を求めよ．

18 点集合 S の各点 x に対して，$x \leqq M$ なる実数 M が存在するとき，S は**上に有界**であるといい，M を**上界**と呼ぶ．最小な上界を S の**上限**といい，$\sup S$ で表わす．同様に，$m \leqq x$ が成立すれば，S は**下に有界**，m を**下界**と呼ぶ．最大な下界を S の**下限**といい，$\inf S$ で表わす．

次のことがらを証明せよ．

(1) 有限区間の下限と上限は，開区間，閉区間，半開区間のいずれの場合でも，その区間の端点 a と b である．

(2) A が S の部分集合ならば，$\inf S \leqq \inf A \leqq \sup A \leqq \sup S$.

注　上限 *sup* (supremum)＝最小上界 *l.u.b.* (least upper bound).
　　下限 *inf* (infimum)＝最大下界 *g.l.b.* (greatest lower bound).

B　（解答は133頁）

19 整式（多項式）を 0 に等しいと置いて出来る方程式

$$a_0x^n + a_1x^{n-1} + \cdots + a_n = 0$$

を**代数方程式**という．整数係数の代数方程式の根になりうる複素数を**代数的数**，なりえない複素数を**超越数**と呼ぶ．特に，整数係数の 1 次方程式 $ax+b=0$ の根が**有理数**，それ以外の実数が**無理数**である．

$\sqrt{2}$ は有理数ではないことを証明せよ．

20 次の各数は代数的数であることを証明せよ．

(1) $\sqrt{2}+\sqrt{3}$　(2) $\sqrt[3]{2}+\sqrt{3}$　(3) $\sqrt{2}+\sqrt{3}+\sqrt{5}$

注　円周率 π や自然対数の底 e などの無理数は超越数であることが証明されている．しかし，$e\pi$ や $e+\pi$ は，それが有理数か否かさえ解決されていない．種々の数の超越性を証明することが **Hilbert** の第7問題である．

21　数直線上の任意の2点 $x, y(x \neq y)$ の間には少なくとも一つの，従って無限個の有理数が存在する（**有理数の稠密性**）．Archimedes の公理からこのことを導け．

22　一般に，集合 S の元の間に3条件

(1)　$x \leqq x$（反射律）

(2)　$x \leqq y$，$y \leqq x$ ならば，$x=y$（反対称律）

(3)　$x \leqq y$，$y \leqq z$ ならば，$x \leqq z$（推移律）

をみたす関係 $\leqq$ が定められているとき，S を（**半**）**順序集合**，$\leqq$ を（**半**）**順序関係**という．更に，半順序集合 S の任意の2元 x, y に対して，

(4)　$x \leqq y$ または $y \leqq x$ である（比較可能律）

が成立つとき，S を**全順序集合**，$\leqq$ を**全順序関係**という．

実数全体の集合 $\boldsymbol{R}$ およびその任意の部分集合（1次元点集合）は，数の**大小関係** $\leqq$ に関して全順序集合をなすことを確かめよ（証明不要）．

23　有理数全体の集合 $\boldsymbol{Q}$ を空でない二つの部分集合 A, B に分割し，A に属する各数は B に属する各数より小さいようにすることを **Dedekind の切断**という．このとき，$\sup A = \inf B$ であることを証明せよ．

注　これによって，一つの切断には一つの実数が対応することがわかる．Dedekind は切断で実数を定義した．

24　無限集合 S から自然数全体の集合 N の上への1-1対応が存在するとき，S は**可付番無限**であるという．

次の各集合は可付番無限であることを証明せよ．

(1)　整数全体の集合 $\boldsymbol{Z}$　　(2)　有理数全体の集合 $\boldsymbol{Q}$

25　無限集合 S から開区間 $(0,1)$ の上への1-1対応が存在するとき，S は**連続体の濃度**を持つという．

(1)　連続体の濃度は可付番無限ではないことを示せ．

(2)　実数全体の集合 $\boldsymbol{R}$ は連続体の濃度を持つことを示せ．

§2. 関　数

基本事項

1 1次元点集合 S の各点 x に或る実数 y を対応させる規則を**関数**（詳しくは1変数1価実関数）と呼び，$y=f(x)$，または単に f で表わす．このとき，x を**独立変数**，y を**従属変数**といい，x,y の**変域**（取りうる値の範囲）S,R を，それぞれ，関数 f の**定義域**，**値域**という．

2 値域 R が有界のとき，関数 f は有界であるという．**上に有界**，**下に有界**も同様である．R の点 y の最大値，最小値はもし存在すれば，それぞれ関数 f の**最大値**，**最小値**と呼ばれる．

3 ある区間内の $x_1<x_2$ なる任意の2点 x_1,x_2 に対して $f(x_1)\leqq f(x_2)$ であるとき，関数 f はその区間で**単調増加**であるといい，特に，$f(x_1)<f(x_2)$ が成立つとき f は**強増加**であるという．$f(x_1)\geqq f(x_2)$，$f(x_1)>f(x_2)$ の場合は**単調減少**，**強減少**と呼ぶ．

4 $y=f(x)$，$z=g(y)$ のとき，$z=g(f(x))$ を関数 f,g の**合成関数**と呼び $g\circ f$ で表わす（結合の順序に注意せよ）．

5 $y=f(x)$ を $x=g(y)$ の形に書き改めたとき，関数 g を関数 f の**逆関数**と呼び，通常，変数を入れ換えて $y=g(x)$ とする．

6 関数関係は $F(x,y)=0$ の形でも書かれる（**陰関数表示**）．

7 関数 $y=f(x)$ は，整式 $p_i(x)$ を係数とする関係式

$$p_0(x)y^n+p_1(x)y^{n-1}+\cdots+p_{n-1}(x)y+p_n(x)=0$$

をみたすとき**代数関数**，みたさないときは**超越関数**と呼ばれる．**有理整関数**（整式，多項式），**有理関数**（分数式），**無理関数**（無理式）は代数関数である．

8 指数関数，対数関数，三角関数，逆三角関数を**初等超越関数**と呼び，代数関数，初等超越関数，およびそれらを合成して作られる関数を総称して**初等関数**という．

9 関数関係 $y=f(x)$ は，直交座標系における点 $(x,f(x))$ の集合として，しばしば図示される（関数の**グラフ**）．

10 方程式 $y=f(x)$ は一般に xy 平面上の**曲線**を表わす．

A （解答は134頁）

1 2次関数 $f(x)=ax^2+bx+c\,(a\neq0)$ の定義域と値域を求めよ（係数 a の符号によって場合分けが必要であることに注意せよ）.

2 関数 f が，$2\leqq x\leqq 8$ なる実数 x に対してだけ，$f(x)=(x-2)(8-x)$ で定義されている．次の各問に答えよ．

(1) もし存在するならば，$f\circ f(3)$，$f\circ f(5)$，$f\circ f(6)$ の各値を求めよ．

(2) 関数 $f\circ f$ の定義域を求めよ．

(3) $g(t)=f(1-2t)$ とおくとき，$g(t)$ を t の式で表わせ．

(4) 関数 g の定義域を求めよ．

(5) 関数 f，$f\circ f$，g はいずれも有界であることを証明せよ．

(6) 関数 f，$f\circ f$，g のそれぞれが取る値の最大値と最小値を求めよ．

3 指数関数 $y=a^x$，対数関数 $y=\log_a x$ は，いずれも $0<a<1$ なるときは単調減少関数であり，$1<a$ なるときは単調増加関数であることを，そのグラフから確かめよ．

注　微分積分学では，底 $a=e=2.71828\cdots$ なる場合が特に重要であり，ことわりの無い限り，$\log x$ は自然対数を表わす．

4 関数 f，g，h を $f(x)=\log x$，$g(x)=x^2$，$h(x)=f\circ g(x)-g\circ f(x)$ で定義する．次の各問に答えよ．

(1) 関数 h の定義域を求めよ．

(2) $h(x)=0$ となる x の値をすべて求めよ．

(3) $h(x)>0$ となる x の範囲を求めよ．

(4) $h(x)$ を最大にする x の値，および，その最大値を求めよ．

5 関数 $f(x)=\sqrt{1-\sqrt{x^2-1}}$ の定義域を求めよ．

6 次の各関数のグラフを描け．

(1) $y=|x|+x$　　(2) $y=-|x|+x$　　(3) $y=x/|x|\ (x\neq0)$

7 次の各条件をみたす関数 f の簡単な具体例をあげよ．

(1) $f(x+1)=f(x)+2$　　(2) $f(x+1)=2f(x)$

(3) $f(x+1)=f(x)$　　(4) $f(x)=f(1-x)$

8 実数 x を越えない最大の整数を $[x]$ で表わす（**Gauss の記号**）．関数 $y=[x]$ のグラフを描け．この記号によって，正数 x の小数第1位の切り捨て，切り上げ，四捨五入がそれぞれ $[x]$，$-[-x]$，$[x+0.5]$ で表わされることを示せ．

9 関数 f は，すべての実数 x に対して $f(x)=f(-x)$ が成立つならば**偶関数**，また，$f(x)=-f(-x)$ が成立つならば**奇関数**と呼ばれる．

次のことがらを証明せよ．

(1) f が偶関数ならば，$y=f(x)$ のグラフは y 軸に関して対称である．

(2) f が奇関数ならば，$y=f(x)$ のグラフは原点に関して対称である．

10 f をすべての実数 x に対して定義された任意の関数とするとき，次のことがらを証明せよ．

(1) $g(x)=f(x)+f(-x)$ は偶関数，$h(x)=f(x)-f(-x)$ は奇関数である．

(2) 関数 f は一つの偶関数と一つの奇関数の和として表わされる．

11 すべての実数 x に対して，$f(x)=f(x+s)$ （s は定数）が成立つとき，s を関数 f の**周期**という．関数 f が 0 でない周期を持つとき，f を**周期関数**といい，最小の正の周期を f の**基本周期**という．

次のことがらを証明せよ．

(1) s が周期ならば，ms （m は整数）も周期である．

(2) s が周期ならば，s は基本周期の整数倍である．

12 すべての実数 x に対して $f(x)=c$ （c は定数）となる関数 f を**定数関数**と呼ぶ．定数関数は次の各性質を持つといえるか．

(1) 単調増加関数　　(2) 偶関数　　(3) 周期関数

13 **単位円**（半径1の円）において，弧長 θ に対する中心角を θ **弧度（ラジアン）**という．半径 r の円において，中心角 θ ラジアンに対する度数 x，弧長 l，扇形の面積 S を，それぞれ，r と θ の式で表わせ．

注　弧度は，弧長を反時計方向に測るときは正，その逆は負とする．また，一つの角 θ $(0\leqq\theta<2\pi)$ に対して，$\theta+2n\pi$ （n は整数）を θ の**一般角**という．このような角の測り方を従来の **60 分法**に対して**弧度法**という．微分積分学では特にことわらない限り，角は弧度法によって測られる．

14 次のことがらを証明せよ．

(1) $\cos x$ は偶関数，$\sin x$ は奇関数である．

(2) $\cos x$，$\sin x$ は基本周期 2π を持ち，$\tan x$ は基本周期 π を持つ．

15 未知の角 x の三角関数を含む方程式を**三角方程式**という．特殊解を $x=\theta$ とすれば，三角方程式 $\cos x=a$，$\sin x=a(|a|\leqq1)$ の一般解は，それぞれ，次式で与えられることを証明せよ．

$$x=2n\pi\pm\theta,\quad x=n\pi+(-1)^n\theta \ (n \text{ は整数}).$$

また，$\tan x=a$ の一般解は特殊解 θ のどのような式で表わされるか．

B (解答は137頁)

16 三角関数の逆関数を**逆三角関数**といい,

逆余弦関数 $\cos^{-1}x$, **逆正弦関数** $\sin^{-1}x$ $(|x|\leqq 1)$

などで表わす. 逆三角関数は無限多価関数であるが, 次の範囲に値を制限すれば1価関数となる:

$$0\leqq\cos^{-1}x\leqq\pi,\quad -\frac{\pi}{2}\leqq\sin^{-1}x\leqq\frac{\pi}{2}\quad (\textbf{主値}).$$

次の逆三角関数の値をすべて求めよ.

(1) $\cos^{-1}\dfrac{1}{2}$ (2) $\sin^{-1}\dfrac{1}{2}$ (3) $\tan^{-1}1$

17 **双曲線関数**

$$\cosh x=\frac{e^x+e^{-x}}{2},\quad \sinh x=\frac{e^x-e^{-x}}{2}$$

について, 次のことがらを証明せよ.

(1) $\cosh x$ は偶関数, $\sinh x$ は奇関数である.

(2) $\cosh 0=1$, $\sinh 0=0$.

(3) $\cosh^2 x-\sinh^2 x=1$.

(4) $\sinh x<\cosh x$.

18 双曲線関数の逆関数を**逆双曲線関数**といい,

$$\cosh^{-1}x=\log(x+\sqrt{x^2-1})\quad (x\geqq 1)$$

$$\sinh^{-1}x=\log(x+\sqrt{x^2+1})\quad (-\infty<x<\infty)$$

などで表わす. 次の各問に答えよ.

(1) $\cosh^{-1}x$, $\sinh^{-1}x$ は偶関数または奇関数になるか.

(2) $\cosh^{-1}1$, $\sinh^{-1}0$ の値を求めよ.

(3) $y=\log(x+\sqrt{x^2+1})$ から $x=\sinh y$ を導け.

19 変数 x の一つの値に対して関数値 $f(x)$ が唯一つ定まるときは, 関数 f を**1価関数**といい, 関数の値が二つ以上定まるときは**多価関数** (***n* 価関数**) という.

関係式 $x^2+2xy+2y^2=1$ から定まる y は x の何価関数か. また, x, y の変域を求めよ.

注 通常, 特にことわらない限り, 関数といえば1価関数を意味する. 多価関数については§27で考察する.

§3.　関数の極限

基本事項

[1] 任意の正数 ε に対して，それに応じて適当な正数 δ を決め，

$$0<|x-x_0|<\delta \quad ならば \quad |f(x)-l|<\varepsilon \ (l は定数)$$

と出来るとき，l を関数 f の x が x_0 に近づくときの**極限**（**極限値**）であるといい，

$$\lim_{x\to x_0} f(x)=l$$

で表わす（**ε-δ 法**）．この場合，f は $x=x_0$ で定義されていなくてもよい．

[2] x が限りなく増加または減少するとき $f(x)$ の値が l に近づくことを，それぞれ，

$$\lim_{x\to\infty} f(x)=l \ または \ \lim_{x\to-\infty} f(x)=l$$

で表わす．特に，$\lim_{x\to\infty} 1/x=0$．∞ は**無限大**と読む．

[3] $x\to x_0$ のとき $f(x)$ の値が限りなく増加または減少することを，それぞれ，

$$\lim_{x\to x_0} f(x)=+\infty \ または \ \lim_{x\to x_0} f(x)=-\infty$$

で表わす．但し，$\pm\infty$ という極限が存在するわけではない．

[4] 記号 $x\to x_0$ は数直線上の定点 x_0 に動点 x が限りなく近づくことを意味する．この場合，x_0 に x が右側（大きい方）から近づくときの極限を**右極限**といい，$\lim_{x\to x_0+} f(x)$ で表わす．同様に左側（小さい方）から近づくときの極限を**左極限**といい，$\lim_{x\to x_0-} f(x)$ で表わす．（右極限＝左極限＝l）$\Longleftrightarrow$（極限＝l）．

[5] 極限 $\lim_{x\to x_0} f(x)$，$\lim_{x\to x_0} g(x)$ が共に存在するならば，$f(x)$ および $g(x)$ の**和，差，積，商の極限**も存在し，それらは上記の二つの極限の和，差，積，商（但し，分母 $\neq 0$ とする）に等しい．同様のことが右および左極限に対しても成立する．

[6] $\lim_{x\to x_0} c\,f(x)=c\lim_{x\to x_0} f(x)$（$c$ は定数）．

[7] 関数 $y=f(x)$，$z=g(y)$ において，

$$\lim_{x\to x_0} f(x)=y_0,\ \lim_{y\to y_0} g(y)=z_0 \ ならば \ \lim_{x\to x_0} g\circ f(x)=z_0.$$

[8] (1) $\displaystyle\lim_{x\to 0}\frac{\sin x}{x}=1$　　(2) $\displaystyle\lim_{x\to 0}\frac{e^x-1}{x}=1$

(3) $\displaystyle\lim_{x\to\infty}\left(1+\frac{1}{x}\right)^x=e$　　(4) $\displaystyle\lim_{x\to\infty}\frac{x^m}{e^x}=0$

A　（解答は137頁）

1　次の極限を求めよ．

(1) $\lim_{x\to 2}\frac{x^2-4}{x-2}$　(2) $\lim_{x\to -1}\frac{x^2-1}{2x+2}$　(3) $\lim_{x\to 0}\frac{(2+x)^4-16}{x}$

(4) $\lim_{x\to 1}\frac{2x^4-6x^3+x^2+3}{x-1}$　(5) $\lim_{x\to \infty}\frac{2x^4+3x^2-1}{6x^4-x^3+3x}$　(6) $\lim_{x\to \infty}\frac{(2x-1)^2}{x^2+3x-2}$

(7) $\lim_{x\to \infty}\frac{2x^4-6x^3+x^2+3}{x^4-1}$　(8) $\lim_{x\to \infty}\frac{x^2+2x-3}{2x^2+1}$　(9) $\lim_{x\to 4}\frac{\sqrt{x}-2}{x-4}$

(10) $\lim_{x\to 1}\frac{x-1}{\sqrt{x}-1}$　(11) $\lim_{x\to 0}\frac{\sqrt[3]{8+x}-2}{x}$　(12) $\lim_{x\to 0}\frac{\sqrt{4+x}-2}{x}$

2　次の各関数の x が0に近づくときの右極限と左極限を求めよ．

(1) $[x]$（Gauss の関数）　(2) $\frac{|x|}{x}$　(3) $\frac{a}{x}$ $(a>0)$

3　次の等式を極限の定義（ε-δ 法）にもとづいて証明せよ．

(1) $\lim_{x\to 2}x^2=4$　(2) $\lim_{x\to 2}\frac{x^2-4}{x-2}=4$

(3) $\lim_{x\to 1}\frac{x-1}{\sqrt{x}-1}=2$　(4) $\lim_{x\to 1}\frac{x^3-1}{x-1}=3$

4　$\lim_{x\to x_0}f(x)=\infty$ および $\lim_{x\to \infty}f(x)=l$ を ε-δ 法に倣（なら）って定義し，それにもとづいて次の等式を証明せよ．

(1) $\lim_{x\to 0}\frac{1}{x^2}=\infty$　(2) $\lim_{x\to 1}\frac{4}{(x-1)^2}=\infty$

(3) $\lim_{x\to \infty}\frac{a}{x}=0$（$a$ は定数）　(4) $\lim_{x\to \infty}\frac{1}{x^m}=0$（$m$ は正整数）

5　次の極限を求めよ．

(1) $\lim_{x\to 1-}\frac{x^2-x}{|x-1|}$　(2) $\lim_{x\to 2-}\frac{1}{(x-2)^3}$

(3) $\lim_{x\to \infty}\sin\frac{1}{x}$　(4) $\lim_{x\to \infty}\cos\frac{1}{x}$

(5) $\lim_{x\to 0}x\sin\frac{1}{x}$　(6) $\lim_{x\to 0}x\cos\frac{1}{x}$

6　もし $\lim_{x\to x_0}f(x)$ が存在するならば，それは一意的であることを証明せよ．

7　次の各等式が成立つように定数 a, b の値を定めよ．

(1) $\lim_{x\to 0}\frac{ax+b}{x}=1$　(2) $\lim_{x\to 1}\frac{x^2+ax+b}{x^2-1}=3$

8 $\lim_{x \to x_0} f(x)=l$ ならば，x_0 のある δ 近傍内の各点 $x \neq x_0$ に対して，不等式 $|f(x)|<|l|+1$ が成立つことを証明せよ．

9 $\lim_{x \to 0}\dfrac{\sin x}{x}=1$ であることを用いて，次の公式を証明せよ．

(1) $\lim_{x \to 0}\dfrac{1-\cos x}{x}=0$　　(2) $\lim_{x \to 0}\dfrac{\sin ax}{x}=a \quad (a \neq 0)$

(3) $\lim_{x \to 0}\dfrac{\tan x}{x}=1$　　(4) $\lim_{x \to 0}\dfrac{\sin^{-1} x}{x}=1$

10 $\lim_{x \to 0}\dfrac{e^x-1}{x}=1$ であることを用いて，次の公式を証明せよ．

(1) $\lim_{x \to 1}\dfrac{x-1}{\log x}=1$　　(2) $\lim_{x \to 0}\dfrac{a^x-1}{x}=\log a \quad (a>0)$

(3) $\lim_{x \to 0}\dfrac{a^x-b^x}{x}=\log\dfrac{a}{b} \quad (a, b>0)$

11 次の極限を求めよ．

(1) $\lim_{x \to 0}\dfrac{\tan^2 x}{x^2}$　　(2) $\lim_{x \to 0}\dfrac{\sin 2x}{\sin x}$　　(3) $\lim_{x \to 0}\dfrac{1-\cos x}{x^2}$

B　（解答は140頁）

12 定点 x_0 のある δ 近傍内の各点 $x \neq x_0$ に対して，常に $g(x) \leqq f(x)$ ならば，$\lim_{x \to x_0} g(x) \leqq \lim_{x \to x_0} f(x)$ が成立つ．

(1) このことを証明せよ．

(2) このとき，$g(x)<f(x)$ ならば $\lim_{x \to x_0} g(x)<\lim_{x \to x_0} f(x)$ である，といえるか．

13 定点 x_0 のある δ 近傍内の各点 $x \neq x_0$ に対して，

$$g(x) \leqq f(x) \leqq h(x),\ \text{かつ},\ \lim_{x \to x_0} g(x)=\lim_{x \to x_0} h(x)=l$$

ならば，$\lim_{x \to x_0} f(x)=l$ が成立つ（**絞り出し法**）．このことを証明せよ．

14 絞り出し法を用いて，$\lim_{x \to 0}\dfrac{\sin x}{x}=1$ を証明せよ．

15 $\lim_{x \to 0} f(x)=0$ なる関数 f に対し，$\lim_{x \to 0}\dfrac{f(x)}{x^n}\ (n>0)$ が 0 でない定数になるとき，f は x に関して **n 位の無限小**（x^n に関して**同位の無限小**）であるという．

次の各関数は x に関して何位の無限小か．

(1) x^4　(2) $x^4+x^5+x^6$　(3) x^3-4x^2+x

(4) $\sin x$　(5) e^x-1　(6) $\sin^{-1}x$

(7) $\log(1+x)$　(8) $\tan x$　(9) $\tan^2 x$

16 $\lim_{x\to 0} f(x)=0$ なる関数 f に対し，原点Oのある δ 近傍内で $\dfrac{f(x)}{x^n}$ $(n>0)$ が有界であるように出来るとき，f は x に関して**高々 n 位の無限小**であるといい，

$$f(x)=O(x^n) \quad \textbf{(Landau の記号)}$$

で表わす．次のことがらを証明せよ．

(1) $f(x)=O(x^n)$，$g(x)=O(x^n)$ ならば，

$$f(x)+g(x)=O(x^n).$$

(2) f が x に関して m 位 $(m\geqq n)$ の無限小ならば，

$$f(x)=O(x^n).$$

(3) $f(x)=O(x^n)$，$g(x)=O(x^m)$ ならば，

$$f(x)g(x)=O(x^{n+m}).$$

(4) 特に整式に対しては，$k<n$ のとき，

$$a_0+a_1x+a_2x^2+\cdots+a_nx^n$$
$$=a_0+a_1x+\cdots+a_kx^k+O(x^{k+1}).$$

17 $\lim_{x\to x_0} f(x)=l$，$\lim_{x\to x_0} g(x)=m$ のとき，次の公式を極限の定義（ε-δ 法）にもとづいて証明せよ．

(1) $\lim_{x\to x_0}\{f(x)+g(x)\}=l+m$

(2) $\lim_{x\to x_0}\{f(x)-g(x)\}=l-m$

(3) $\lim_{x\to x_0} f(x)g(x)=lm$

(4) $\lim_{x\to x_0}\dfrac{f(x)}{g(x)}=\dfrac{l}{m}$ $(m\neq 0)$

(5) $\lim_{x\to x_0} cf(x)=cl$（c は定数）

§4.　関数の連続

基本事項

[1] $\lim_{x \to x_0} f(x) = f(x_0)$ が成立つとき，関数 f は $x = x_0$ で**連続**であるという．従って，次の場合，f は $x = x_0$ で**不連続**である．

(1) $\lim_{x \to x_0+} f(x)$，$\lim_{x \to x_0-} f(x)$ の少なくとも一方が存在しないか，共に存在しても値が等しくない．$\lim_{x \to x_0} f(x)$ が存在しない．

(2) $f(x)$ が x_0 で定義されていない．

(3) $\lim_{x \to x_0} f(x) \neq f(x_0)$．

[2] もし $\lim_{x \to x_0+} f(x) = f(x_0)$ または $\lim_{x \to x_0-} f(x) = f(x_0)$ の一方だけが成立するならば，それぞれ関数 f は $x = x_0$ において**右側連続**または**左側連続**であるという（**片側連続**）．

[3] 関数 f がある区間 S の各点において連続ならば，f は **S で連続**であるという．この場合，S が閉区間のときは，その両端においては片側連続だけでよい．

[4] 2つの関数 f, g が共に $x = x_0$ で連続ならば，$f(x)$ と $g(x)$ の和，差，積，商（但し，分母$\neq 0$ とする）で定義される関数も $x = x_0$ で連続である．同様のことが一つの区間で連続である場合に対しても成立する．

[5] $y = f(x)$ が x の連続関数で，$z = g(y)$ が y の連続関数ならば，合成関数 $z = g \circ f(x)$ は x の連続関数である．

[6] 関数 f が $x = x_0$ で連続，かつ，$f(x_0) > 0$ であるならば，その各点 x に対し $f(x) > 0$ であるような x_0 の δ 近傍が存在する．

[7] 関数 f が閉区間 S で連続ならば，f は S で最大値と最小値を持つ．従って，f は S で有界である．

[8] 関数 f が閉区間 $[a, b]$ で連続であり，l を $f(a)$ と $f(b)$ の間にある任意の値とすれば，$f(c) = l$ となる点 c がその区間内に存在する（**中間値の定理**）．

[9] 関数 f が閉区間 $[a, b]$ で連続であり，$f(a)f(b) < 0$ ならば，$f(c) = 0$ となる点 c がその区間内に存在する．

[10] 閉区間の連続関数による像はまた閉区間である．

A （解答は142頁）

1 関数

$$f(x)=\begin{cases}1 & (x\text{は有理数})\\ 0 & (x\text{は無理数})\end{cases}$$

について次の各問に答えよ．

(1) $f(\sqrt{2})$，$f(7/3)$，$f(0.\dot{3})$，$f(-1)$，$f(\pi)$ の値を求めよ．

(2) $f(x)$ は任意の点 $x=x_0$ で不連続である．何故か．

2 次の各関数の $x=0$ における連続性を調べよ．

(1) $[x]$（Gauss の関数）　(2) $\dfrac{|x|}{x}$　(3) $\dfrac{a}{x}$ $(a>0)$

3 次の各関数は x のどんな値で不連続となるか．

(1) $\dfrac{x^2-3x+2}{x^2-2x-3}$　(2) $\dfrac{|x-1|}{x-1}$　(3) $\dfrac{|x|}{x(x-1)}$

(4) $\dfrac{1}{x^2+1}$　(5) $e^{1/x}$　(6) $\dfrac{x}{1+e^{1/x}}$

(7) $x\sin\dfrac{1}{x}$　(8) $\dfrac{1}{x}\sin x$　(9) $\tan x$

4 極限 $\lim_{x\to x_0} f(x)=l$ を持つ関数 f の $x=x_0$ における値が存在しないとき，$f(x_0)=l$ と定義してやれば，f を $x=x_0$ で連続とみなすことが出来る．このような x_0 を**除去可能な不連続点**という．前問の各不連続点は除去可能か．

5 関数 f が $x=x_0$ で連続であるための条件 $\lim_{x\to x_0} f(x)=f(x_0)$ を ε-δ 法を用いて表わせ．

6 $f(x)=3x^2$ は $x=2$ で連続であることを ε-δ 法により証明せよ．

7 二つの関数 f, g が共に $x=x_0$ で連続ならば，$f(x)$ と $g(x)$ の和，差，積，商（但し，分母$\neq 0$ とする）で定義される関数も $x=x_0$ で連続であることを証明せよ．

8 $y=f(x)$ が $x=x_0$ で連続であり，$z=g(y)$ が $y=y_0=f(x_0)$ で連続ならば，合成関数 $z=g\circ f(x)$ は $x=x_0$ で連続である．このことを証明せよ．

9 関数 f が $x=x_0$ で連続であるための条件は $\lim_{h\to 0}\{f(x_0+h)-f(x_0)\}=0$ と同値であることを証明せよ．

10 次の各関数は $x>0$ で連続であることを証明せよ．

(1) $1/x$　(2) $\log x$

11 閉区間 $[a, b]$ で連続な二つの関数 f, g において，$f(a)>g(a)$，$f(b)<g(b)$ が成

立つならば，$f(c)=g(c)$ となるような点 c がこの区間内に存在することを証明せよ．

12 次の2曲線は $2<x<3$ なる範囲で交点を持つか．

(1) $y=x^4$，$y=40-x$　　(2) $y=\log_{10}(x-1)$，$y=3-x$

13 方程式 $\sin x=x\cos x$ は $\pi<x<3\pi/2$ なる範囲で実数解を持つか．

14 次の各関数の $x=0$ における連続性を調べよ．

(1) $f(x)=\begin{cases}\dfrac{1}{x}\sin x & (x\neq 0)\\ 1 & (x=0)\end{cases}$　　(2) $f(x)=\begin{cases}x^2\sin\dfrac{1}{x} & (x\neq 0)\\ 0 & (x=0)\end{cases}$

(3) $f(x)=\begin{cases}\dfrac{x-|x|}{x} & (x\neq 0)\\ 2 & (x=0)\end{cases}$　　(4) $f(x)=\begin{cases}10^{-1/x} & (x\neq 0)\\ 0 & (x=0)\end{cases}$

15 $\sin x$ は全区間で連続であることを証明せよ．

16 a^x $(0<a\neq 1)$ は全区間で連続であることを証明せよ．

17 任意の有理整関数は全区間で連続であることを証明せよ．

B

(解答は143頁)

18 区間 S で連続な二つの関数 f, g の値が S に属する任意の有理数に対して等しいならば，S の任意の実数に対しても等しいことを証明せよ．

19 関数 f が任意の実数 x, y に対して

$$f(x+y)=f(x)+f(y)$$

をみたすとき，次のことがらを証明せよ．

(1) f が $x=0$ で連続ならば，全区間で連続である．

(2) 任意の有理数 k に対して $f(kx)=kf(x)$ である．

(3) 上の条件をみたす連続関数は $f(x)=ax$ (a は定数) にかぎる．

20 閉区間 S が有限個の区間に分割され，その各々で関数 f が連続かつ左右の極限を持つとき，f は S で**区分的に連続**であるという．

次の各関数は閉区間 $[-\pi, \pi]$ で区分的に連続であるといえるか．

(1) $\tan x$　　(2) $[x]$ (Gauss の関数)

21 中間値の定理を証明せよ．

22 閉区間の連続関数 f による像はまた閉区間である．このことを証明せよ．

23 $(x^n-1)\cos x+\sqrt{2}\sin x-1=0$ は $0<x<1$ なる範囲で実数解を持つことを証明せよ．

24 次の各関数は x のどんな値で不連続となるか．

(1) $f(x)=\lim_{n\to\infty}\dfrac{x^{n+1}}{1+x^n}$　　(2) $f(x)=\lim_{n\to\infty}\dfrac{1-x^n}{1+x^n}$

25 関数 f が区間 S で定義されているとき，任意の正数 ε に対して，ε だけに依存して点 x には依存しないような正数 δ を決めて，$|x_1-x_2|<\delta$ をみたす S の任意の2点 x_1, x_2 に対して $|f(x_1)-f(x_2)|<\varepsilon$ と出来るとき，f は S で**一様連続**であるという．

一様連続ならば連続であることを示せ．逆は成立つか．

26 $f(x)=x^2$ は開区間 $(0,1)$ で一様連続であることを証明せよ．

27 次の各関数は開区間 $(0,1)$ で連続ではあるが一様連続ではないことを証明せよ．

(1) $\dfrac{1}{x}$　　(2) $\sin\dfrac{1}{x}$

28 閉区間 S で連続な関数は一様連続である（**Heine の定理**）．このことを証明せよ．

29 $0<a<1$ とするとき，問27の各関数は半開区間 $[a,1)$ で一様連続であることを証明せよ．

30 次の各関数は任意の開区間 (a,b) で一様連続であることを証明せよ．

(1) $\sin x$　　(2) e^x

(3) $|x|$　　(4) 任意の有理整関数

31 二つの関数 f, g が共に区間 S で一様連続ならば，$f(x)$ と $g(x)$ の和，差，積，商（但し，分母$\neq 0$ とする）で定義される関数も S で一様連続であることを証明せよ．

§5. 数列と級数

基本事項

[1] 各々の正整数 n に実数 u_n が対応しているとき，$\{u_n\}$ $(n=1,2,\cdots)$ を**無限数列**といい，u_n をその**第n項**という．

[2] 数列 $\{u_n\}$ の極限 $\lim_{n\to\infty} u_n=l$ が存在するとき，この数列は**収束する**といい，存在しないときは**発散する**という．

[3] 極限 $\lim_{n\to\infty} a_n$，$\lim_{n\to\infty} b_n$ が共に存在するならば，a_n および b_n の**和，差，積，商**で定義される数列の極限も存在し，それらは上記の二つの極限の 和，差，積，商（但し，分母$\neq 0$ とする）に等しい．

[4] 数列の**有界，単調増加，単調減少**などの用語は関数の場合と同様である．

[5] **有界な単調数列**（上に有界な単調増加数列，下に有界な単調減少数列）は極限を持つ．

[6] 閉区間の縮小列 $[a_1,b_1]\supset[a_2,b_2]\supset\cdots$ において，$\lim_{n\to\infty}(a_n-b_n)=0$ ならば，二つの数列 $\{a_n\}$，$\{b_n\}$ は同じ極限 l に収束する（**区間縮小法**）．

[7] 数列 $\{u_n\}$ が収束するための必要十分条件は，任意の正数 ε に対して，それに応じて適当な正数 N を決め，

$$p,q>N \text{ ならば } |u_p-u_q|<\varepsilon$$

と出来ることである（**Cauchy の収束判定条件**）．

[8] 数列 $\{u_n\}$ の**部分和**を $S_n=u_1+u_2+\cdots+u_n$ とするとき，極限 $\lim_{n\to\infty} S_n=S$ がもし存在するならば，**無限級数** $u_1+u_2+\cdots$ は収束するといい，S をこの級数の**和**という．

[9] 無限級数 $u_1+u_2+\cdots$ が和を持つならば，$\lim_{n\to\infty} u_n=0$.

[10] **無限等比級数の和**

$$a+ax+ax^2+\cdots=\frac{a}{1-x}\qquad(|x|<1)$$

[11] (1) $\lim_{n\to\infty}\sqrt[n]{n}=1$　　(2) $\lim_{n\to\infty} nx^n=0$ $(|x|<1)$

(3) $\lim_{n\to\infty}\frac{x^n}{n!}=0$　　(4) $\lim_{n\to\infty}\left(1+\frac{1}{n}\right)^n=e$

A (解答は146頁)

1 次の極限を求めよ.

(1) $\lim_{n\to\infty}\frac{3n^2-5n}{5n^2+2n-6}$　(2) $\lim_{n\to\infty}(\sqrt{n+1}-\sqrt{n})$　(3) $\lim_{n\to\infty}\left(\frac{2n-3}{3n+7}\right)^4$

(4) $\lim_{n\to\infty}\frac{1-(-1)^n}{n}$　(5) $\lim_{n\to\infty}(\sqrt{n^2+n}-n)$　(6) $\lim_{n\to\infty}(2^n+3^n)^{1/n}$

2 数列 $u_n=\frac{2n-7}{3n+2}$ $(n=1, 2, \cdots)$ について，次のことがらを証明せよ.

(1) この数列は単調増加数列である.

(2) この数列は上に有界である.

(3) この数列は収束する.

3 $\lim_{n\to\infty} u_n=l$ を ε-δ 法に倣って定義し，それにもとづいて次の等式を証明せよ.

(1) $\lim_{n\to\infty} x^n=0$ $(|x|<1)$　(2) $\lim_{n\to\infty} n^{-m}=0$ $(m>0)$

4 数列 $u_n=\left(1+\frac{1}{n}\right)^n$ は収束することを証明せよ.

注　この極限 $e=2.71828\cdots$ を**自然対数の底**または **Napier の定数**という.

5 $\lim_{n\to\infty}\left(1+\frac{1}{n}\right)^n=e$ なることを用いて，次の公式を証明せよ.

(1) $\lim_{n\to\infty}\left(1-\frac{1}{n}\right)^{-n}=e$　(2) $\lim_{n\to\infty}\left(1+\frac{x}{n}\right)^n=e^x$

6 $\lim_{n\to\infty}\left(1-\frac{1}{n^2}\right)^n$ を求めよ.

7 数列 $u_1=1$，$u_{n+1}=\sqrt{3u_n}$ $(n=1, 2, \cdots)$ について次の各問に答えよ.

(1) この数列の第 n 項 u_n を n の式で表わせ.

(2) $\lim_{n\to\infty} u_n$ を求めよ.

8 $u_1=0$，$u_2=1$，$2u_{n+2}-3u_{n+1}+u_n=0$ $(n=1, 2, \cdots)$ のとき，次のものを求めよ.

(1) 一般項 u_n　(2) $\lim_{n\to\infty} u_n$　(3) $\lim_{n\to\infty}(u_1+u_2+\cdots+u_n-2n)$

9 $a_1=a$，$b_1=b\,(0<a<b)$，$a_{n+1}=\sqrt{a_nb_n}$，$b_{n+1}=(a_n+b_n)/2$ $(n=1, 2, \cdots)$ とすれば，数列 $\{a_n\}$，$\{b_n\}$ は同一の極限を持つことを証明せよ.

10 次の極限を求めよ.

(1) $\lim_{n\to\infty}\frac{(1^2+2^2+\cdots+n^2)^4}{(1^3+2^3+\cdots+n^3)^3}$　(2) $\lim_{n\to\infty}\frac{2x^n+\sin\pi x^n}{2x^n+\cos\pi x^n}$

11 a, b を正の定数とするとき，次の極限を求めよ：

$$\lim_{n\to\infty}\frac{a\sin^{n+1}\theta+b\cos^{n+1}\theta}{a\sin^n\theta+b\cos^n\theta}\quad\left(0\leqq\theta\leqq\frac{\pi}{2}\right)$$

12 数列 $\left\{\dfrac{n}{p^n}\right\}$ $(p>1)$ について，次の各問に答えよ．

(1) $\displaystyle\lim_{n\to\infty}\frac{n}{p^n}$ を求めよ．

(2) $S_n=\dfrac{1}{p}+\dfrac{2}{p^2}+\dfrac{3}{p^3}+\cdots+\dfrac{n}{p^n}$ とおくとき，$\displaystyle\lim_{n\to\infty}S_n$ を求めよ．

13 有理数 a $(0<a<1)$ を小数で表わせば，**有限小数**となるか **循環小数**となるかのいずれかである．このとき，次のことがらを証明せよ．

(1) a が有限小数となるための必要十分条件は，a を既約分数で表わしたとき，その分母が2と5以外の素因数を持たないことである．

(2) 純循環小数は無限等比級数の和として表わされる．

(3) 混循環小数はある定数と無限等比級数の和として表わされる．

B　(解答は149頁)

14 $\displaystyle\lim_{n\to\infty}u_n=l$ ならば，$\displaystyle\lim_{n\to\infty}\frac{u_1+u_2+\cdots+u_n}{n}=l$

であることを証明せよ．

15 $\displaystyle\lim_{n\to\infty}|u_n|=0$ ならば，$\displaystyle\lim_{n\to\infty}u_n=0$ であることを証明せよ．逆は成立つか．

16 次の公式を証明せよ．

(1) $\displaystyle\lim_{n\to\infty}\frac{x}{n^m}=0$ $(m>0)$　　(2) $\displaystyle\lim_{n\to\infty}\frac{x^n}{n!}=0$

17 **調和級数** $1+\dfrac{1}{2}+\dfrac{1}{3}+\cdots$ は発散することを証明せよ．

18 数列 $\{u_n\}$ の点集合としての最大集積点，最小集積点をそれぞれ**上極限，下極限**といい，$\limsup u_n$（または $\overline{\lim}\,u_n$），および $\liminf u_n$（または $\underline{\lim}\,u_n$）で表わす．但し，$\{u_n\}$ の中に同じ数 l が無数に含まれることはないものとする．

次のことがらを証明せよ．

(1) 数列 $\{u_n\}$ が極限 l に収束するための条件は，

$$\limsup u_n=\liminf u_n=l.$$

(2) 定数 l が数列 $\{u_n\}$ の上極限であるための条件は，任意の正数 ε に対して，$u_n>l+\varepsilon$ をみたす項 u_n は有限個しかないが，$u_n>l-\varepsilon$ をみたす項 u_n は無数に存在することである．

(3) 定数 l が数列 $\{u_n\}$ の下極限であるための条件は，任意の正数 ε に対して，$u_n<l-\varepsilon$ をみたす項 u_n は有限個しかないが，$u_n<l+\varepsilon$ をみたす項 u_n は無数に存在することである．

注 数列 $\{u_n\}$ の中に同じ数 l が無数に重複して含まれている場合は，点 l は点集合 $\{u_n\}$ の集積点になるとは限らない．

19 次の各数列の上限，下限，上極限，下極限を求めよ．

(1) $1,\ \frac{1}{2},\ \frac{1}{3},\ \frac{1}{4},\ \cdots$

(2) $0.6,\ 0.66,\ 0.666,\ 0.6666,\ \cdots$

(3) $\frac{1}{2},\ -\frac{1}{3},\ \frac{1}{4},\ -\frac{1}{5},\ \frac{1}{6},\ \cdots$

20 数列 $\{u_n\}$ の各項の**連乗積**を $\prod_{k=1}^{n} u_k=u_1u_2\cdots u_n$ で表わす．次の極限を求めよ．

(1) $\prod_{k=1}^{\infty}\left(1-\frac{1}{k+1}\right)$　　(2) $\prod_{k=1}^{\infty}\left\{1-\left(\frac{1}{k+1}\right)^2\right\}$

21 数列 $\{u_n\}$ において，$u_n>0$ のとき，次のことがらを証明せよ．

(1) $\lim_{n\to\infty}\frac{u_{n+1}}{u_n}<1$ ならば，$\lim_{n\to\infty} u_n=0$．

(2) $\lim_{n\to\infty}\frac{u_{n+1}}{u_n}>1$ ならば，$\lim_{n\to\infty} u_n=\infty$．

22 (1) 任意の正数 x と任意の正整数 n に対して，次の不等式が成立つことを証明せよ：$(1+x)^n\geqq 1+nx$．

(2) (1)を利用して，$\lim_{n\to\infty}\sqrt[n]{n}=1$ を証明せよ．

§6.　導関数と微分

基本事項

1　$\lim_{h\to 0}\dfrac{f(x_0+h)-f(x_0)}{h}$ $\left(\text{あるいは}\ \lim_{x\to x_0}\dfrac{f(x)-f(x_0)}{x-x_0}\right)$ が存在するとき，関数 f は $x=x_0$ で**微分可能**であるといい，この極限を f の $x=x_0$ における**微分係数**（**変化率**）と呼び，$f'(x_0)$ で表わす．微分可能ならば，f はその点で連続である．

2　曲線 $y=f(x)$ の点 (x_0, y_0) における**接線**および**法線**の方程式はそれぞれ次式で与えられる：　$y-y_0=f'(x_0)(x-x_0)$,　　$x-x_0=-f'(x_0)(y-y_0)$.

3　区間 S の各点 x で関数 f が微分可能なとき，微分係数 $f'(x)$ によって，S 上で f の**導関数** f' が定義される．

4　$y=f(x)$ において，関数 f の導関数が f' であるとき，

$$\frac{dy}{dx}=f'(x)\quad \text{あるいは}\quad dy=f'(x)\,dx$$

と書き，dx, dy をそれぞれ x, y の**微分**，dy/dx を**微分商**と呼ぶ．導関数を求めることを，$f(x)$ を x で**微分する**ともいう．〝微分＝微小〟なのではない．

5　$y=f(x)$ において，x と y の**増分**（**変化量**）をそれぞれ $\Delta x, \Delta y$ とすれば，$\Delta y/\Delta x$ は**平均変化率**を表わし，

$$\frac{dy}{dx}=f'(x)=\lim_{\Delta x\to 0}\frac{\Delta y}{\Delta x}=\lim_{\Delta x\to 0}\frac{f(x+\Delta x)-f(x)}{\Delta x}.$$

6　任意の定数 c に対して，$c'=0$,　$\{cf(x)\}'=cf'(x)$.

7　$\{f(x)\pm g(x)\}'=f'(x)\pm g'(x)$

$\{f(x)g(x)\}'=f'(x)g(x)+f(x)g'(x)$

$$\left\{\frac{f(x)}{g(x)}\right\}'=\frac{f'(x)g(x)-f(x)g'(x)}{\{g(x)\}^2},\qquad \left\{\frac{1}{g(x)}\right\}'=-\frac{g'(x)}{\{g(x)\}^2}$$

8　y が u の関数であり，u が x の関数ならば，

$$\frac{dy}{dx}=\frac{dy}{du}\cdot\frac{du}{dx}\quad \text{（合成微分率）}.$$

A　　（解答は150頁）

1　次の公式を証明せよ．

(1) $\dfrac{d}{dx}c=0$ （c は定数）　　(2) $\dfrac{d}{dx}x^n=nx^{n-1}$

(3) $\dfrac{d}{dx}\sin x=\cos x$　　(4) $\dfrac{d}{dx}\cos x=-\sin x$

(5) $\dfrac{d}{dx}\log x=\dfrac{1}{x}$　　(6) $\dfrac{d}{dx}e^x=e^x$

(7) $\dfrac{d}{dx}\sinh x=\cosh x$　　(8) $\dfrac{d}{dx}\cosh x=\sinh x$

2　次の各関数の導関数を求めよ．但し，$0<a\neq 1$ とする．

(1) $\log_a x$　　(2) a^x

3　$\dfrac{d}{dx}\log|x|$ を求め，公式 $\dfrac{d}{dx}\log x=\dfrac{1}{x}$ と比較せよ．

4　次の各関数の導関数を求めよ．

(1) $x\sqrt{1+x^2}$　　(2) $\sin^3 x$　　(3) $\dfrac{1}{\cos^2 x}$

(4) $\log\dfrac{1+x}{1-x}$　　(5) $\log x^3$　　(6) $x\log x$

5　曲線 $y=\sqrt[3]{x}$ の点 $(8,2)$ における接線と法線の方程式を求めよ．

6　曲線 $x^2-xy+y^2=1$ の点 $(0,1)$ における接線の方程式を求めよ．

7　原点Oを通る直線が曲線 $y=\log x$ と点Pで接するとき，接点Pの座標と接線OPの方程式を求めよ．

8　次の公式を証明せよ．

(1) $\{f(x)+g(x)\}'=f'(x)+g'(x)$

(2) $\{f(x)g(x)\}'=f'(x)g(x)+f(x)g'(x)$

9　次の各式において dy/dx を計算せよ．

(1) $xy^3-3x^2=xy+5$　　(2) $e^{xy}+y\log x=\cos 2x$

(3) $y=\cosh(x^2-3x+1)$　　(4) $y=(2x+1)^5$

(5) $y=\sqrt{x^2+1}$　　(6) $y=\sin^3 x+\sin x$

10　楕円 $\dfrac{x^2}{a^2}+\dfrac{y^2}{b^2}=1$ の点 (x_0, y_0) における接線の方程式を求めよ．

11　$x=x_0$ において微分可能な関数 $y=f(x)$ において，x の増分 $\Delta x=x-x_0$ が十分

小さければ，y の増分 $\Delta y=f(x)-f(x_0)$ は近似的に $\Delta y \fallingdotseq f'(x_0)\Delta x$ で与えられる（**近似計算**）．これを曲線 $y=f(x)$ のグラフを利用して説明せよ．

12 次の各数の近似値を求めよ．

(1) $\sqrt[3]{25}$　　(2) $\sin 31°$　　(3) $\log 1.12$

13 関数 f の（1階）導関数 f' が再び微分可能のとき，f' の導関数 f'' を関数 f の **2階導関数**といい，$y=f(x)$ のとき，$\dfrac{dy}{dx}=f'(x)$，$\dfrac{d^2y}{dx^2}=f''(x)$ と書く．

次の各関数の2階導関数を求めよ．

(1) x^n（n は整数）　　(2) $\sqrt{x}$　　(3) $\log x$

(4) e^x　　(5) $\cos x$　　(6) $\sinh x$

14 質点Pが定点Oからある直線に沿って運動するとき，経過時間 t と移動距離 $s=\mathrm{OP}$ との関係を $s=f(t)$ とすれば，時刻 t における**速度** v および**加速度** α は，それぞれ次式で与えられる：

$$v=\frac{ds}{dt}=f'(t),\qquad \alpha=\frac{dv}{dt}=\frac{d^2s}{dt^2}=f''(t).$$

もし，$v=$一定ならば，質点Pは静止（$v=0$）または**等速直線運動**をする．

次の各問に答えよ．

(1) 一直線上を運動する質点Pの時刻 t における移動距離を $s=t^3-3t$ とする．Pが静止する時刻を求めよ．

(2) (1)において，Pが静止するときの加速度を求めよ．

15 質点Pが原点Oから曲線 $y=x^3$ に沿って運動し，その x 座標が毎秒2の割合で増加している．$x=3$ のときの y 座標の変化率を求めよ．

16 球の体積の，その半径に関する変化率を求めよ．もし，球の半径が毎秒1 cmの割合で増加しているならば，半径が3 cmであるときの球の体積の変化率は何か．

B

（解答は152頁）

17 $\displaystyle\lim_{h\to 0+}\frac{f(x_0+h)-f(x_0)}{h}$ または $\displaystyle\lim_{h\to 0-}\frac{f(x_0+h)-f(x_0)}{h}$

が存在するとき，これらをそれぞれ関数 f の $x=x_0$ における**右および左微分係数**という．両側の微分係数が一致するときに限り，関数 f は $x=x_0$ で微分可能である．

次の各関数は $x=0$ で微分可能か.

(1) $|x|+x$　(2) $x|x|$　(3) $x^2|x|$

(4) $x\sin\dfrac{1}{x}$　(5) $x^2\sin\dfrac{1}{x}$　(6) $\sqrt[3]{x}$

18 関数 f が $x=x_0$ で微分可能ならば，f は $x=x_0$ で連続であることを証明せよ.

19 $y=f(x)$ が微分可能で $f'(x)\neq 0$ なる点 x の近傍では，

$$\frac{dx}{dy}=\frac{1}{dy/dx}$$ （**逆関数の微分法**）

が成立つ．これを利用して，次の公式を証明せよ.

(1) $\dfrac{d}{dx}\sin^{-1}x=\dfrac{1}{\sqrt{1-x^2}}$　(2) $\dfrac{d}{dx}\cos^{-1}x=-\dfrac{1}{\sqrt{1-x^2}}$

(3) $\dfrac{d}{dx}\sinh^{-1}x=\dfrac{1}{\sqrt{x^2+1}}$　(4) $\dfrac{d}{dx}\cosh^{-1}x=\dfrac{1}{\sqrt{x^2-1}}$

20 $x=x(t)$，$y=y(t)$ のとき，次式が成立つ：

$$\frac{dy}{dx}=\frac{dy/dt}{dx/dt}$$ （**媒介変数表示の微分法**）

次の各関数の $t=1$ における微分係数 $\dfrac{dy}{dx}$ の値を求めよ.

(1) $x=2t$，$y=3t^2$　(2) $x=2t^2$，$y=3t$

21 次の各関数において，$\dfrac{dy}{dx}$，$\dfrac{d^2y}{dx^2}$ を求めよ.

(1) $y=\cosh(x^2-3x+1)$

(2) $xy-\log y=1$　$(xy\neq 1)$

(3) $3x^2y+y^3=2$

22 $x=a(\theta-\sin\theta)$，$y=a(1-\cos\theta)$　$(a\neq 0)$

のとき，$\dfrac{dy}{dx}$，$\dfrac{d^2y}{dx^2}$ を θ の式で表わせ.

23 両辺の対数をとってから微分する方法を **対数微分法** という．これを用いて，次の各関数を微分せよ.

(1) $y=x^x$　(2) $y=\dfrac{\sqrt{x-2}}{(x-1)^3(x+2)}$

§7.　平均値の定理と関数の増減

基本事項

本節では，関数 f は閉区間 $[a, b]$ で連続であり，また開区間 (a, b) で微分可能とする．

1　冒頭の仮定のもとで，次の条件を満たす点 c が存在する：

$$\frac{f(b)-f(a)}{b-a}=f'(c),\quad a<c<b \qquad \text{（平均値の定理）}.$$

2　特に，$f(a)=f(b)$ ならば，$f'(c)=0$，$a<c<b$ となるような点 c が存在する（**Rolle の定理**）.

3　開区間 (a, b) において，$f'(x)$，$f''(x)$ の符号が一定ならば，関数 f の**増減の状態**はそれぞれ次表のようになる：

	正	負	0
$f'(x)$	強増加	強減少	定数
$f''(x)$	下に凸	上に凸	直線

4　曲線 $y=f(x)$ の凹凸の状態が変わる点をその曲線の**変曲点**という．関数 f が $x=c$ で変曲点を持てば，$f''(c)=0$ である．

5　$f'(x)=0$ となる点 x を関数 f の**臨界点**という．f は臨界点 $x=c$ において，$f''(c)<0$ ならば**極大**に，また，$f''(c)>0$ ならば**極小**になる．極大値，極小値を併せて**極値**という．

6　$x=c$ を関数 f の臨界点とするとき，$x=c$ の左右で $f'(x)$ の符号が正から負に変われば，f は $x=c$ で極大になり，負から正に変われば極小になる．また，符号が一定ならば，f は $x=c$ で変曲点を持つ（$f''(x)$ の符号は変わることに注意）.

7　開区間 (a, b) の各点 x で $f'(x)\geqq 0$，かつ，$f(a)\geqq 0$ ならば，閉区間 $[a, b]$ で $f(x)\geqq 0$ が成立つ．

8　$\lim_{x\to x_0} f(x)=\lim_{x\to x_0} g(x)=0$（または ∞）なる**不定形の極限**について，次の公式が成立つ：

$$\lim_{x\to x_0}\frac{f(x)}{g(x)}=\lim_{x\to x_0}\frac{f'(x)}{g'(x)} \qquad \text{（L'Hospital の定理）}.$$

A　（解答は154頁）

1　(1)　Rolle の定理を証明せよ．

(2)　Rolle の定理を用いて，平均値の定理を証明せよ．

2　平均値の定理は，$f(a+h)=f(a)+hf'(a+\theta h)\quad(0<\theta<1)$
の形に表わすことも出来ることを証明せよ．

3　f を x の 2 次関数とすれば，前問の θ の値は 1/2 となることを証明せよ．

4　曲線 $y=2x^2-7x+10$ 上の 2 点 $(2,4)$，$(5,25)$ を結ぶ線分に平行で，かつ，この曲線に接する直線の方程式を求めよ．

5　不等式 $x\log x>x-1\quad(x>1)$ を証明せよ．

6　閉区間 (a,b) の各点 x において $f'(x)=0$ ならば，f はこの区間で定数関数であることを証明せよ．

7　代数方程式 $f(x)=0$ の任意の二つの実根 $\alpha,\beta\ (\alpha<\beta)$ の間には，関数 f の臨界点 $c\ (\alpha<c<\beta)$ が少なくとも一つ存在することを証明せよ．

8　$0<a<b$ なるとき，次の不等式が成立つことを証明せよ．

(1)　$e^b-e^a>b-a$　　(2)　$1-\dfrac{a}{b}<\log\dfrac{b}{a}<\dfrac{b}{a}-1$

9　2 曲線 $y=x+k$，$y=\sin x$ について，次のことがらを証明せよ．但し，k は任意の定数とする．

(1)　この 2 曲線は少なくとも 1 点で交わる．

(2)　この 2 曲線は高々 1 点で交わる．

10　曲線 $y^2=4x$ 上の点で，定点 $(2,3)$ に最も近いものの座標を求めよ．

11　次の各関数を与えられた閉区間において最大，最小にする x の値を求めよ．

(1)　$3x-x^3$，$[-2,\ \sqrt{3}]$　　(2)　x^4-2x^2，$[-2,\ 1]$

(3)　$x^{2/5}+1$，$[-1,\ 1]$　　(4)　$\sqrt{x^2+1}$，$[0,\ \sqrt{8}]$

(5)　$\sqrt{1+x}-\sqrt{1-x}$，$[-1,\ 1]$　　(6)　$x-2\sin x$，$[0,\ 2\pi]$

12　関数 $y=\cos 2x-2\sin x\ (0\leqq x\leqq 2\pi)$ の極値を求めよ．

13　関数 $y=x^4-6x^2+8x+10$ の極値を求めよ．

14　関数 $y=\sqrt{1-x}+\sqrt{5x+10}$ の最大値，最小値を求めよ．

15　次の各関数の最大値，最小値を求めよ．

(1)　$\dfrac{x^2-1}{x^2+1}$　　(2)　$\dfrac{x}{e^x}$　　(3)　$x^{2/3}$

16 $f,\ g$ を閉区間 $[a, b]$ で連続，開区間 (a, b) で微分可能な二つの関数とし，$g'(x)\neq 0$ $(a<x<b)$ とすれば，

$$\frac{f(b)-f(a)}{g(b)-g(a)}=\frac{f'(c)}{g'(c)},\quad a<c<b$$

となるような点 c が存在する（**Cauchy の平均値定理**）．このことを証明せよ．

17 (1) L'Hospital の定理を $\lim_{x\to x_0} f(x)=\lim_{x\to x_0} g(x)=0$ の場合に証明せよ．

(2) L'Hospital の定理は $\lim_{x\to x_0} f(x)=\lim_{x\to x_0} g(x)=\infty$ の場合にも適用できることを証明せよ．

注1　L'Hospital の定理は，$x\to\pm\infty$ あるいは $x\to x_0\pm 0$ の場合にも拡張することが出来る．

注2　$0\cdot\infty, \infty^0, 0^0, 1^\infty, \infty-\infty$ などの不定形は適当に変形することにより，上記の2種の不定形 $0/0, \infty/\infty$ の形に帰着される．

18 次の極限を求めよ．

(1) $\lim_{x\to 0}\frac{e^x-e^{-x}}{x}$　(2) $\lim_{x\to 1}\frac{\log x}{1-x}$　(3) $\lim_{x\to 0}\frac{x-\sin x}{x^3}$

(4) $\lim_{x\to 0+}\frac{\log\cos 3x}{\log\cos 2x}$　(5) $\lim_{x\to 0+} x^2\log x$　(6) $\lim_{x\to 0+} x^3\log x$

(7) $\lim_{x\to\infty}\frac{x^2}{e^x}$　(8) $\lim_{x\to\infty} x\log\frac{x+3}{x-3}$　(9) $\lim_{x\to\infty}\frac{x^3}{e^{2x}}$

19 関数 $f(x)=(e^{3x}-5x)^{1/x}$ について次の極限を求めよ．

(1) $\lim_{x\to 0} f(x)$　(2) $\lim_{x\to\infty} f(x)$

B （解答は157頁）

20 f を区間 S で定義された関数とし，S の任意の2点 a, b に対し，曲線 $y=f(x)$ が2点 $(a, f(a))$，$(b, f(b))$ を結ぶ線分より下側（上側）にあるとき，関数 f は S において**下に凸**（**上に凸**）であるという．

f が区間 S において下に凸であるための必要十分条件は，S の任意の2点 a, b と，$t+s=1$ なる任意の正数 t, s に対して，次の不等式が成立つことであることを示せ：

$$f(ta+sb)\leqq tf(a)+sf(b).$$

21 f を区間 S において下に凸な関数とするとき，S の任意の n 点 $x_1, \cdots, x_n$ と，和が1なる n 個の正数 $t_1, \cdots, t_n$ に対して，

次の不等式が成立つことを証明せよ．

(1) $f(t_1x_1+\cdots+t_nx_n)\leqq t_1f(x_1)+\cdots+t_nf(x_n)$

(2) $f\left(\dfrac{x_1+\cdots+x_n}{n}\right)\leqq\dfrac{1}{n}\{f(x_1)+\cdots+f(x_n)\}$

22 fを区間Sにおいて下に凸な関数とするとき，Sの任意の点 $x=x_0$ における曲線 $y=f(x)$ の接線は，この区間において，接点を共有する以外は，つねにこの曲線より下側にあることを証明せよ．

23 2次式のグラフは変曲点を持たず，3次式のグラフは必ず一つの変曲点を持つことを証明せよ．

24 $x>0$ なるとき，次の不等式が成立つことを証明せよ．

(1) $e^x>1+x$ (2) $(x-2)e^x+x+2>0$

25 次の各曲線の変曲点を求めよ．

(1) $y=xe^{-x}$ (2) $y=e^{-2x^2}$

26 曲線 $y=\sin x$ のすべての変曲点を求めよ．

27 tがいろいろな実数値をとるとき，曲線 $y=x^2(x-t)$ の変曲点の軌跡を求めよ．

28 f, g を区間Sで微分可能な関数とするとき，次のことがらを証明せよ．

(1) Sの各点で $f'(x)=a$（aは定数）ならば，

$f(x)=ax+b$（bは定数）．

(2) Sの各点で $f'(x)=g'(x)$ ならば，

$f(x)=g(x)+c$（cは定数）．

29 曲線 $y=f(x)$ 上の点が原点から限りなく遠ざかるに従って一定の直線に限りなく近づくとき，その直線を曲線 $y=f(x)$ の**漸近線**という．

曲線 $y=f(x)$ が二つの極限

$$a=\lim_{x\to\pm\infty}\frac{f(x)}{x},\quad b=\lim_{x\to\pm\infty}\{f(x)-ax\}$$

を持つならば，直線 $y=ax+b$ はこの曲線の（x軸に垂直でない）漸近線であることを証明せよ．

§8.　高階導関数と Taylor の公式

基本事項

1 高階導関数（2階以上の導関数）を求めることを**逐次微分法**という．関数 $y=f(x)$ の n **階導関数**は，

$$y^{(n)}=\frac{d^ny}{dx^n}=f^{(n)}(x)$$

と表わされる．特に，$f^{(0)}=f$，$f^{(1)}=f'$，$f^{(2)}=f''$ である．

2 $\{\alpha f(x)+\beta g(x)\}^{(n)}=\alpha f^{(n)}(x)+\beta g^{(n)}(x)$　（α, β 定数）．

3 **Leibniz の公式**

$$\{f(x)g(x)\}^{(n)}=\sum_{r=0}^{n}{}_n\mathrm{C}_r f^{(n-r)}(x)g^{(r)}(x),\quad {}_n\mathrm{C}_r=\frac{n!}{(n-r)!\,r!}$$

4 関数 f が点 x_0 の近傍で n 回微分可能ならば，その近傍内の任意の点 x に対して，**Taylor の公式**

$$f(x)=\sum_{r=0}^{n-1}\frac{f^{(r)}(x_0)}{r!}(x-x_0)^r+R_n$$

が成立つ．ここで，n **次の剰余項** R_n は次式で表わされる：

$$R_n=\frac{f^{(n)}(c)}{n!}(x-x_0)^n\quad（c は x と x_0 の間の点）.$$

5 Taylor の公式において，もし関数 f が任意回微分可能であり，かつ，$\lim_{n\to\infty}R_n=0$ ならば，f は **Taylor 級数**

$$f(x)=f(x_0)+\frac{f'(x_0)}{1!}(x-x_0)+\frac{f''(x_0)}{2!}(x-x_0)^2+\cdots$$

に展開される．これを，点 x_0 を**中心**とする f の **Taylor 展開**という．Taylor 級数のことを**ベキ級数，整級数**ともいう．

6 原点を中心とする Taylor 展開を **Maclaurin 展開**という：

$$f(x)=f(0)+f'(0)x+\frac{f''(0)}{2!}x^2+\cdots.$$

7 $x=\alpha$ が n 次の代数方程式 $f(x)=0$ の k **重根**（**重複度 k の根**，特に，$k=1$ なら**単根**）であるための必要十分条件は，$f(\alpha)=f'(\alpha)=\cdots=f^{(k-1)}(\alpha)=0$，$f^{(k)}(\alpha)\neq 0$.

A (解答は159頁)

1 次の公式を証明せよ.

(1) $\dfrac{d^n}{dx^n}\sin x=\sin\left(x+\dfrac{n\pi}{2}\right)$　　(2) $\dfrac{d^n}{dx^n}\cos x=\cos\left(x+\dfrac{n\pi}{2}\right)$

2 次の各関数の n 階導関数を求めよ. 但し, a は 0 でない定数とする.

(1) x^a　　(2) $a\log x$

(3) $\sin ax$　　(4) $\cos ax$

(5) e^{ax}　　(6) a^x　$(0<a\neq 1)$

3 次の各関数の n 階導関数を求めよ.

(1) $x^{n-1}\log x$　　(2) $e^x\sin x$

4 次の各展開式を証明せよ.

(1) $e^x=1+x+\dfrac{x^2}{2!}+\dfrac{x^3}{3!}+\cdots+\dfrac{x^{n-1}}{(n-1)!}+R_n$

(2) $\sin x=x-\dfrac{x^3}{3!}+\dfrac{x^5}{5!}-\dfrac{x^7}{7!}+\cdots+(-1)^{n-1}\dfrac{x^{2n-1}}{(2n-1)!}+R_n$

(3) $\cos x=1-\dfrac{x^2}{2!}+\dfrac{x^4}{4!}-\dfrac{x^6}{6!}+\cdots+(-1)^{n-1}\dfrac{x^{2n-2}}{(2n-2)!}+R_n$

(4) $\log(1+x)=x-\dfrac{x^2}{2}+\dfrac{x^3}{3}-\dfrac{x^4}{4}+\cdots+(-1)^{n-1}\dfrac{x^n}{n}+R_n$

注　ここで, 各々の展開式の剰余項は 0 に収束する. すなわち, (1), (2), (3) については, すべての x に対して, $\lim_{n\to\infty}R_n=0$. また, (4) については, $-1<x\leqq 1$ なる x に対して, $\lim_{n\to\infty}R_n=0$ である.

5 Taylor の公式において, $\Delta x=x-x_0$ とおけば, 次の公式を得る:

$$f(x_0+\Delta x)=f(x_0)+f'(x_0)\Delta x+\frac{f''(x_0)}{2!}\Delta x^2+\cdots+\frac{f^{(n-1)}(x_0)}{(n-1)!}\Delta x^{n-1}+R_n,$$

$$|R_n|\leqq\frac{M_n}{n!}|\Delta x|^n \quad (M_n \text{ は区間 } S \text{ における } |f^{(n)}(x)| \text{ の上界}).$$

この公式を利用して, 次の各値を小数第 3 位まで求めよ (**近似計算**).

(1) $\sin 31°$　　(2) $\cos 47°$　　(3) $\sin 61°$

(4) e　　(5) $\cosh 1$　　(6) $\log 1.1$

6 $\sin(\pi/6+0.2)$ を誤差の範囲 10^{-4} で求めるには, Taylor の公式において少なくともいくつの項をとればよいか.

7 n 次多項式 $f(x)$ を $x-\alpha$ (α は定数) のベキで表わすには, $f(x)$ を点 α を中心に Taylor 展開して,

$$f(x)=f(\alpha)+f'(\alpha)(x-\alpha)+\frac{f''(\alpha)}{2!}(x-\alpha)^2+\cdots+\frac{f^{(n)}(\alpha)}{n!}(x-\alpha)^n$$

とすればよい．この場合，Taylor展開式の係数は，**組立て除法**により $f(x)$ を繰り返し $x-\alpha$ で割って行けば，その剰余が求める係数

$$f(\alpha),\ f'(\alpha),\ \frac{f''(\alpha)}{2!},\ \cdots,\ \frac{f^{(n)}(\alpha)}{n!}$$

になっている（**Horner の計算法**）．このことを証明せよ．

8 $f(x)=3x^4-17x^3+30x^2-17x+6$ を点 $x=2$ を中心に Taylor 展開せよ．

9 次の多項式を $x-3$ のベキで表わせ．

(1) x^3-x^2+4x-4　　(2) x^3-6x+4

10 $f(x)$ を n 次多項式とするとき，$x=\alpha$ が方程式 $f(x)=0$ の重複度 k の根であるための必要十分条件は，

$$f(\alpha)=f'(\alpha)=\cdots=f^{(k-1)}(\alpha)=0,\ f^{(k)}(\alpha)\neq 0$$

であることを証明せよ．

11 $f(x)$ を n 次多項式とするとき，$x=\alpha$ が方程式 $f(x)=0$ の重根であるための必要十分条件は，$x=\alpha$ が $f(x)$ と $f'(x)$ の最大公約多項式 $g(x)$ の根であることである．このことを証明せよ．

12 方程式 $x^5-2x^4+x^3-x^2+2x-1=0$ の重根を求めよ．

13 n 次の代数方程式 $f(x)=0$ の根を $\alpha_1, \alpha_2, \cdots, \alpha_n$ とするとき，

$$\alpha_1-k,\ \alpha_2-k,\ \cdots,\ \alpha_n-k\quad(k\text{ は定数})$$

を根に持つ方程式は，

$$f(x+k)=f(k)+f'(k)x+\frac{f''(k)}{2!}x^2+\cdots+\frac{f^{(n)}(k)}{n!}x^n=0$$

で与えられる．このことを証明せよ．

14 方程式 $5x^4+3x^3-4x^2-2x+3=0$ の根よりも 3 だけ小さい根を持つ方程式を作れ．

15 方程式 $2x^3-3x^2+4x+5=0$ の根を α_i $(i=1,2,3)$ とするとき，$2\alpha_i-3$ を根とする方程式を作れ．

16 方程式 $x^4+2x^3-3x^2-4x+4=0$ は 2 組の重根を持つ．

(1) この方程式を解け．

(2) この方程式の根より 2 だけ大きい根を持つ方程式を作れ．

B (解答は162頁)

17 導関数 f' が区間 S で連続であるとき，関数 f は S で **C^1 級（連続微分可能）** であるという．同様にして，f が少なくとも r 回微分可能で，しかも r 階導関数 $f^{(r)}$ が連続であるとき，f は **C^r 級（r 回連続微分可能）** であるという．そして，**C^0 級**とは f が連続なこと，また **C^∞ 級**とは任意の正整数 r について $f^{(r)}$ が存在して連続であることと規約する．更に，Taylor 級数展開可能な関数 f は **C^ω 級（実解析的）** であるという．

次の各関数は開区間 $(-1, 1)$ において何級か．

(1) $|x|$ (2) x^3 (3) $\log(1+x)$

18 次の関数は何回連続微分可能か．

$$f(x)=\begin{cases}\sin x & (x\geqq 0)\\ x & (x<0)\end{cases}$$

19 次の各3次方程式が重根を持つための条件を求めよ．

(1) $x^3+3px+q=0 \quad (p\neq 0)$

(2) $x^3+3px^2+q=0 \quad (p\neq 0)$

20 方程式 $f(x)=0$ の実数解 α の一つの近似値を α_1 とすれば，

$$\alpha_2=\alpha_1-\frac{f(\alpha_1)}{f'(\alpha_1)}$$

は α_1 より精密な α の近似値である（**Newton の方法**）．

このことを関数 $y=f(x)$ のグラフを用いて説明せよ．

21 Newton の方法により，方程式 $x^3+3x-5=0$ の実根の近似値を求めよ．

22 次の各方程式の正数解を小数第3位まで求めよ．

(1) $x^3-2x^2-2x-7=0$ (2) $5\sin x=4x$

23 次の各関数を x のベキ級数に展開せよ．但し，$|x|<1$ とする．

(1) $\sqrt{1+x}$ (2) $\sin^{-1}x$

(3) $\dfrac{1}{1-x}$ (4) $\dfrac{1}{\sqrt{1-x^2}}$

§9. 不定積分

基本事項

1 関数Fの導関数が関数fに等しいとき，Fをfの**不定積分**（**原始関数**）という．このとき，

$$\int f(x)\,dx=F(x)+C \quad (C\text{は}\textbf{積分定数})$$

と表わす．関数fの二つの不定積分は定数だけしか違わない．

2 不定積分 $\int f(x)\,dx$ を求めることを$f(x)$を**積分する**といい，fを**被積分関数**，xを**積分変数**という．積分演算$\int$は微分演算 $dF(x)=f(x)\,dx$ の逆演算と考えられる．

3 $\int\{f(x)\pm g(x)\}\,dx=\int f(x)\,dx\pm\int g(x)\,dx$

$\int k\,f(x)\,dx=k\int f(x)\,dx$ （kは定数）

4 $\int f(x)\,dx=\int f(g(t))\,g'(t)\,dt$ （**置換積分法**）

5 $\int f'(x)\,g(x)\,dx=f(x)\,g(x)-\int f(x)\,g'(x)\,dx$ （**部分積分法**）

6 主な関数の不定積分（積分定数Cは省略）

$$\int x^n dx=\frac{1}{n+1}x^{n+1} \quad (n\neq -1)$$

$$\int \sin x\,dx=-\cos x, \qquad \int \cos x\,dx=\sin x$$

$$\int e^x\,dx=e^x, \qquad \int a^x\,dx=\frac{a^x}{\log a} \quad (0<a\neq 1)$$

$$\int \frac{1}{x}\,dx=\log|x|, \qquad \int \frac{f'(x)}{f(x)}\,dx=\log|f(x)|$$

$$\int \sinh x\,dx=\cosh x, \qquad \int \cosh x\,dx=\sinh x$$

7 有理関数 $p(x)/q(x)$ は**部分分数**になおしてから積分する．

A （解答は163頁）

1 次の公式を証明せよ（積分定数 C は省略してある）.

(1) $\int \tan x\, dx = \log|\sec x|$　　(2) $\int \cot x\, dx = \log|\sin x|$

(3) $\int \sec^2 x\, dx = \tan x$　　(4) $\int \mathrm{cosec}^2 x\, dx = -\cot x$

(5) $\int \dfrac{dx}{\sqrt{a^2-x^2}} = \sin^{-1}\dfrac{x}{a}$　　(6) $\int \dfrac{dx}{\sqrt{a^2+x^2}} = \log|x+\sqrt{a^2+x^2}|$

(7) $\int \dfrac{dx}{x^2-a^2} = \dfrac{1}{2a}\log\left|\dfrac{x-a}{x+a}\right|$　　(8) $\int \dfrac{dx}{x^2+a^2} = \dfrac{1}{a}\tan^{-1}\dfrac{x}{a}$

2 置換積分法を用いて次の不定積分を求めよ.

(1) $\int (3x+4)^5\, dx$　　(2) $\int \sin(2x-3)\, dx$

(3) $\int \dfrac{dx}{\sqrt{1-x}}$　　(4) $\int \dfrac{dx}{(2x-3)^2}$

(5) $\int \dfrac{\cot(\log x)}{x}\, dx$　　(6) $\int (x+2)\sin(x^2+4x-6)\,dx$

3 部分積分法を用いて次の不定積分を求めよ.

(1) $\int x \sin x\, dx$　　(2) $\int x \cos x\, dx$

(3) $\int x \log x\, dx$　　(4) $\int x e^x\, dx$

(5) $\int x^2 \log x\, dx$　　(6) $\int \dfrac{\log x}{x} dx$

4 次の各関数の不定積分を求めよ.

(1) xe^{2x}　　(2) $(x+1)\sin x$

(3) $\sqrt{x}\log x$　　(4) $x\sqrt{x-1}$

(5) $\dfrac{x+4}{x(x+2)}$　　(6) $\dfrac{1}{\sqrt{x+2}-\sqrt{x}}$

(7) $\dfrac{3}{x^2-x-2}$　　(8) $\dfrac{x^3}{x^2-4}$

(9) $\sin 3x \cos 5x$　　(10) $\sin^3 x \cos x$

5 置換積分法および部分積分法の公式を証明せよ.

6 不定積分 $\int x^n \log x\, dx$ を求めよ.

7　n を正整数とするとき，次の**漸化式**を証明せよ：

$$\int (\log x)^n\,dx = x(\log x)^n - n\int (\log x)^{n-1}\,dx.$$

また，これを用いて，$(\log x)^3$ の不定積分を求めよ．

8　不定積分 $\int \sin mx \cos nx\,dx$ （$m \neq n$）を求めよ．

9　次の漸化式を証明せよ．但し，m, n は正整数とする．

(1) $\displaystyle\int \sin^m x\,dx = -\frac{\sin^{m-1}x\cos x}{m} + \frac{m-1}{m}\int \sin^{m-2}x\,dx$

(2) $\displaystyle\int \cos^n x\,dx = \frac{\sin x\cos^{n-1}x}{n} + \frac{n-1}{n}\int \cos^{n-2}x\,dx$

10　次の不定積分を求めよ．

(1) $\int \sin^4 x\,dx$　　(2) $\int \cos^4 x\,dx$

(3) $\int \tan^4 x\,dx$　　(4) $\displaystyle\int \frac{dx}{\cos^4 x}$

(5) $\int \sin^2 x\cos^3 x\,dx$　　(6) $\displaystyle\int \frac{\sin^3 x}{\cos^2 x}\,dx$

B

（解答は165頁）

11　未知の関数 f の n 階までの導関数を含む方程式を **n 階微分方程式**といい，f をその微分方程式の**解**という．このとき，n 個の**任意定数**を含む解をその微分方程式の**一般解**，また，それらの任意定数に**初期条件**によって定まる特定の値を代入して得られる解を**特殊解**という．特に，

$$f(y)\frac{dy}{dx} = g(x) \quad \text{あるいは} \quad f(y)\,dy = g(x)\,dx$$

ならば，その一般解は，

$$\int f(y)\,dy = \int g(x)\,dx + C$$

である（**変数分離形**）．

次の微分方程式の一般解を求めよ．

(1) $y' = 2xy$　　(2) $yy' = 1$

(3) $y' = x(y+2)$　　(4) $xy' = y$

12 曲線 $y=f(x)$ の上の一点 $\mathrm{P}(x,y)$ から x 軸にひいた垂線の足をHとし，Pにおける接線と x 軸との交点をT，また，Pにおける法線と x 軸との交点をNとする．

(1) **接線影** HTが一定の値 k をとるとき，この曲線の方程式を求めよ．

(2) **法線影** HNが一定の値 k をとるとき，この曲線の方程式を求めよ．

13 放射性物質は放射線を出しながら崩壊して，その質量をしだいに減少する．このとき，**崩壊の速さ**（質量の減少の時間に対する割合）は，そのときの質量に比例する．質量 m の時間 t に関する微分方程式を作り，それを解け．

14 次の各関数を一般解とするような2階微分方程式を求めよ．但し，A,B は任意定数とする．

(1) $y=A\sin(2x+B)$ (2) $y=Ae^{x}+Be^{-x}$

15 (1) 置換積分法，(2) 部分分数に分解する方法

の二つの方法によって，次の不定積分を求めよ：

$$\int\frac{x^2}{x^6-1}\,dx.$$

16 微分方程式

$$\frac{dy}{dx}=f\left(\frac{y}{x}\right)\quad\text{（同次形）}$$

の一般解は，$y=vx$ と置くことにより，

$$x=Ce^{\int\frac{dv}{f(v)-v}}$$

で与えられる．このことを証明せよ．

17 次の微分方程式を解け．

(1) $(x^2+y^2)\dfrac{dy}{dx}=2xy$

(2) $x\dfrac{dy}{dx}=y+\sqrt{x^2+y^2}$

§10. 定積分とその応用

基本事項

本節では，関数 f は閉区間 $[a,b]$ で連続とする（このとき，f はこの区間で**積分可能**である）．

[1] 閉区間 $[a,b]$ を $n-1$ 個の点 $x_1, x_2, \cdots, x_{n-1}$ $(x_0=a, x_n=b)$ で n 等分すれば，曲線 $y=f(x)$ と x 軸によって囲まれる図形の $x=a$ から $x=b$ までの**面積**は，

$$\int_a^b f(x)\,dx=\lim_{n\to\infty}\sum_{i=1}^{n} f(x_i)\Delta x, \qquad \Delta x=\frac{b-a}{n}.$$

但し，この値は，$f(x)<0$ ならば負になる（**区分求積法**）.

[2] 関数 f の原始関数を F とすれば，

$$\int_a^b f(x)dx=F(b)-F(a) \text{（微分積分学の基本定理）}.$$

この値を関数 f の下端 a から上端 b までの**定積分**という．

[3] 定積分に関しても，置換積分法，部分積分法の公式が成立つが，積分変数の置き換えに応じて**積分区間**も変換される．

[4] $\int_a^b f(x)\,dx=\int_a^b f(t)\,dt, \qquad \dfrac{d}{dx}\int_a^x f(t)\,dt=f(x)$

[5] $\int_b^a f(x)\,dx=-\int_a^b f(x)\,dx, \qquad \int_a^a f(x)\,dx=0$

[6] $\int_a^b f(x)\,dx=\int_a^c f(x)\,dx+\int_c^b f(x)\,dx$

[7] 曲線 $y=f(x)$ が x 軸のまわりに回転して出来る**回転体**の $x=a$ から $x=b$ までの部分の**体積** V，**表面積** S は，

$$V=\pi\int_a^b y^2\,dx, \qquad S=2\pi\int_a^b y\sqrt{1+\left(\frac{dy}{dx}\right)^2}\,dx.$$

[8] 曲線 $y=f(x)$ の $x=a$ から $x=b$ までの部分の**弧長** s は，

$$s=\int_a^b ds=\int_a^b\sqrt{1+\left(\frac{dy}{dx}\right)^2}dx.$$

[9] 平面曲線の**線素**　$ds=\sqrt{(dx)^2+(dy)^2}$

A （解答は166頁）

1 次の定積分の値を求めよ．

(1) $\displaystyle\int_1^3 \frac{2x+3}{x^2}\,dx$　(2) $\displaystyle\int_0^1 \frac{x}{1+x^2}\,dx$　(3) $\displaystyle\int_0^1 2^x\,dx$

(4) $\displaystyle\int_0^3 \sqrt{9-x^2}\,dx$　(5) $\displaystyle\int_1^e x^2\log x\,dx$　(6) $\displaystyle\int_1^4 (x-4)(x-1)^3\,dx$

2 次の公式を証明せよ．但し，n は正整数である．

(1) $\displaystyle\int_0^{\frac{\pi}{2}} \sin^{2n} x\,dx=\int_0^{\frac{\pi}{2}} \cos^{2n} x\,dx=\frac{1\cdot 3\cdots(2n-1)}{2\cdot 4\ \cdots\ 2n}\cdot\frac{\pi}{2}$

(2) $\displaystyle\int_0^{\frac{\pi}{2}} \sin^{2n+1} x\,dx=\int_0^{\frac{\pi}{2}} \cos^{2n+1} x\,dx=\frac{2\cdot 4\cdots 2n}{1\cdot 3\cdots(2n+1)}$

3 次のことがらを証明せよ．

(1) f が偶関数ならば，$\displaystyle\int_{-a}^a f(x)\,dx=2\int_0^a f(x)\,dx$

(2) f が奇関数ならば，$\displaystyle\int_{-a}^a f(x)\,dx=0$

4 次のことがらを証明せよ．

(1) 閉区間 $[a,b]$ において，$f(x)\leqq g(x)$ ならば，

$$\int_a^b f(x)\,dx\leqq\int_a^b g(x)\,dx.$$

(2) 閉区間 $[a,b]$ において，$f(x)$ の最大値を M，最小値を m とすれば，

$$m(b-a)\leqq\int_a^b f(x)\,dx\leqq M(b-a).$$

(3) $a<b$ ならば，$\displaystyle\left|\int_a^b f(x)\,dx\right|\leqq\int_a^b |f(x)|\,dx.$

5 正整数 n に対して，次の不等式が成立つことを証明せよ．

(1) $\displaystyle\log(n-1)!\leqq\int_1^n \log x\,dx\leqq\log n!$

(2) $(n-1)!e^{n-1}\leqq n^n\leqq n!e^{n-1}$

6 次の不等式を証明せよ：

$$\frac{1}{2}+\frac{1}{3}+\cdots+\frac{1}{n}<\log n<1+\frac{1}{2}+\cdots+\frac{1}{n-1}.$$

7 閉区間 $[a,b]$ で連続な関数 f について，

$$\int_a^b f(x)\,dx=f(c)(b-a),\quad a<c<b$$

となるような点 c が存在する（積分における**第1平均値定理**）．このことを証明せよ．

8 次の公式を証明せよ．

(1) $\dfrac{d}{dx}\displaystyle\int_a^x f(t)dt=f(x)$ （a は定数）

(2) $\dfrac{d}{dx}\displaystyle\int_{u(x)}^{v(x)} f(t)dt=f\{v(x)\}\dfrac{dv}{dx}-f\{u(x)\}\dfrac{du}{dx}$

9 次の関数を x について微分せよ．

(1) $\displaystyle\int_1^x e^{-t}\cos t\,dt$　　(2) $\displaystyle\int_x^{x^2}\frac{\sin t}{t}\,dt$

10 2次関数 $f(x)=ax^2+bx+c$ につき，次のことがらを証明せよ．

(1) 方程式 $f(x)=0$ の2実根を α, β とすれば，

$$\int_\alpha^\beta f(x)\,dx=\frac{a}{6}(\alpha-\beta)^3.$$

(2) x 軸上の2点 x_0, x_2 の中点を x_1 とし，$y_i=f(x_i)(i=0,1,2)$ とおけば，

$$\int_{x_0}^{x_2} f(x)\,dx=\frac{h}{3}(y_0+y_2+4y_1)，\text{但し，}h=\frac{x_2-x_0}{2}.$$

注　放物線 $y=f(x)$ はその上の3点 $(x_i, y_i)(i=0,1,2)$ によって決定される．この公式(2)は次問の Simpson の公式に用いられる．

11 定積分に関する次の近似公式を曲線 $y=f(x)$ のグラフによって説明せよ．但し，$y_k=f(x_k)$，$x_k=a+k\Delta x$，$\Delta x=\dfrac{b-a}{n}$ とする．

(1) **台形公式**

$$\int_a^b f(x)\,dx\fallingdotseq\frac{\Delta x}{2}\{y_0+y_n+2(y_1+y_2+\cdots+y_{n-1})\}$$

(2) **Simpson の公式**

$$\int_a^b f(x)\,dx\fallingdotseq\frac{\Delta x}{3}\{y_0+y_n+2(y_2+y_4+\cdots+y_{n-2})$$
$$+4(y_1+y_3+\cdots+y_{n-1})\}\quad(n\text{ は偶数})$$

12 与えられた積分区間を4等分し，台形公式および Simpson の公式を用いることによって，次の定積分の近似値を求めよ．

(1) $\displaystyle\int_0^2\sqrt{1+x^2}\,dx$　　(2) $\displaystyle\int_0^1\frac{dx}{1+x^2}$

13 次の不等式を証明せよ：

$$\log 2<\int_0^1\frac{dx}{1+x^2}<1.$$

14 次の等式を証明せよ：

$$\lim_{n\to\infty}\int_0^{2\pi}\frac{\sin nx}{x^2+n^2}\,dx=0.$$

15 曲線 $y=k-x^2$ $(k>0)$ と x 軸とで囲まれた図形を S, また, この曲線を x 軸のまわりに回転して出来る回転体の体積を V とするとき,

$$V>\pi S^2$$

となるような k の値の範囲を求めよ.

16 楕円 $\dfrac{x^2}{a^2}+\dfrac{y^2}{b^2}=1$ (a, b は正数) が x 軸のまわりに回転して出来る回転体の体積を求めよ, また, それを用いて, 半径 r の球の体積を求めよ.

17 曲線 $x=g(y)$ が y 軸のまわりに回転して出来る回転体の $c\leqq y\leqq d$ の部分の体積は, どのような定積分で表わされるか.

18 放物線 $y^2=4x$ $(0\leqq x\leqq 2)$ が x 軸のまわりに回転して出来る回転体の体積, および, y 軸のまわりに回転して出来る回転体の体積を求めよ.

19 懸垂線 (catenary)

$$y=a\cosh\frac{x}{a}=\frac{a}{2}(e^{x/a}+e^{-x/a})\quad(a>0)$$

の $-c\leqq x\leqq c$ の部分の弧長を求めよ.

20 (a) 平面曲線 C が, その平面内の C と交わらない直線のまわりに回転して出来る回転体の表面積は, C の長さと, C の重心がその直線のまわりに描く円周の長さとの積に等しい.

(b) C が閉曲線のとき, 上の回転体の体積は, C の囲む図形の面積と, その図形の重心がその直線のまわりに描く円周の長さとの積に等しい.

このこと (**Guldin-Pappus の定理**) を利用して, 次の図形が x 軸のまわりに回転して出来る回転体の表面積と体積を求めよ.

(1) $x^2+y^2-4y+3=0$　　　(2) $y=x$ $(0\leqq x\leqq h)$

B

(解答は170頁)

21 平面上に定点 O (極) からひいた半直線 OX (始線) をとり, 動点 P の座標を 2 数の組

動径 $\mathrm{OP}=r$, **偏角** $\angle X\mathrm{OP}=\theta$ (ラジアン)

$$(0 \leqq r,\ 0 \leqq \theta < 2\pi)$$

によって表わすとき，(r, θ) を点 P の**極座標**という．極座標では，曲線は**極方程式** $r=f(\theta)$ で表わされる．点 P の直交座標を (x, y) とすれば，

$$x = r\cos\theta,\ y = r\sin\theta \quad (r=\sqrt{x^2+y^2})$$

である．

次のことがらを証明せよ．

(1)　曲線 $r=f(\theta)$ 上の点 P での接線と動径 OP とのなす角を α とすれば，

$$\cot\alpha = \frac{1}{r}\frac{dr}{d\theta}.$$

(2)　曲線 $r=f(\theta)$ と二つの動径 $\theta=\alpha$，$\theta=\beta$ によって囲まれる部分の面積 S は，

$$S=\frac{1}{2}\int_\alpha^\beta r^2\,d\theta.$$

(3)　曲線 $r=f(\theta)$ の $\alpha \leqq \theta \leqq \beta$ の部分の弧長 s は，

$$s=\int_\alpha^\beta \sqrt{r^2+\left(\frac{dr}{d\theta}\right)^2}\,d\theta.$$

22　**心臓形**（cardioid）

$$r=a(1+\cos\theta) \quad (a>0)$$

の囲む面積を求めよ．

23　**正葉線**（folium）

$$r=a\sin n\theta \ (a>0,\ n \text{ は正整数})$$

の囲む面積は，n が偶数のときは $\pi a^2/2$，n が奇数のときは $\pi a^2/4$ となることを証明せよ．

注　正葉線は，n が偶数のときは $2n$ 葉になり，n が奇数のときは n 葉になる．そして，この問題によれば，円 $r=a$ をそれぞれ 2 等分，4 等分している．

24　曲線の方程式は，**媒介変数** t を用いて，

$$x=x(t),\ y=y(t)$$

と表わされる．これを**曲線の媒介変数表示**という．

次のことがらを証明せよ：　曲線 $x=x(t)$，$y=y(t)$ の $\alpha \leqq t \leqq \beta$ の部分の弧長を s とすれば，

$$s=\int_{\alpha}^{\beta}\sqrt{\left(\frac{dx}{dt}\right)^2+\left(\frac{dy}{dt}\right)^2}\,dt.$$

25 サイクロイド (cycloid)

$$x=a(t-\sin t),\quad y=a(1-\cos t)\quad (a>0)$$

の $0\leqq t\leqq 2\pi$ の部分の弧長を求めよ．

26 被積分関数 f が積分区間の若干の点で有界でない場合や，積分区間が有界でない場合は，次のような極限操作によって積分を定義する．これを**変格積分（広義積分）**という．

第1種変格積分（関数 f が $x=a$ で有界でない場合）

$$\int_a^b f(x)\,dx=\lim_{t\to a+}\int_t^b f(x)\,dx$$

第2種変格積分（積分区間が有界でない場合）

$$\int_a^{\infty} f(x)\,dx=\lim_{t\to\infty}\int_a^t f(x)\,dx$$

次の変格積分の値を求めよ．

(1) $\displaystyle\int_0^1\frac{dx}{\sqrt{x}}$　　(2) $\displaystyle\int_0^1\frac{dx}{\sqrt{1-x^2}}$

(3) $\displaystyle\int_0^{\infty}\frac{dx}{1+x^2}$　　(4) $\displaystyle\int_0^{\infty}\frac{dx}{e^x}$

27 x 軸上の点集合 S は，S の各点を含む区間の長さの和を任意の正数 ε より小さく出来るとき，**測度ゼロ**であるという．閉区間 $[a,b]$ で有界な関数 f がこの区間で**積分可能（Riemann 積分可能）**であるための必要十分条件は，f の不連続点が測度ゼロになることである．

次のことがらを証明せよ：有限または可付番無限集合は測度ゼロである．

第 2 部

多変数関数

There is no science but the science of
the general. —— Henri Poincaré
一般的なものについてしか科学は存在しない.

Henri Poincaré

(1854～1912)

1変数関数を多変数関数に拡張することは一つの重要な一般化である．一般化することによって物事が却って簡明になることがある．特殊な問題を解くために考案された手の込んだ技巧の寄せ集めよりも，拡張された観点による一般的方法の方が，単純かつ本質的なのである．それは時間と労力の経済である．

Poincaré の仕事の特徴はこのような包括的な一般性にある，と言われる．彼は，少年時代，絵が下手で円も三角形もよく描き分けられなかった．級友達は，彼の図画の展覧会を年末に開き，それぞれの作品に，当て推量で,「これは馬である」などと貼り札を付けたと言われる．しかし本当は，彼の心の中には，円にも三角形にも共通して成り立つ位相数学的アイデアが芽生えていたのではないだろうか．

§11.　n 次元点集合と多変数関数

基本事項

1　n 個の実数の組 $\boldsymbol{x}=(x_1, x_2, \cdots, x_n)$ を **n 次元空間 $\boldsymbol{R}^n$ の点**または **n 次元数ベクトル**という．これは，その**位置ベクトル**（原点からその点に向かう有向線分）と同一視される．

2　$|\boldsymbol{x}|=\sqrt{x_1{}^2+x_2{}^2+\cdots+x_n{}^2}$ を点またはベクトル $\boldsymbol{x}$ の**ノルム**または**長さ**という．

3　任意の2点を $\boldsymbol{x}=(x_1, x_2, \cdots, x_n)$，$\boldsymbol{y}=(y_1, y_2, \cdots, y_n)$ とするとき，$\boldsymbol{x}$ に対する**スカラー乗法**，$\boldsymbol{x}$ と $\boldsymbol{y}$ の加法，および，$\boldsymbol{x}$ と $\boldsymbol{y}$ の間の**距離**は，それぞれ次式で与えられる：

$$\alpha\boldsymbol{x}=(\alpha x_1, \alpha x_2, \cdots, \alpha x_n)\ (\alpha \text{ は実数})$$

$$\boldsymbol{x}+\boldsymbol{y}=(x_1+y_1,\ x_2+y_2, \cdots, x_n+y_n)$$

$$|\boldsymbol{x}-\boldsymbol{y}|=\sqrt{(x_1-y_1)^2+(x_2-y_2)^2+\cdots+(x_n-y_n)^2}$$

4　n 次元空間内の点の集まり S は **n 次元点集合**と呼ばれる．

5　n 次元点集合 S のすべての点 $\boldsymbol{x}$ に対して，$|\boldsymbol{x}|\leqq M$ なる実数 M が存在するとき，S は有界であるという．

6　点 $\boldsymbol{a}$ と正数 δ に対して，$|\boldsymbol{x}-\boldsymbol{a}|<\delta$ をみたすすべての点 $\boldsymbol{x}$ の集合を $\boldsymbol{a}$ の **δ 近傍**という．

7　n 次元点集合 S に対して，n 次元空間全体は，S の**内部**，**外部**，および**境界**に分かれる：$\boldsymbol{R}^n=S^i\cup S^e\cup S^f$（直和）．

8　**集積点**，**閉集合**，**孤立点**などの定義は1次元点集合の場合と同様である．

9　**Weierstrass-Bolzano の定理**は n 次元の場合にも成立つ．

10　n 次元点集合 S の各点 $\boldsymbol{x}=(x_1, x_2, \cdots, x_n)$ に或る実数 u を対応させる規則を**関数**（詳しくは n 変数1価実関数）と呼び，$u=f(\boldsymbol{x})=f(x_1, x_2, \cdots, x_n)$，または単に f で表わす．このとき，$x_1, x_2, \cdots, x_n$ を**独立変数**，u を**従属変数**といい，それらの変域 S, R をそれぞれ関数 f の**定義域**，**値域**という．特に，2，3個の変数の場合は，$x, y, z, \cdots$ が用いられる．

11　$u=f(x_1, x_2, \cdots, x_n)$ は $n+1$ 次元直交座標系における **超曲面**（$n=2$ のときは通常の**曲面**）の方程式を表わす．

A (解答は171頁)

1 n 次元空間 $\boldsymbol{R}^n$ における加法およびスカラー乗法は次の条件をみたすことを証明せよ．但し，$\boldsymbol{x}, \boldsymbol{y}, \boldsymbol{z}$ は $\boldsymbol{R}^n$ の点，また α, β は実数とする．

(1) $(\boldsymbol{x}+\boldsymbol{y})+\boldsymbol{z}=\boldsymbol{x}+(\boldsymbol{y}+\boldsymbol{z})$ (**結合法則**)

(2) 任意の点 $\boldsymbol{x}$ に対して，$\boldsymbol{x}+\boldsymbol{o}=\boldsymbol{o}+\boldsymbol{x}=\boldsymbol{x}$ となる点 $\boldsymbol{o}$ (**ゼロ・ベクトル**) がこの空間内に存在する．

(3) 任意の点 $\boldsymbol{x}$ に対して，$\boldsymbol{x}+(-\boldsymbol{x})=(-\boldsymbol{x})+\boldsymbol{x}=\boldsymbol{o}$ となる点 $-\boldsymbol{x}$ がこの空間内に存在する．

(4) $\boldsymbol{x}+\boldsymbol{y}=\boldsymbol{y}+\boldsymbol{x}$ (**交換法則**)

(5) $\alpha(\boldsymbol{x}+\boldsymbol{y})=\alpha\boldsymbol{x}+\alpha\boldsymbol{y}$

(6) $(\alpha\beta)\boldsymbol{x}=\alpha(\beta\boldsymbol{x})$

(7) $(\alpha+\beta)\boldsymbol{x}=\alpha\boldsymbol{x}+\beta\boldsymbol{x}$

(8) $1\boldsymbol{x}=\boldsymbol{x}$

注 一般に，集合 V の任意の2元 $\boldsymbol{x}, \boldsymbol{y}$ の間に**加法** $\boldsymbol{x}+\boldsymbol{y}\in V$ が，また，体 K の任意の元 α に対して**スカラー乗法** $\alpha\boldsymbol{x}\in V$ が定められ，これらについて上記の条件がすべてみたされているとき，V を係数体 K 上の**線形空間**または**ベクトル空間**といい，V の元を**ベクトル**，K の元を**スカラー**と呼ぶ．

2 n 次元空間 $\boldsymbol{R}^n$ の点 $\boldsymbol{x}$ の長さ $|\boldsymbol{x}|$ は次の3条件をみたすことを証明せよ．

(1) $|\boldsymbol{x}|\geqq 0$，等号は $\boldsymbol{x}=\boldsymbol{o}$ (ゼロ・ベクトル) のときに限り成立つ．

(2) $|\alpha\boldsymbol{x}|=|\alpha|\,|\boldsymbol{x}|$ (α は実数)

(3) $|\boldsymbol{x}+\boldsymbol{y}|\leqq|\boldsymbol{x}|+|\boldsymbol{y}|$ (**三角不等式**)

注 一般に実数または複素数体上の線形空間 V の各点 $\boldsymbol{x}$ に実数 $\|\boldsymbol{x}\|$ を対応させるとき，上記の3条件がすべてみたされているならば，$\|\boldsymbol{x}\|$ を $\boldsymbol{x}$ の**ノルム**といい，V を**ノルム空間**と呼ぶ．ノルム空間 V は，2点間の**距離**を $\|\boldsymbol{x}-\boldsymbol{y}\|$ によって定めれば，**距離空間**となる．

3 n 次元空間 $\boldsymbol{R}^n$ の任意の2点 $\boldsymbol{x}=(x_1, x_2, \cdots, x_n)$，$\boldsymbol{y}=(y_1, y_2, \cdots, y_n)$ に対して，実数

$$\langle\boldsymbol{x}, \boldsymbol{y}\rangle=x_1y_1+x_2y_2+\cdots+x_ny_n$$

を $\boldsymbol{x}, \boldsymbol{y}$ の**内積**という．このとき，$\boldsymbol{x}$ と $\boldsymbol{y}$ の**交角** θ は，次の様に定義される：

$$\cos\theta=\frac{\langle\boldsymbol{x}, \boldsymbol{y}\rangle}{|\boldsymbol{x}|\cdot|\boldsymbol{y}|}\quad(0\leqq\theta\leqq\pi).$$

注 ベクトル解析では，内積はしばしば**ドット積** $\boldsymbol{x}\cdot\boldsymbol{y}$ で表わされる．

次のことがらを証明せよ．但し，$\boldsymbol{x}, \boldsymbol{y}$ は零ベクトル $\boldsymbol{o}$ ではないとする．

(1) $\boldsymbol{x}$ と $\boldsymbol{y}$ が直交するための必要十分条件は，$\langle\boldsymbol{x}, \boldsymbol{y}\rangle=0$ である．

(2)　$|\boldsymbol{x}|=|\boldsymbol{y}|$ ならば，$\boldsymbol{x}+\boldsymbol{y}$ と $\boldsymbol{x}-\boldsymbol{y}$ は直交する．

4　$\boldsymbol{R}^3$ において，二つのベクトル $\boldsymbol{a}=(3,2,2)$，$\boldsymbol{b}=(6,2,3)$ のいずれにも直交する**単位ベクトル**（長さ1のベクトル）を求めよ．

5　3次元直交座標系において，二つの定点 $\mathrm{A}(1,0,0)$，$\mathrm{B}(-1,0,0)$ と動点 $\mathrm{P}(x,y,z)$ を頂点とする三角形ABPの面積が一定の値をとるとき，Pはどのような空間図形を描くか．

6　3次元直交座標系において，次の方程式はどのような曲面を表わすか．

(1)　$z=\sqrt{1-x^2-y^2}$　　　(2)　$z^2=x^2+y^2$

7　n 次元空間 $\boldsymbol{R}^n$ において，点集合 S が次の2条件をみたすとき，S は**（線形）部分空間**であるという：

(a)　$\boldsymbol{x}$ と $\boldsymbol{y}$ が S の点ならば，$\boldsymbol{x}+\boldsymbol{y}$ も S の点である．

(b)　$\boldsymbol{x}$ が S の点ならば，その任意のスカラー倍 $\alpha\boldsymbol{x}$ も S の点である．

2次元空間 $\boldsymbol{R}^2$ の部分空間をすべて求めよ．また，3次元空間 $\boldsymbol{R}^3$ の部分空間をすべて求めよ．

8　次の各関数の定義域を求めよ．それらの定義域は有界であるか．

(1)　$\sqrt{6-2x-3y}$　　　(2)　$\log\{(16-x^2-y^2)(x^2+y^2-4)\}$

B　（解答は173頁）

9　n 次元空間 $\boldsymbol{R}^n$ において，点 $\boldsymbol{x}$ の δ 近傍で，点集合 S の部分であるようなものが存在するとき，$\boldsymbol{x}$ は S の**内点**であるという．また，$\boldsymbol{x}$ の δ 近傍で，S の補集合の部分であるようなものが存在するとき，$\boldsymbol{x}$ は S の**外点**であるという．S の内点でも外点でもないような点 $\boldsymbol{x}$ は S の**境界点**であるという．S のすべての内点の集合 S^i，すべての外点の集合 S^e，すべての境界点の集合 S^f を，それぞれ，S の**内部**，**外部**，**境界**という．

i＝interior（内部）
e＝exterior（外部）
f＝frontior（境界）

次のことがらを証明せよ．

(1)　点 $\boldsymbol{x}$ が S の境界点であるための必要十分条件は，$\boldsymbol{x}$ の任意の δ 近傍が S の点と S の補集合の点を共に含むことである．

(2)　S が有限集合または可付番無限集合ならば，S は境界点だけからなる．

10 内点だけで出来ている点集合を**開集合**といい，また，すべての境界点を含むような点集合を**閉集合**という．

次のことがらの真偽を判定せよ．

(1) 開集合でない点集合は閉集合である．

(2) 全空間 $\boldsymbol{R}^n$ は開集合であり，しかも閉集合である．

(3) 全空間 $\boldsymbol{R}^n$ から一点を除いた点集合は開集合である．

11 閉区間 $[a,b]$ の $\boldsymbol{R}^n$ への連続像を**曲線**といい，重複点のない曲線を**単純曲線**，円周のように出発点にもどる単純曲線を**単純閉曲線**または **Jordan 閉曲線**という．

点集合 S の任意の2点を S 内の単純曲線で結ぶことが出来るとき，S は**弧状連結**であるという．弧状連結な開集合を**（開）領域**，弧状連結な閉集合を**閉領域**と呼ぶ．領域は1次元空間における〝区間〞の概念を高次元の場合に拡張したものである．

領域 S 内の任意の単純閉曲線が，S 外に出ることなく，連続的に S 内の一点に縮められるならば，S は**単連結**，縮められないならば**多重連結**であるという．

2次元空間 $\boldsymbol{R}^2$ において，原点とは異なる定点を $\boldsymbol{a}$ とするとき，次の各不等式をみたすようなすべての点 $\boldsymbol{x}$ の集合は閉領域になるか，また単連結領域になるか．

(1) $0<|\boldsymbol{x}|\leqq|\boldsymbol{a}|$　　(2) $|\boldsymbol{a}|\leqq|\boldsymbol{x}|$

(3) $0<|\boldsymbol{x}-\boldsymbol{a}|\leqq 1$　　(4) $4\leqq|\boldsymbol{x}-\boldsymbol{a}|\leqq 16$

12 $\boldsymbol{R}^n$ の開集合 S が領域（弧状連結）である必要十分条件は，S を空でない二つの開集合 A,B に分割したとき，

$$A\cup B=S,\ A\cap B=\phi$$

が同時に成立つようには出来ないことである．このことを証明せよ．

注 この条件が成立つとき，開集合 S は**連結**であるという．一般の距離空間では，弧状連結ならば連結であるが，逆は限らずしも成立しない．逆が成立つためには，**局所連結**（近傍が弧状連結にとれる）という条件がいる．

13　$u=f(x_1, x_2, \cdots, x_n)$ において，任意の正数 ε に対して，それに応じて適当な正数 δ を決め，

$$0<|\boldsymbol{x}-\boldsymbol{x}_0|<\varepsilon \text{ ならば } |f(\boldsymbol{x})-l|<\varepsilon \quad (l \text{ は定数})$$

と出来るとき，l を関数 f の $\boldsymbol{x}$ が $\boldsymbol{x}_0$ に近づくときの**極限**（**多重極限**）であるといい，

$$\lim_{\boldsymbol{x}\to\boldsymbol{x}_0} f(\boldsymbol{x})=l$$

で表わす．また，他の変数を一定にして，$x_i\to a$ としたときの極限が存在するとき，その極限において，更に，$x_j\to b$ としたときの極限を**累次極限**といい，

$$\lim_{x_j\to b}\lim_{x_i\to a} f(x_1, x_2, \cdots, x_n) \quad (2\text{回以上も同様})$$

で表わす．このような累次極限が存在しても，多重極限は存在するとは限らない．もし，多重極限が存在するならば，その値は $\boldsymbol{x}$ が $\boldsymbol{x}_0$ に近づく道によらず一意的になる．従って，もし二つの異なる道による $\boldsymbol{x}_0$ への接近が二つの異なる値を与えるならば，多重極限は存在しない．累次極限の操作は一般に交換可能ではないが，もし多重極限が存在するならば，極限操作は交換可能になる．

次の極限（二重極限）を求めよ．

(1) $\displaystyle\lim_{\substack{x\to 1\\ y\to 2}}\frac{3-x+y}{4+x-2y}$　　(2) $\displaystyle\lim_{\substack{x\to 4\\ y\to \pi}} x^2\sin\frac{y}{x}$

(3) $\displaystyle\lim_{\substack{x\to 0\\ y\to 0}}\frac{x\sin(x^2+y^2)}{x^2+y^2}$　　(4) $\displaystyle\lim_{\substack{x\to 0\\ y\to 0}} e^{-1/x^2y^2}$

14　次の各関数には，点 (x, y) が原点 $(0, 0)$ に近づくときの極限は存在しないことを証明せよ．

(1) $\dfrac{x-y}{x+y}$　　(2) $\dfrac{x^2-y^2}{x^2+y^2}$

15　関数 $f(x, y)=\dfrac{x^2-y^2}{x^2+y^2}$ において，点 (x, y) が直線 $y=ax$（a は定数）に沿って原点 $(0, 0)$ に近づくならば，関数値はどのような値に近づくか．

16　多重極限において，

$$\lim_{\boldsymbol{x}\to\boldsymbol{x}_0} f(\boldsymbol{x})=f(\boldsymbol{x}_0)$$

が成立つとき，関数 f は $\boldsymbol{x}=\boldsymbol{x}_0$ で**連続**であるという．f がある領域 S の各点において連続ならば，f は **S で連続**であるという．

次の各関数は原点 $(0,0)$ において連続か．

(1) $\begin{cases} \dfrac{xy}{x^2+y^2} & (x^2+y^2\neq 0) \\ 0 & (x^2+y^2=0) \end{cases}$

(2) $\begin{cases} \dfrac{x^2y^2}{x^2+y^2} & (x^2+y^2\neq 0) \\ 0 & (x^2+y^2=0) \end{cases}$

17 領域 S で定義された関数 f が $\boldsymbol{x}=\boldsymbol{x}_0$ で各変数 x_i に関してそれぞれ連続であるとしても，f はその点で多変数関数として連続とは限らない．このことを，関数 f の具体例を挙げて説明せよ．

18 関数

$$f(x,y)=\begin{cases} \dfrac{\sin(x+y)}{x+y} & (x+y\neq 0) \\ 1 & (x+y=0) \end{cases}$$

は全平面で連続であることを証明せよ．

19 関数 f が領域 S で連続であるとき，C を S の任意の2点 $\boldsymbol{a}, \boldsymbol{b}$ を結ぶ S 内の連続曲線，また l を $f(\boldsymbol{a})$ と $f(\boldsymbol{b})$ の間にある任意の値とすれば，$f(\boldsymbol{c})=l$ となるような点 $\boldsymbol{c}$ が曲線 C 上に存在する（**多変数関数に関する中間値の定理**）．このことを証明せよ．

20 領域 S 上の連続関数全体のなす集合を V とし，V の2元 f と g の加法 $f+g$，およびスカラー乗法 αf（α は定数）を，それぞれ，S の任意の元 $\boldsymbol{x}$ に対して，

$$(f+g)(\boldsymbol{x})=f(\boldsymbol{x})+g(\boldsymbol{x}),\quad (\alpha f)(\boldsymbol{x})=\alpha f(\boldsymbol{x})$$

によって定義すれば，V は実数体 $\boldsymbol{R}$ 上の線形空間をなす．このことを線形空間の公理にもとづいて確かめよ．

§12.　偏導関数と全微分

基本事項

1　$u=f(x_1, x_2, \cdots, x_n)$ において，他の変数を定数とみなして，特定の変数 x_i だけに関する導関数

$$\lim_{\Delta x\to 0}\frac{(x_1, \cdots, x_i+\Delta x_i, \cdots, x_n)-f(x_1, \cdots, x_i, \cdots, x_n)}{\Delta x_i}$$

を求めることを，関数 f を x_i で**偏微分**するといい，そのとき得られる導関数を x_i に関する**偏導関数**といい，

$$\frac{\partial u}{\partial x_i}=f_{x_i}(x_1, x_2, \cdots, x_n),\quad \frac{\partial f}{\partial x_i}=f_{x_i}$$

で表わす．**偏微分可能**な個々の点における偏導関数の関数値は，その点における x_i に関する**偏微分係数**と呼ばれる．

2　関数 f が領域 S で各変数に関する偏導関数 $\partial f/\partial x_1, \cdots, \partial f/\partial x_n$ をすべて持ち，かつ，それらがすべて連続であるとき，f は S で $\boldsymbol{C^1}$ **級**（**連続微分可能**または**滑**(なめ)**らか**）であるという．

3　領域 S において，各変数 x_i の増分が Δx_i であるとき，それに対応する $u=f(x_1, x_2, \cdots, x_n)$ の増分 Δu が，

$$\Delta u=\frac{\partial u}{\partial x_1}\Delta x_1+\frac{\partial u}{\partial x_2}\Delta x_2+\cdots+\frac{\partial u}{\partial x_n}\Delta x_n$$
$$+\varepsilon_1\Delta x_1+\varepsilon_2\Delta x_2+\cdots+\varepsilon_n\Delta x_n$$
$$(\text{各 }\Delta x_i\to 0\text{ のとき，各 }\varepsilon_i\to 0)$$

と書けるならば，関数 f は S で（**全**）**微分可能**であるという．

4　$u=f(x_1, x_2, \cdots, x_n)$ が全微分可能のとき，

$$du=\frac{\partial u}{\partial x_1}dx_1+\frac{\partial u}{\partial x_2}dx_2+\cdots+\frac{\partial u}{\partial x_n}dx_n$$

を，u または f の**全微分**という．全微分は局所化・線形化の機能を持つ．

5　連続微分可能（C^1 級）⇨（全）微分可能 ⇨ 連続（C^0 級）
　　　　　　　　　　　　　　　　　　　　 ⇨ 偏微分可能

6　全微分 du は関数の増分 Δu の**近似計算**にも利用される．

A （解答は175頁）

1 次の各関数を x および y で偏微分せよ．

(1) x^3y+e^{xy}　　(2) $\dfrac{x-y}{x+y}$　　(3) $(x-y)\sin 3x$

(4) $\log\dfrac{x}{y}$　　(5) $\dfrac{\log x}{\log y}$　　(6) $\cosh\dfrac{x}{y}$

2 $u=\log(\sqrt{x}+\sqrt{y})$ のとき．$x\dfrac{\partial u}{\partial x}+y\dfrac{\partial u}{\partial y}$ は定数であることを証明せよ．

3 関数 f の x_i に関する偏導関数 $\partial f/\partial x_i$ が x_j に関して偏微分可能のとき，

$$f_{x_ix_j}=\frac{\partial^2 f}{\partial x_j\partial x_i}=\frac{\partial}{\partial x_j}\left(\frac{\partial f}{\partial x_i}\right),\quad f_{x_ix_i}=\frac{\partial^2 f}{\partial {x_i}^2}$$

を f の **2 階偏導関数**という．同様にして，2 階以上の**高階偏導関数**も考えられる．このとき，偏微分の操作は交換可能とは限らない．

領域 S において，関数 f の r 階までの偏導関数がすべて存在し，かつ，それらが連続であるとき，f は S で C^r **級**（r **回連続微分可能**）であるという．連続関数は C^0 **級**とし，任意の正整数 r について C^r 級ならば，f は C^∞ **級**であるという．もし f が C^r 級の関数ならば，r 階までの偏微分の操作はその順序を交換してもよい．

次の各関数の 2 階偏導関数を求めよ．

(1) $2x^3+3xy^2$　　(2) x^3y+e^{xy}

(3) $e^{xy}\sin y$　　(4) $\dfrac{y}{x}+4y$

4 2 変数関数 $u=f(x,y)$ が C^r 級であるとき，f の r 階偏導関数は一致するものを除外すれば全部で何個あるか．

5 次の関数の原点における 1 階および 2 階偏微分係数をすべて求めよ．この関数は C^2 級であるといえるか．

$$f(x,y)=\begin{cases}\dfrac{x^3y-xy^3}{x^2+y^2} & (x^2+y^2\neq 0)\\ 0 & (x^2+y^2=0)\end{cases}$$

6 $u=\log(x^2+xy+y^2)$ の，点 $(0,1)$ における，x および y に関する偏微分係数を求めよ．

7 次のことがらを証明せよ．

(1) 関数 f が領域 S で C^1 級ならば，f は S で全微分可能である．

(2) 関数 f が領域 S で全微分可能ならば，f は S で連続である．

(3) 関数 f が領域 S で各変数 x_i に関して偏微分可能であるとしても，f は S で必ずしも連続でも全微分可能でもない．

8 次の各関数の全微分を求めよ．

(1) $\sqrt{x^2+y^2}$　　(2) x^3e^{xy}　　(3) $\sin xy$

9 直角三角形の直角を挟む2辺が 6 cm，8 cm で，各辺が 0.1 cm ずつ伸びるとき，斜辺の伸びの近似値を求めよ．このとき，面積はおよそどれだけ増加するか．

10 直円柱の底面の直径と高さを測定し，それぞれ，

$$10.56\ \mathrm{cm},\quad 21.34\ \mathrm{cm}$$

なる値を得た．各々につき，0.01 cm 以内の誤差があるとすれば，体積計算に及ぼす誤差の範囲はどれだけか．

11 2変数関数 $u=u(x,y)$，$v=v(x,y)$ が領域 S で共に C^1 級であるとき，

$$udx+vdy$$

がある関数 f の全微分ならば，$\dfrac{\partial u}{\partial y}=\dfrac{\partial v}{\partial x}$ である．このことを証明せよ．

注　領域 S が単連結ならば，逆も成立つ．

12 C^2 級の関数 $u=f(x_1,x_2,\cdots,x_n)$ に対して，**Laplace の演算子** Δ を，

$$\Delta u=\left(\frac{\partial^2}{\partial x_1{}^2}+\frac{\partial^2}{\partial x_2{}^2}+\cdots+\frac{\partial^2}{\partial x_n{}^2}\right)u=\frac{\partial^2 u}{\partial x_1{}^2}+\frac{\partial^2 u}{\partial x_2{}^2}+\cdots+\frac{\partial^2 u}{\partial x_n{}^2}$$

によって定義する．このとき，$\Delta u=0$ を **Laplace の微分方程式**，その解を**調和関数**という．なお，Δ は関数の増分記号とは無関係であり，ベクトル解析ではしばしば ∇^2 と書かれる．

次の各関数について，Δu を計算せよ．

(1) $u=\log\sqrt{x^2+y^2+z^2}$　　(2) $u=\dfrac{1}{\sqrt{x^2+y^2+z^2}}$

13 2変数関数 $u=u(x,y)$，$v=v(x,y)$ が共に C^2 級であり，

$$\frac{\partial u}{\partial x}=\frac{\partial v}{\partial y},\quad \frac{\partial u}{\partial y}=-\frac{\partial v}{\partial x}\qquad \text{(Cauchy-Riemann の微分方程式)}$$

をみたすならば，$\Delta u=0$，$\Delta v=0$ であることを証明せよ．

注　u,v が C^2 級の仮定は強すぎ，全微分可能でよい（§22参照）．

B (解答は179頁)

14 $u=f(x, y)$ を長方形領域 $S(a \leqq x \leqq b,\ c \leqq y \leqq d)$ において連続な関数とし，$\partial f/\partial y$ は存在してそれも連続であるとする．このとき，x に関する積分（積分変数は t を用いる）によって定義される関数

$$\varphi(x, y)=\int_a^x f(t, y)\,dt$$

について，

$$\frac{\partial\varphi}{\partial x}=f(x, y),\quad \frac{\partial\varphi}{\partial y}=\int_a^x \frac{\partial f(t, y)}{\partial y}dt$$

が成立つ（**積分記号下の微分**）．

次の各関数 f について，

$$\varphi(x, y)=\int_0^x f(t, y)\,dt,\ \text{および},\ \frac{\partial\varphi}{\partial y}\ \text{を求めよ．}$$

(1) $(x+y)^2$　　(2) x^2y^3　　(3) e^{xy}

15 $u=f(x, y)$ を C^1 級の関数とするとき，$u=0$ によって定義される関数 $y=\varphi(x)$ について，

$$\frac{dy}{dx}=-\frac{\partial u}{\partial x}\Big/\frac{\partial u}{\partial y}\quad\left(\text{但し，}\frac{\partial u}{\partial y}\neq 0\ \text{とする}\right)$$

が成立つ（**陰関数の微分法**）．このことを証明せよ．

16 次の各式より，$\dfrac{dy}{dx}$ および $\dfrac{d^2y}{dx^2}$ を求めよ．

(1) $3x^2+4xy+2y^2=1$　　(2) $y=xe^y$

17 曲線 $\sqrt{x}+\sqrt{y}=\sqrt{a}$ $(a>0)$ の接線の x 切片と y 切片の和は一定であることを証明せよ．

18 $u=f(x, y, z)$ を C^1 級の関数とするとき，$u=0$ によって定義される関数 $z=\varphi(x, y)$ について，

$$\frac{\partial z}{\partial x}=-\frac{\partial u}{\partial x}\Big/\frac{\partial u}{\partial z},\quad \frac{\partial z}{\partial y}=-\frac{\partial u}{\partial y}\Big/\frac{\partial u}{\partial z}$$

が成立つことを証明せよ．

§13. 合成微分律

基本事項

1 C^r 級の関数 $u=f(x_1, x_2, \cdots, x_n)$ において，各変数 x_j が $t_1, t_2, \cdots, t_m$ の C^r 級の関数ならば，u は $t_1, t_2, \cdots, t_m$ の C^r 級の関数になり，次の公式を r 回まで適用できる：

$$\frac{\partial u}{\partial t_k}=\frac{\partial u}{\partial x_1}\frac{\partial x_1}{\partial t_k}+\frac{\partial u}{\partial x_2}\frac{\partial x_2}{\partial t_k}+\cdots+\frac{\partial u}{\partial x_n}\frac{\partial x_n}{\partial t_k}$$

$(k=1, 2, \cdots, m)$ （**合成微分律**）．

2 特に，$x_1, x_2, \cdots, x_n$ が唯一つの変数 t の関数ならば，

$$\frac{du}{dt}=\frac{\partial u}{\partial x_1}\frac{dx_1}{dt}+\frac{\partial u}{\partial x_2}\frac{dx_2}{dt}+\cdots+\frac{\partial u}{\partial x_n}\frac{dx_n}{dt}.$$

3 一組の C^r 級の関数

$$u_i=f_i(x_1, x_2, \cdots, x_n) \quad (i=1, 2, \cdots, n)$$

により，n 次元の領域 S から領域 R への **C^r 級写像**が定義される．

$r \geqq 1$ のとき，n 次の行列式

$$\frac{\partial(u_1, u_2, \cdots, u_n)}{\partial(x_1, x_2, \cdots, x_n)}=\det\left[\frac{\partial u_i}{\partial x_j}\right] \quad (1\leqq i, j\leqq n)$$

を，この写像の**関数行列式（ヤコビアン）**という．

4 前項において，**臨界点**（関数行列式$=0$ となる点）以外の点の近傍では，C^r 級の逆写像が一意的に定まり，その関数行列式はもとの関数行列式の逆数に等しい（**逆写像の定理**）．

5 $n+1$ 次元の領域で定義された C^1 級の関数

$$F(\boldsymbol{x}, y)=F(x_1, x_2, \cdots, x_n, y)$$

が，$F(\boldsymbol{x}_0, y_0)=0$，$F_y(\boldsymbol{x}_0, y_0)\neq 0$ をみたすならば，n 次元空間において，$\boldsymbol{x}=\boldsymbol{x}_0$ の近傍で定義された C^1 級の関数

$$y=f(\boldsymbol{x})=f(x_1, x_2, \cdots, x_n),\quad y_0=f(\boldsymbol{x}_0)$$

で，恒等的に $F(\boldsymbol{x}, f(\boldsymbol{x}))=0$ となるものが一意的に定まる．この f を $F(\boldsymbol{x}, y)=0$ から定まる**陰関数**という．このとき，

$$\frac{\partial f}{\partial x_j}=-\frac{\partial F}{\partial x_j}\Big/\frac{\partial F}{\partial y} \quad (1\leqq j\leqq n)\ （\textbf{陰関数の定理}）.$$

A (解答は179頁)

1 次の関数の t および s に関する偏導関数を求めよ．

$$u=\frac{x+y}{1-xy},\ x=\sin 2t,\ y=\cos(3t-s)$$

2 $x=r\cos\theta$，$y=r\sin\theta$，$u=f(x,y)$ とするとき，次の各問に答えよ．

(1) $\dfrac{\partial u}{\partial r}$，$\dfrac{\partial u}{\partial \theta}$ を求めよ．

(2) $\left(\dfrac{\partial u}{\partial x}\right)^2+\left(\dfrac{\partial u}{\partial y}\right)^2=\left(\dfrac{\partial u}{\partial r}\right)^2+\dfrac{1}{r^2}\left(\dfrac{\partial u}{\partial \theta}\right)^2$ を証明せよ．

3 $x=r\cos\theta$，$y=r\sin\theta$，$u=x^2+2xy$ とするとき，$\dfrac{\partial u}{\partial r}$，$\dfrac{\partial u}{\partial \theta}$ を求めよ．

4 f を1変数の C^1 級の関数とするとき，次のことがらを証明せよ．

(1) $u=f(2x+7y)$ ならば，$2\dfrac{\partial u}{\partial y}=7\dfrac{\partial u}{\partial x}$.

(2) $u=f(x^2y)$ ならば，$x\dfrac{\partial u}{\partial x}=2y\dfrac{\partial u}{\partial y}$.

5 f,g を1変数の C^2 級の関数とするとき，次のことがらを証明せよ．但し，a は定数とする．

$$u=f(x+ay)+g(x-ay) \text{ ならば，} \frac{\partial^2 u}{\partial y^2}-a^2\frac{\partial^2 u}{\partial x^2}=0.$$

6 f を2変数の C^1 級の関数とするとき，次のことがらを証明せよ．

$$u=f(x-y,y-x) \text{ ならば，} \frac{\partial u}{\partial x}+\frac{\partial u}{\partial y}=0.$$

7 f を2変数の C^2 級の関数とするとき，次のことがらを証明せよ．

(1) $u=f(x,y)$ が x のみの関数と y のみの関数の和となるための条件は，

$$\frac{\partial^2 u}{\partial x\,\partial y}=0.$$

(2) $u=f(x,y)$ が x のみの関数と y のみの関数の積となるための条件は，

$$u\frac{\partial^2 u}{\partial x\,\partial y}=\frac{\partial u}{\partial x}\,\frac{\partial u}{\partial y}.$$

8 u,v が x と y の関数で，$u^2-v=3x+y$，$u-2v^2=x-2y$ のとき，

$$\frac{\partial u}{\partial x},\ \frac{\partial v}{\partial x},\ \frac{\partial u}{\partial y},\ \frac{\partial v}{\partial y}$$

を求めよ．但し，$8uv\neq 1$ とする．

9 $u=f(x_1, x_2, \cdots x_n)$ は，適当な正整数 m が存在して，

$$f(tx_1, tx_2, \cdots, tx_n)=t^m f(x_1, x_2, \cdots, x_n) \quad (t \text{ は実数})$$

が成立つとき，m 次の**同次関数**という．このとき，f が C^k 級ならば，次の同次関数に関する **Euler の定理**が成立つことを証明せよ：

$$\left(x_1\frac{\partial}{\partial x_1}+x_2\frac{\partial}{\partial x_2}+\cdots+x_n\frac{\partial}{\partial x_n}\right)^k u=m(m-1)\cdots(m-k+1)u.$$

注 左辺の

$$\left(x_1\frac{\partial}{\partial x_1}+x_2\frac{\partial}{\partial x_2}+\cdots+x_n\frac{\partial}{\partial x_n}\right)^k$$

は**微分演算子**であり，特に $k=1$ のとき，Euler の定理は次の様になる：

$$x_1\frac{\partial u}{\partial x_1}+x_2\frac{\partial u}{\partial x_2}+\cdots+x_n\frac{\partial u}{\partial x_n}=mu.$$

10 $u=x^4+2xy^3-5y^4$ のとき，$x\dfrac{\partial u}{\partial x}+y\dfrac{\partial u}{\partial y}$ を求めよ．

11 $u=x^2+y^2$，$v=e^{xy}$ のとき，関数行列式 $\partial(u, v)/\partial(x, y)$ を求め，その値を 0 にするようなすべての点 (x, y) を求めよ．

12 $x=r\cos\theta$，$y=r\sin\theta$ のとき，関数行列式 $\partial(x, y)/\partial(r, \theta)$ を求めよ．

13 もし u, v が x, y の関数で，更に x, y が r, s の関数ならば，関数行列式に対する次の合成微分律が成立つことを証明せよ：

$$\frac{\partial(u, v)}{\partial(r, s)}=\frac{\partial(u, v)}{\partial(x, y)}\cdot\frac{\partial(x, y)}{\partial(r, s)} \quad (3\text{変数以上の場合でも同様}).$$

14 S を，$|x|\leqq 1$, $|y|\leqq 1$ であるような xy 平面上の閉領域，R を，S が変換 $u=x-y$, $v=x+y$ によって移される uv 平面上の領域とするとき，次の等式を証明せよ：

$$(R\text{ の面積})=\frac{\partial(u, v)}{\partial(x, y)}\cdot(S\text{ の面積}).$$

注 領域 S からその像 R への変換において，S の点 $\boldsymbol{x}=\boldsymbol{x}_0$ における関数行列式の値は，その点の近傍がRへ移されるときの面積（体積）の〝拡大率〟または〝縮小率〟の意味を持つ．

B（解答は182頁）

次の各問のことがらを証明せよ．これらのことがらは，3 変数以上の場合にもそのまま拡張できる．

15 関数 f が点 (x_0, y_0) の近傍で C^n 級のとき，その近傍の任意の点 (x, y) を，$x=x_0+th$，$y=y_0+tk$ とおけば，$u=f(x, y)$ は t の関数となり，

$$\left(\frac{d}{dt}\right)^m u=\left(h\frac{\partial}{\partial x}+k\frac{\partial}{\partial y}\right)^m u$$

$$=\sum_{r=0}^{m} {}_m\mathrm{C}_r h^r k^{m-r}\frac{\partial^m u}{\partial x^r \partial y^{m-r}} \quad (0\leqq m\leqq n).$$

16 関数 f が点 (x_0, y_0) の近傍で C^n 級のとき，その近傍の任意の点 (x, y) に対して，次の公式が成立つ：

$$f(x, y)=f(x_0, y_0)+\left(h\frac{\partial}{\partial x}+k\frac{\partial}{\partial y}\right)f(x_0, y_0)$$

$$+\frac{1}{2!}\left(h\frac{\partial}{\partial x}+k\frac{\partial}{\partial y}\right)^2 f(x_0, y_0)+\cdots$$

$$+\frac{1}{(n-1)!}\left(h\frac{\partial}{\partial x}+k\frac{\partial}{\partial y}\right)^{n-1} f(x_0, y_0)+R_n.$$

但し，$h=x-x_0$，$k=y-y_0$ であり，n 次の**剰余項** R_n は，0 と 1 の間の実数 θ により，

$$R_n=\frac{1}{n!}\left(h\frac{\partial}{\partial x}+k\frac{\partial}{\partial y}\right)^n f(x_0+\theta h, y_0+\theta k)$$

の形に書ける（多変数関数に関する **Taylor の公式**）.

17 関数 f が点 (x_0, y_0) の近傍で C^1 級のとき，その近傍の任意の点 (x, y) に対して，

$$f(x, y)-f(x_0, y_0)$$

$$=\left(h\frac{\partial}{\partial x}+k\frac{\partial}{\partial y}\right)f(x_0+\theta h, y_0+\theta k)$$

（但し，$h=x-x_0$，$k=y-y_0$）

をみたす実数 θ $(0<\theta<1)$ が存在する（多変数関数に関する**平均値の定理**）.

§14. 臨界点と極値

基本事項

1 曲面 $z=f(x,y)$ は，f が C^1 級の関数であるとき，**滑らか**であるといわれる．このとき，

$$\frac{\partial z}{\partial x}=0,\quad \frac{\partial z}{\partial y}=0$$

となる点 P(x,y) を，関数 f の**臨界点**という．

2 曲面 $z=f(x,y)$ において，$f(x,y)=c$（一定）とおいて得られる平面曲線を，この曲面の**等位線**（等高線）という．いくつかの等位線を描くことにより曲面の様子が調べられる．

3 C^1 級の関数 f が点 P で**極値**（極大値または極小値）をとるならば，P は f の臨界点である．逆は必らずしも成立しない．

4 滑らかな曲面 $z=f(x,y)$ において，関数 f が臨界点 P の近傍で C^2 級のとき，

$$\Delta=\frac{\partial^2 z}{\partial x^2}\cdot\frac{\partial^2 z}{\partial y^2}-\left(\frac{\partial^2 z}{\partial x\,\partial y}\right)^2$$

の点 P における符号により，次のように判定できる：

(1) $\Delta>0$ のとき，$\dfrac{\partial^2 z}{\partial x^2}<0$ ならば P は**極大点**，$\dfrac{\partial^2 z}{\partial x^2}>0$ ならば P は**極小点**である．

(2) $\Delta<0$ ならば，P は**鞍点**（あん）になり，極大点でも極小点でもない．

(3) $\Delta=0$ ならば，これだけでは不明である．

5 平面曲線 $f(x,y)=c$ 上の一点 P が関数 f の臨界点であるとき，P はこの曲線の**特異点**（$\Delta>0$，$\Delta<0$，$\Delta=0$ であるに応じて，**孤立点**，**結節点**，**尖点**）になる．

6 制約条件 $\varphi(x,y)=0$（φ は C^1 級の関数）のもとで，関数 f が点 P で極値をとるならば，P は補助的関数

$$g(x,y)=f(x,y)-\lambda\varphi(x,y)\quad（\lambda \text{ は定数}）$$

の臨界点である（**Lagrange の未定乗数法**）．

A

(解答は182頁)

1 次の各曲面の等位線を描け．

(1) $z=x^2+y^2$ (2) $z=x^2-y^2$ (3) $z=xy$

2 次の各関数の臨界点を求めよ．

(1) $z=x+y\sin x$ (2) $z=x\sin y$

3 C^1 級の関数 f が点Pで極値をとるならば，Pは f の臨界点である．このことを証明せよ．

4 滑らかな曲面 $z=f(x,y)$ において，関数 f が臨界点Pの近傍で C^2 級のとき，

$$\varDelta=\frac{\partial^2 z}{\partial x^2}\cdot\frac{\partial^2 z}{\partial y^2}-\left(\frac{\partial^2 z}{\partial x\,\partial y}\right)^2$$

の点Pにおける符号により，次のように判定できることを証明せよ．

(1) $\varDelta>0$ のとき，$\dfrac{\partial^2 z}{\partial x^2}<0$ ならばPは極大点，$\dfrac{\partial^2 z}{\partial x^2}<0$ ならばPは極小点である．

(2) $\varDelta<0$ ならば，Pは鞍点である．

5 2次曲面 $z=ax^2+2bxy+cy^2$ $(ac-b^2>0)$ は，$a>0$ ならば原点を極小点とし，$a<0$ ならば原点を極大点として持つことを証明せよ．

6 次の各関数の極値を求めよ．

(1) $z=x^3+y^3-3xy$ (2) $z=x^2+y^2-2x-y+3$

7 関数

$$z=\sin x+\sin y+\cos(x+y)\quad(0<x,\ y<\pi)$$

の極値を求めよ．

8 曲線 $y^2=x^2(x-a)$ は，$a>0$，$a<0$，$a=0$ であるに応じて，原点Oを，孤立点，結節点，尖点に持つ．このことを証明せよ．

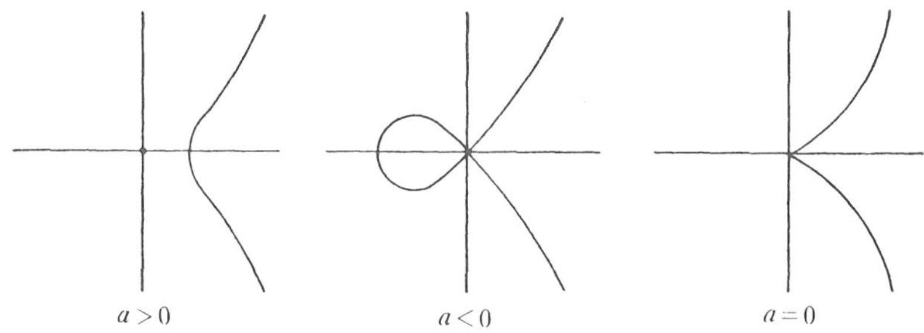

9 Lagrange の未定乗数法を証明せよ．

注　Lagrange の未定乗数法は，3変数以上の場合にも拡張できる．また，これにより，求める条件付き極値を与える点Pは，連立方程式

$$\frac{f_x}{\varphi_x}=\frac{f_y}{\varphi_y}=\cdots=\frac{f_z}{\varphi_z}=\lambda,\quad \varphi(x,y,\cdots,z)=0$$

の解の中から求められる．この定数 λ を **Lagrange の乗数**という．

10 制約条件 $x^2+y^2=1$ のもとで，関数 $f(x,y)=x+y$ の極値を求めよ．

11 制約条件 $x+y+z=1$ のもとで，関数 $f(x,y,z)=xyz$ の極値を求めよ．

12 原点Oと平面線 $5x^2+8xy+5y^2=9$ 上の点Pとの距離の最大値と最小値を求めよ．

13 制約条件 $xy+yz+zx=2$ (x,y,z は正数）のもとで，関数

$$f(x,y,z)=xyz$$

の最大値を求めよ．

注　これらの問題で，最大と最小，極大（局所的最大）と極小（局所的最小）の判定は重要であるが，常識的に最大値または最小値の存在が保証されている場合は，臨界点に対する極値の判定は省略することが多い．

14 平面上の3点 $A(x_1,y_1)$，$B(x_2,y_2)$，$C(x_3,y_3)$ までの距離の平方の和が最小となる点Pの座標を求めよ．

15 周囲が一定である三角形のうち，面積が最大になるものは正三角形であることを証明せよ．

16 f を有界閉集合 S で定義された連続関数とすれば，f は S において最大値と最小値をとる．

次の各関数の指定された領域における最大値と最小値を求めよ．

(1)　$-1\leqq x\leqq 1$，$-1\leqq y\leqq 1$ における関数 $z=x-y$

(2)　$x^2+y^2\leqq 1$ における関数 $z=xy-\sqrt{1-x^2-y^2}$

17 次の各関数の全平面における最大値と最小値が存在するならば，それを求めよ．

(1)　$(x-y)^4$　　(2)　e^{x-y}

(3)　$(x+y)e^{-xy}$　　(4)　$x(x-1)+2y^2$

18 曲面

$$2x^2+3y^2+z^2-12xy+4xz=35$$

上の点の z 座標の最大値と最小値を求めよ．

B (解答は185頁)

19 $u=f(x_1, x_2, \cdots, x_n)$ を $\boldsymbol{R}^n$ 内の領域 S で定義された C^1 級の関数として，更に臨界点 P の近傍では C^2 級とするとき，(i, j) 成分が $\partial^2 u/\partial x_i \partial x_j$ である k 次の行列式

$$\Delta_k=\det\left[\frac{\partial^2 u}{\partial x_i \partial x_j}\right] \quad (k=1, 2, \cdots, n)$$

の点 P における符号により，次のように判定できる．

(1) $\Delta_1>0, \Delta_2>0, \Delta_3>0, \cdots$ のように，符号がすべて正ならば，P は極小点である．

(2) $\Delta_1<0, \Delta_2>0, \Delta_3<0, \cdots$ のように，以下，符号が交互に現われるならば，P は極大点である．

関数 $u=x^2+y^2+z^2-3xyz$ は原点を極小点として持つことを証明せよ．

20 平面上の曲線 E と曲線の族

$$f(x, y, \alpha)=0 \quad (\alpha \text{ は媒介変数})$$

において，この族の各曲線が E に接し，しかも E がその接点の軌跡になっているとき，E をこの曲線族の**包絡線**という．包絡線の方程式は，特異点を除外すれば，

$$f(x, y, \alpha)=0, \quad \frac{\partial}{\partial \alpha} f(x, y, \alpha)=0$$

より α を消去して得られる．

次の各問に答えよ．

(1) 上のことがらを証明せよ．

(2) 直線の族 $x \sin\alpha+y\cos\alpha=1$ の包絡線を求めよ．

21 u, v, w が x, y の関数のとき，曲線の族

$$u\alpha^2+2v\alpha+w=0 \quad (\alpha \text{ は媒介変数})$$

の包絡線の方程式は，$uw-v^2=0$ で与えられることを証明せよ．

22 直線の族

$$y=\alpha x+(\alpha-1)^2 \quad (\alpha \text{ は媒介変数})$$

は一つの放物線に接することを証明せよ．

§15. ベクトル解析

基本事項

1 ベクトルの微分や積分について考察する部門を**ベクトル解析**という．ベクトル解析では主に3次元空間 $\boldsymbol{R}^3$ を取り扱う．

2 3次元直交座標系の**基本単位ベクトル**（座標軸方向の単位ベクトル）を $\boldsymbol{i}, \boldsymbol{j}, \boldsymbol{k}$ とすれば，$\boldsymbol{R}^3$ の任意のベクトル $\boldsymbol{r}$ は，

$$\boldsymbol{r}=\boldsymbol{i}x+\boldsymbol{j}y+\boldsymbol{k}z, \qquad \text{長さ } |\boldsymbol{r}|=\sqrt{x^2+y^2+z^2}$$

と一意的に表わされる．x, y, z を $\boldsymbol{r}$ の**成分**という．

3 二つのベクトル $\boldsymbol{a}, \boldsymbol{b}$ の交角を $\theta\ (0\leqq\theta\leqq\pi)$ とすれば，

内積（スカラー積，ドット積） $\boldsymbol{a}\cdot\boldsymbol{b}=|\boldsymbol{a}|\cdot|\boldsymbol{b}|\cos\theta$

外積（ベクトル積，クロス積） $\boldsymbol{a}\times\boldsymbol{b}=\boldsymbol{n}|\boldsymbol{a}|\cdot|\boldsymbol{b}|\sin\theta$

但し，$\boldsymbol{n}$ は，$\boldsymbol{a}, \boldsymbol{b}$ のいずれにも直交し，$\boldsymbol{a}$ が $\boldsymbol{b}$ に近づくように回るときの右ネジの進む方向の単位ベクトルである．

4 $\boldsymbol{a}=\boldsymbol{i}a_1+\boldsymbol{j}a_2+\boldsymbol{k}a_3$，$\boldsymbol{b}=\boldsymbol{i}b_1+\boldsymbol{j}b_2+\boldsymbol{k}b_3$ とすれば，

内積 $\boldsymbol{a}\cdot\boldsymbol{b}=a_1b_1+a_2b_2+a_3b_3$

外積 $\boldsymbol{a}\times\boldsymbol{b}=\begin{vmatrix}\boldsymbol{i} & \boldsymbol{j} & \boldsymbol{k}\\ a_1 & a_2 & a_3\\ b_1 & b_2 & b_3\end{vmatrix}=\boldsymbol{i}\begin{vmatrix}a_2 & a_3\\ b_2 & b_3\end{vmatrix}+\boldsymbol{j}\begin{vmatrix}a_3 & a_1\\ b_3 & b_1\end{vmatrix}+\boldsymbol{k}\begin{vmatrix}a_1 & a_2\\ b_1 & b_2\end{vmatrix}$

5 空間内の曲線 C は媒介変数 t により，

$$\boldsymbol{r}(t)=\boldsymbol{i}x(t)+\boldsymbol{j}y(t)+\boldsymbol{k}z(t)$$

と表わされる（**曲線の媒介変数表示**）．このとき，x, y, z が C^1 級の関数ならば，C は**滑らか**であるという．

6 空間内の領域 S の各点 $\boldsymbol{r}=\boldsymbol{i}x+\boldsymbol{j}y+\boldsymbol{k}z$ で，スカラー値の関数 $f(\boldsymbol{r})=f(x, y, z)$ が定義されているとき，f を S で定義された**スカラー関数**または**スカラー場**という．

7 同様に，S の各点 $\boldsymbol{r}$ で，ベクトル値の関数

$$\boldsymbol{u}(\boldsymbol{r})=\boldsymbol{i}u_1(\boldsymbol{r})+\boldsymbol{j}u_2(\boldsymbol{r})+\boldsymbol{k}u_3(\boldsymbol{r})$$

が定義されているとき，$\boldsymbol{u}$ を S で定義された**ベクトル関数**または**ベクトル場**という．ベクトル場の極限，連続，微分可能などの性質は，その成分の関数の性質によって定義される．

A (解答は185頁)

1 **ベクトル**とは，元来，力学における変位，速度，加速度あるいは力のように，〝大きさと方向〃を持つ量の抽象化であり，**スカラー**とは，体積，長さ，温度のように，適当な測定単位を選べば，ただ大きさだけによって特徴づけられる量の抽象化である．この場合，スカラー場，ベクトル場は，それぞれどのような力学的概念に相当するか．

2 ベクトルの合成に関する**平行四辺形の法則**を説明せよ．

3 任意のベクトル $\boldsymbol{r}$ が x 軸，y 軸，z 軸となす交角をそれぞれ α, β, γ とすれば，$\boldsymbol{r}$ 方法の**単位ベクトル**（長さ1のベクトル）は，

$$\frac{1}{|\boldsymbol{r}|}\boldsymbol{r}=\boldsymbol{i}\cos\alpha+\boldsymbol{j}\cos\beta+\boldsymbol{k}\cos r$$

と表わされることを証明せよ．

注　この値 $\cos\alpha$，$\cos\beta$，$\cos\gamma$ をベクトル $\boldsymbol{r}$ の**方向余弦**という．

4 原点Oから平面 S に下した垂線の足をPとし，線分OPの長さを p，$\overrightarrow{\mathrm{OP}}$ 方向の単位ベクトル（平面 S の**単位法線ベクトル**）を $\boldsymbol{n}=\boldsymbol{i}l+\boldsymbol{j}m+\boldsymbol{k}n$ とすれば，平面 S の方程式は $\boldsymbol{n}\cdot\boldsymbol{r}=p$，すなわち，

$$lx+my+nz=p \qquad \text{(Hesse の標準形)}$$

と表わされることを証明せよ．

5 内積に関して，次の公式を証明せよ．

(1) $\boldsymbol{a}\cdot\boldsymbol{b}=\boldsymbol{b}\cdot\boldsymbol{a}$

(2) $\boldsymbol{a}\cdot(\boldsymbol{b}+\boldsymbol{c})=\boldsymbol{a}\cdot\boldsymbol{b}+\boldsymbol{a}\cdot\boldsymbol{c}$

(3) $\lambda(\boldsymbol{a}\cdot\boldsymbol{b})=(\lambda\boldsymbol{a})\cdot\boldsymbol{b}=\boldsymbol{a}\cdot(\lambda\boldsymbol{b})=(\boldsymbol{a}\cdot\boldsymbol{b})\lambda$　（λ は実数）

(4) $\boldsymbol{i}\cdot\boldsymbol{i}=\boldsymbol{j}\cdot\boldsymbol{j}=\boldsymbol{k}\cdot\boldsymbol{k}=1$，$\boldsymbol{i}\cdot\boldsymbol{j}=\boldsymbol{j}\cdot\boldsymbol{k}=\boldsymbol{k}\cdot\boldsymbol{i}=0$

6 外積に関して，次の公式を証明せよ．

(1) $\boldsymbol{a}\times\boldsymbol{b}=-\boldsymbol{b}\times\boldsymbol{a}$

(2) $\boldsymbol{a}\times(\boldsymbol{b}+\boldsymbol{c})=\boldsymbol{a}\times\boldsymbol{b}+\boldsymbol{a}\times\boldsymbol{c}$

(3) $\lambda(\boldsymbol{a}\times\boldsymbol{b})=(\lambda\boldsymbol{a})\times\boldsymbol{b}=\boldsymbol{a}\times(\lambda\boldsymbol{b})=(\boldsymbol{a}\times\boldsymbol{b})\lambda$　（λ は実数）

(4) $\boldsymbol{i}\times\boldsymbol{i}=\boldsymbol{j}\times\boldsymbol{j}=\boldsymbol{k}\times\boldsymbol{k}=\boldsymbol{o}$，$\boldsymbol{i}\times\boldsymbol{j}=\boldsymbol{k}$，$\boldsymbol{j}\times\boldsymbol{k}=\boldsymbol{i}$，$\boldsymbol{k}\times\boldsymbol{i}=\boldsymbol{j}$

7 次のことがらを証明せよ．

(1) $\boldsymbol{a}, \boldsymbol{b}$ を隣接辺とする平行四辺形の面積は $|\boldsymbol{a}\times\boldsymbol{b}|$ に等しい．

(2) $|\boldsymbol{a}\times\boldsymbol{b}|^2=\begin{vmatrix}(\boldsymbol{a},\boldsymbol{a}) & (\boldsymbol{a},\boldsymbol{b})\\(\boldsymbol{b},\boldsymbol{a}) & (\boldsymbol{b},\boldsymbol{b})\end{vmatrix}$　（Gram の行列式）

8　二つのベクトル $\boldsymbol{a}, \boldsymbol{b}$ に対して，$\boldsymbol{a}\cdot(\boldsymbol{a}\times\boldsymbol{b})=0$，$\boldsymbol{b}\cdot(\boldsymbol{a}\times\boldsymbol{b})=0$ であることを証明せよ．

9　零ベクトルではない二つのベクトル $\boldsymbol{a}, \boldsymbol{b}$ が平行である（始点を一致させれば同一直線上にある）ための必要十分条件は $\boldsymbol{a}\times\boldsymbol{b}=\boldsymbol{o}$ であることを証明せよ．

注　このとき，$\boldsymbol{a}, \boldsymbol{b}$ は**共線**であるという．

10　三つのベクトル

$\boldsymbol{a}=\boldsymbol{i}a_1+\boldsymbol{j}a_2+\boldsymbol{k}a_3$，$\boldsymbol{b}=\boldsymbol{i}b_1+\boldsymbol{j}b_2+\boldsymbol{k}b_3$，$\boldsymbol{c}=\boldsymbol{i}c_1+\boldsymbol{j}c_2+\boldsymbol{k}c_3$ に対し，

$$[\boldsymbol{abc}]=\boldsymbol{a}\cdot(\boldsymbol{b}\times\boldsymbol{c})=(\boldsymbol{a}\times\boldsymbol{b})\cdot\boldsymbol{c}=\begin{vmatrix} a_1 & a_2 & a_3 \\ b_1 & b_2 & b_3 \\ c_1 & c_2 & c_3 \end{vmatrix}$$

を，**スカラー三重積**という．次のことがらを証明せよ．

(1)　$[\boldsymbol{a}\,\boldsymbol{b}\,\boldsymbol{c}]=[\boldsymbol{b}\,\boldsymbol{c}\,\boldsymbol{a}]=[\boldsymbol{c}\,\boldsymbol{a}\,\boldsymbol{b}]$

(2)　$\boldsymbol{a}, \boldsymbol{b}, \boldsymbol{c}$ を隣接辺とする平行六面体の体積は $[\boldsymbol{abc}]$ に等しい．

(3)　$\boldsymbol{a}, \boldsymbol{b}, \boldsymbol{c}$ を隣接辺とする四面体の体積は $[\boldsymbol{abc}]/6$ に等しい．

注　三つのベクトル $\boldsymbol{a}, \boldsymbol{b}, \boldsymbol{c}$ の位置関係が，右手の親指，人さし指，中指の位置関係とこの順で等しいとき，それらは**右手系**をなすという．もし，$[\boldsymbol{abc}]$ が正ならば，$\boldsymbol{a}, \boldsymbol{b}, \boldsymbol{c}$ は右手系をなす．基本単位ベクトル $\boldsymbol{i}, \boldsymbol{j}, \boldsymbol{k}$ は右手系にとる．

11　零ベクトルではない三つのベクトル $\boldsymbol{a}, \boldsymbol{b}, \boldsymbol{c}$ が，始点を一致させれば同一平面上にあるための必要十分条件は $[\boldsymbol{a}\,\boldsymbol{b}\,\boldsymbol{c}]=0$ であることを証明せよ．

注　このとき，$\boldsymbol{a}, \boldsymbol{b}, \boldsymbol{c}$ は**共面**であるという．共線，共面のとき，それらのベクトルは**1次従属**である．零ベクトル $\boldsymbol{o}$ は他の任意のベクトルと1次従属である．1次従属でないベクトルの組は**1次独立**であるという．

12　三つのベクトル $\boldsymbol{a}, \boldsymbol{b}, \boldsymbol{c}$ に対し，

$$\boldsymbol{a}\times(\boldsymbol{b}\times\boldsymbol{c})=(\boldsymbol{a}\cdot\boldsymbol{c})\boldsymbol{b}-(\boldsymbol{a}\cdot\boldsymbol{b})\boldsymbol{c} \qquad \text{(Lagrange の公式)}$$

を，**ベクトル三重積**と呼ぶ．次の不等号を証明せよ．

(1)　$(\boldsymbol{a}\cdot\boldsymbol{b})\boldsymbol{c}\neq\boldsymbol{a}(\boldsymbol{b}\cdot\boldsymbol{c})$

(2)　$\boldsymbol{a}\times(\boldsymbol{b}\times\boldsymbol{c})\neq(\boldsymbol{a}\times\boldsymbol{b})\times\boldsymbol{c}$

13　四つのベクトル $\boldsymbol{a}, \boldsymbol{b}, \boldsymbol{c}, \boldsymbol{d}$ に対して，次の公式を証明せよ．

(1)　$(\boldsymbol{a}\times\boldsymbol{b})\cdot(\boldsymbol{c}\times\boldsymbol{d})=(\boldsymbol{a}\cdot\boldsymbol{c})(\boldsymbol{b}\cdot\boldsymbol{d})-(\boldsymbol{a}\cdot\boldsymbol{d})(\boldsymbol{b}\cdot\boldsymbol{c})$

(2)　$(\boldsymbol{a}\times\boldsymbol{b})\times(\boldsymbol{c}\times\boldsymbol{d})=[\boldsymbol{a}\,\boldsymbol{b}\,\boldsymbol{d}]\boldsymbol{c}-[\boldsymbol{a}\,\boldsymbol{b}\,\boldsymbol{c}]\boldsymbol{d}$

注　これらの計算では文字の順序に常に注意を払い，内積と外積を常に区別することが必要である．・（ドット）や ×（クロス），括弧はむやみに省略してはならない．

14　ベクトル関数 $\boldsymbol{r}(t)=\boldsymbol{i}x(t)+\boldsymbol{j}y(t)+\boldsymbol{k}z(t)$ は，t の増分 Δt に対応する**ベクトルの増分**

$$\Delta \boldsymbol{r}(t)=\boldsymbol{r}(t+\Delta t)-\boldsymbol{r}(t)=\boldsymbol{i}\Delta x(t)+\boldsymbol{j}\Delta y(t)+\boldsymbol{k}\Delta z(t)$$

を持つ．このとき，$\lim_{\Delta t\to 0}|\Delta \boldsymbol{r}(t)|=0$ が成立つならば，$\boldsymbol{r}(t)$ は t で**連続**であるという．

次のことがらを証明せよ．

(1) $\boldsymbol{r}(t)$ が連続であるための必要十分条件は，成分の関数 $x(t)$，$y(t)$，$z(t)$ がそれぞれ連続であることである．

(2) $\boldsymbol{r}(t)$ が連続ならば，その長さ $|\boldsymbol{r}(t)|$ も t の連続関数になる．

15 スカラー関数，ベクトル関数は，しばしば変数 $\boldsymbol{r}$ が省略されて，

$$u=u(\boldsymbol{r}),\ \boldsymbol{u}=\boldsymbol{u}(\boldsymbol{r})\quad (関数とその値は本来は異なる概念である)$$

と書かれる．このとき，$\boldsymbol{r}$ が変数 t の関数ならば，$u, \boldsymbol{u}$ も１変数 t の関数となり，$\boldsymbol{u}=\boldsymbol{i}u_1+\boldsymbol{j}u_2+\boldsymbol{k}u_3$ の**微分**および**導関数**は次式で与えられる：

$$d\boldsymbol{u}=\boldsymbol{i}du_1+\boldsymbol{j}du_2+\boldsymbol{k}du_3,\qquad \frac{d\boldsymbol{u}}{dt}=\boldsymbol{i}\frac{du_1}{dt}+\boldsymbol{j}\frac{du_2}{dt}+\boldsymbol{k}\frac{du_3}{dt}.$$

$\boldsymbol{u}, \boldsymbol{v}, \boldsymbol{w}$ が t の微分可能なベクトル関数のとき，次の公式を証明せよ．

(1) $(\boldsymbol{u}\cdot\boldsymbol{v})'=\boldsymbol{u}'\cdot\boldsymbol{v}+\boldsymbol{u}\cdot\boldsymbol{v}'$

(2) $(\boldsymbol{u}\times\boldsymbol{v})'=\boldsymbol{u}'\times\boldsymbol{v}+\boldsymbol{u}\times\boldsymbol{v}'$

(3) $[\boldsymbol{u}\boldsymbol{v}\boldsymbol{w}]'=[\boldsymbol{u}'\boldsymbol{v}\boldsymbol{w}]+[\boldsymbol{u}\boldsymbol{v}'\boldsymbol{w}]+[\boldsymbol{u}\boldsymbol{v}\boldsymbol{w}']$

16 滑らかな曲線 C は，C 上の定点 P_0 からの弧長 s によって，$\boldsymbol{r}=\boldsymbol{r}(s)$ とも媒介変数表示される．このとき，$\boldsymbol{r}$ の**微分**，および，曲線 C の**線素**は，

$$d\boldsymbol{r}=\boldsymbol{i}dx+\boldsymbol{j}dy+\boldsymbol{k}dz,\ ds=|d\boldsymbol{r}|=\sqrt{(dx)^2+(dy)^2+(dz)^2}$$

で与えられる．次の各問に答えよ．

(1) 曲線 C 上の点 P $(\boldsymbol{r}=\overrightarrow{\mathrm{OP}})$ における**単位接線ベクトル**を $\boldsymbol{t}$ とすれば，$d\boldsymbol{r}=\boldsymbol{t}ds$ が成立つ．このことを証明せよ．

(2) 媒介変数 t を，質点 P が定点 P_0 から弧長 s だけ移動する時間とし，その**速度ベクトル**を $\boldsymbol{v}=\dfrac{d\boldsymbol{r}}{dt}$ とすれば，$\boldsymbol{v}=\boldsymbol{t}\dfrac{ds}{dt}$ が成立つことを証明せよ．

(3) **加速度ベクトル** $\boldsymbol{a}=\dfrac{d^2\boldsymbol{r}}{dt^2}=\dfrac{d\boldsymbol{v}}{dt}$ は点 P で常に C に接するといえるか．

注 質量 m の質点 P に力 $\boldsymbol{F}$ が働くと，P は**加速度運動**をする．このとき，P の描く軌跡 C は，**運動方程式** $\boldsymbol{F}=m\boldsymbol{a}$ を初期条件のもとに積分して求められる．力を受けない質点は静止するか等速直線運動を続ける（**慣性の法則**）．

なお，力学では，時間 t による微分は ˙（ドット），弧長 s による微分は ′（プライム）と使い分けることが多い．

17 位置ベクトルが $\boldsymbol{r}(t)=\boldsymbol{a}+\boldsymbol{b}t$（$\boldsymbol{a}, \boldsymbol{b}$ は定ベクトルで，$\boldsymbol{b}\neq\boldsymbol{o}$）であるような運動は，等速直線運動であることを証明せよ．

18 次の公式を証明せよ．但し，a は定数，$\boldsymbol{a}$ は定ベクトルとする．

(1) $(a\boldsymbol{r}(t))'=a\boldsymbol{r}'(t)$　　(2) $(\boldsymbol{a}f(t))'=\boldsymbol{a}f'(t)$

(3) $(\boldsymbol{a}\cdot\boldsymbol{r}(t))'=\boldsymbol{a}\cdot\boldsymbol{r}'(t)$　　(4) $(\boldsymbol{a}\times\boldsymbol{r}(t))'=\boldsymbol{a}\times\boldsymbol{r}'(t)$

19 次の各ベクトル関数の1階および2階導関数を求めよ．

(1) $\boldsymbol{r}(t)=\boldsymbol{i}\sin^2 t+\boldsymbol{j}\cos^2 t-3\boldsymbol{k}t$

(2) $\boldsymbol{r}(t)=\boldsymbol{a}t+\boldsymbol{b}t^2+\boldsymbol{c}$（$\boldsymbol{a}, \boldsymbol{b}, \boldsymbol{c}$ は定ベクトル）

20 質点Pが，原点Oを中心とする球面上の滑らかな曲線 C に沿って運動するならば，時間 t におけるPの位置ベクトルと速度ベクトルは，もしそれが $\boldsymbol{o}$ でなければ，常に直交することを証明せよ．

21 空間内の定点Aの回りを，半径 a の円周に沿って回転運動する質点Pにおいて，Pの位置ベクトルを $\boldsymbol{r}(t)$，速度ベクトルを $\boldsymbol{v}(t)$ とするとき，

$$\omega(t)=\frac{\text{接線速度 }|\boldsymbol{v}(t)|}{\text{回転半径 }a}=\frac{1}{a}\frac{ds}{dt}$$

を**角速度**という．また，長さが角速度 $\omega(t)$ に等しく，この回転運動によって右ネジの進む方向に等しいような方向を持つ，回転軸 OA 上のベクトル $\boldsymbol{w}(t)$ を**角速度ベクトル**という．

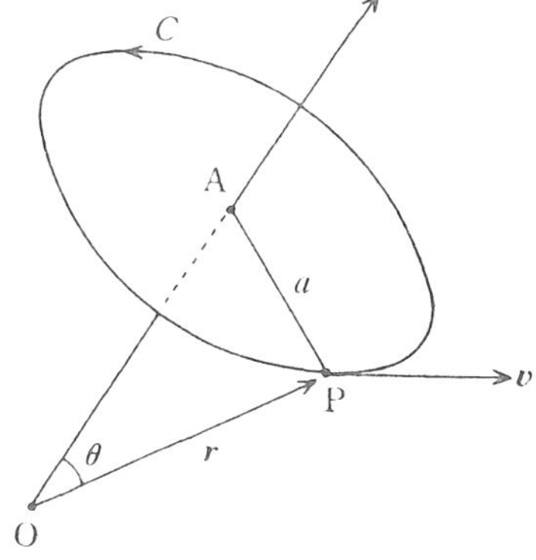

このとき，次のことがらを証明せよ．

(1) $\boldsymbol{v}(t)=\boldsymbol{w}(t)\times\boldsymbol{r}(t)$

(2) 角速度が一定（**等速円運動**）ならば，それは単位時間当りに質点Pの回る回転角 ω（ラジアン）に等しい．また，一周するのに要する時間は $2\pi/\omega$ である．

(3) 等速円運動の加速度ベクトル $\boldsymbol{a}$ は，長さは $a\omega^2$ に等しく，常に円の中心Aに向かう方向を持つ（**向心加速度**）．

22 次の等速円運動の角速度ベクトルを求めよ．

$\boldsymbol{r}(t)=a\boldsymbol{i}\cos bt+a\boldsymbol{j}\sin bt-a\boldsymbol{k}$　（a, b は正数）

23 角速度 ω，回転半径 a で等速円運動をする質量 m の質点Pに働く力の大きさと方向を求めよ．

B （解答は189頁）

24 スカラー関数 $u=f(\boldsymbol{r})$ において，一定の方向の単位ベクトルを $\boldsymbol{t}$ とし，ベクトル $\boldsymbol{r}$ の $\boldsymbol{t}$ 方向への増分

$$\Delta\boldsymbol{r}=\boldsymbol{t}\Delta s \quad (\Delta s=|\Delta\boldsymbol{r}|)$$

に対応する u の増分を Δu とするとき，極限

$$\frac{\partial u}{\partial s}=\lim_{\Delta s\to 0}\frac{\Delta u}{\Delta s}=\lim_{\Delta s\to 0}\frac{f(\boldsymbol{r}+\Delta\boldsymbol{r})-f(\boldsymbol{r})}{\Delta s}$$

が存在するならば，その極限を $\boldsymbol{r}$ における f の $\boldsymbol{t}$ 方向の**方向微分係数**という．領域 S の各点で f が $\boldsymbol{t}$ 方向の方向微分係数を持つならば，S において，f の $\boldsymbol{t}$ 方向の**方向導関数** $\partial f/\partial s$ が定義される．

次のことがらを証明せよ．

(1) f が全微分可能ならば，$\boldsymbol{t}=\boldsymbol{i}l+\boldsymbol{j}m+\boldsymbol{k}n$ とすれば，f の $\boldsymbol{t}$ 方向の方向導関数は次式で与えられる：

$$\frac{\partial f}{\partial s}=l\frac{\partial f}{\partial x}+m\frac{\partial f}{\partial y}+n\frac{\partial f}{\partial z}.$$

(2) f の座標軸方向の方向導関数は，通常の偏導関数

$$\frac{\partial f}{\partial x},\ \frac{\partial f}{\partial y},\ \frac{\partial f}{\partial z}$$

に他ならない．

注1 方向導関数は，座標軸方向に限られていた f の偏導関数を，任意の方向に拡張したものである．この場合，f の任意方向の方向導関数が存在したとしても，f が全微分可能あるいは C^1 級になるとは限らない．

注2 Hamilton の演算子 ∇（次節参照）を用いれば，f が全微分可能のとき，方向導関数は(1)によって，

$$\frac{\partial f}{\partial s}=\boldsymbol{t}\cdot\nabla f=l\frac{\partial f}{\partial x}+m\frac{\partial f}{\partial y}+n\frac{\partial f}{\partial z}$$

と簡潔に表わすことが出来る．

25 スカラー関数 $u=x^2+y^2+z^2$ の，点 $(2,0,3)$ における，$2\boldsymbol{i}-\boldsymbol{j}$ 方向の方向微分係数を求めよ．

§16. 勾配，発散，回転

基本事項

本節のスカラー関数 f，ベクトル関数 $\boldsymbol{u}$ はいずれも微分可能とする．

[1] **Hamilton の演算子**　$\nabla=\boldsymbol{i}\dfrac{\partial}{\partial x}+\boldsymbol{j}\dfrac{\partial}{\partial y}+\boldsymbol{k}\dfrac{\partial}{\partial z}$.

∇ はヘブライの竪琴の名に因み **nabla**（ナブラ）と読まれる．

[2] $\operatorname{grad} f=\nabla f=\boldsymbol{i}\dfrac{\partial f}{\partial x}+\boldsymbol{j}\dfrac{\partial f}{\partial y}+\boldsymbol{k}\dfrac{\partial f}{\partial z}$

をスカラー関数 f の**勾配**（gradient）という．

[3] スカラー関数 $u=f(\boldsymbol{r})$ の全微分は，次の式で表わさされる：

$$du=\nabla u\cdot d\boldsymbol{r}=\frac{\partial u}{\partial x}dx+\frac{\partial u}{\partial y}dy+\frac{\partial u}{\partial z}dz.$$

[4] $\nabla f(\boldsymbol{r})=\boldsymbol{o}$ となる点 $\boldsymbol{r}$ を関数 f の**臨界点**という．

[5] スカラー関数 f が C^1 級のとき，点 $\boldsymbol{r}$ が f の臨界点ではないならば，$\boldsymbol{r}$ における勾配（勾配ベクトル）$\nabla f(\boldsymbol{r})$ の方向は，関数値 $f(\boldsymbol{r})$ の最大の増加の方向に等しく，また，その長さは $\boldsymbol{r}$ における方向微分係数の最大値に等しい．

[6] $f(\boldsymbol{r})=c$（一定）とおいて得られる曲面 S をスカラー関数 f の**等位面**という．f が C^1 級ならば，S は**滑らか**といわれる．このとき，S 上の臨界点とは異なる点 $\boldsymbol{r}$ における勾配 $\nabla f(\boldsymbol{r})$ は，$\boldsymbol{r}$ において曲面 S と直交する．

[7] ベクトル関数 $\boldsymbol{u}=\boldsymbol{i}u_1+\boldsymbol{j}u_2+\boldsymbol{k}u_3$ に対し，次のスカラー関数とベクトル関数が導入される：

発散（divergence）　$\operatorname{div}\boldsymbol{u}=\nabla\cdot\boldsymbol{u}=\dfrac{\partial u_1}{\partial x}+\dfrac{\partial u_2}{\partial y}+\dfrac{\partial u_3}{\partial z}$,

回転（**rot**ation, curl）　$\operatorname{rot}\boldsymbol{u}=\nabla\times\boldsymbol{u}$

$$=\boldsymbol{i}\left(\frac{\partial u_3}{\partial y}-\frac{\partial u_2}{\partial z}\right)+\boldsymbol{j}\left(\frac{\partial u_1}{\partial z}-\frac{\partial u_3}{\partial x}\right)+\boldsymbol{k}\left(\frac{\partial u_2}{\partial x}-\frac{\partial u_1}{\partial y}\right).$$

[8] $\operatorname{rot}(\operatorname{grad} f)=\boldsymbol{o}$,　$\operatorname{div}(\operatorname{rot}\boldsymbol{u})=0$.

A （解答は189頁）

1 次の各スカラー関数の勾配を求めよ．

(1) $(x^2-y^2)z$　　(2) xyz　　(3) $\sin(x^2+y^2+z^2)$

2 スカラー関数 f が C^1 級のとき，点 $\boldsymbol{r}$ が f の臨界点ではないならば，$\boldsymbol{r}$ における勾配 $\nabla f(\boldsymbol{r})$ の方向は，関数値 $f(\boldsymbol{r})$ の最大の増加の方向に等しく，また，その長さは $\boldsymbol{r}$ における方向微分係数の最大値に等しい．このことを証明せよ．

3 C^1 級のスカラー関数 f の点 $\boldsymbol{r}$ における関数値 $f(\boldsymbol{r})$ は，いかなる方向に最も早く減少するか．

4 $u=z+e^x\sin y$ の原点における方向微分係数の最大値と最小値を求めよ．

5 滑らかな曲面 $f(\boldsymbol{r})=c$（一定）の上の臨界点とは異なる点 $\boldsymbol{r}$ における勾配 $\nabla f(\boldsymbol{r})$ は，$\boldsymbol{r}$ において曲面 S と直交する．このことを証明せよ．

6 平面 $ax+by+cz=d$ の単位法線ベクトルを求めよ．

7 円錐 $z^2=x^2+y^2$ の点 $(0,1,1)$ における単位法線ベクトルを求めよ．

8 球面 $x^2+y^2+z^2=49$ の点 $(6,2,3)$ における接平面と法線の方程式を求めよ．

9 平面 $2x+4y-z=5$ は，曲面 $z=x^2+y^2$ に接することを証明せよ．

10 Hamilton の演算子 ∇ に関して，次の公式を証明せよ．

(1) $\nabla(f+g)=\nabla f+\nabla g$　　(2) $\nabla(fg)=g\nabla f+f\nabla g$

(3) $\nabla\cdot(\boldsymbol{u}+\boldsymbol{v})=\nabla\cdot\boldsymbol{u}+\nabla\cdot\boldsymbol{v}$　　(4) $\nabla\cdot(f\boldsymbol{u})=\nabla f\cdot\boldsymbol{u}+f\nabla\cdot\boldsymbol{u}$

(5) $\nabla\times(\boldsymbol{u}+\boldsymbol{v})=\nabla\times\boldsymbol{u}+\nabla\times\boldsymbol{v}$　　(6) $\nabla\times(f\boldsymbol{u})=\nabla f\times\boldsymbol{u}+f\nabla\times\boldsymbol{u}$

11 次の公式を証明せよ．但し，$\nabla^2=\nabla\cdot\nabla$ は Laplace の演算子である．

(1) $\mathrm{div}(\mathrm{grad}\, f)=\nabla^2 f$

(2) $\nabla^2(fg)=g\nabla^2 f+2\nabla f\cdot\nabla g+f\nabla^2 g$

12 ベクトル関数 $\boldsymbol{u}=\boldsymbol{i}u_1+\boldsymbol{j}u_2+\boldsymbol{k}u_3$ の成分 u_1, u_2, u_3 が，x, y, z の全微分可能な関数ならば，$\boldsymbol{u}$ の微分 $d\boldsymbol{u}=\boldsymbol{i}du_1+\boldsymbol{j}du_2+\boldsymbol{k}du_3$ は，

$$d\boldsymbol{u}=\frac{\partial\boldsymbol{u}}{\partial x}dx+\frac{\partial\boldsymbol{u}}{\partial y}dy+\frac{\partial\boldsymbol{u}}{\partial z}dz$$

とも表わされることを証明せよ．

13 ベクトル関数 $\boldsymbol{u}=\boldsymbol{i}x^2\sin y+\boldsymbol{j}z^2\cos y-2\boldsymbol{k}$ の微分 $d\boldsymbol{u}$ を求めよ．

14 次の各ベクトル関数の発散および回転を求めよ．

(1) $\boldsymbol{i}\,yz+\boldsymbol{j}\,zx+\boldsymbol{k}\,xy$　　(2) $(\boldsymbol{i}+\boldsymbol{j}+\boldsymbol{k})xyz$

15 任意の C^2 級のスカラー関数 f およびベクトル関数 $\boldsymbol{u}$ に対して，次の公式が成立つことを証明せよ．

(1)　$\mathrm{rot}(\mathrm{grad}\, f)=\boldsymbol{o}$　　　(2)　$\mathrm{div}(\mathrm{rot}\, \boldsymbol{u})=0$

16 ベクトル場 $\boldsymbol{u}$ は，それが点 $\boldsymbol{r}$ には依存するが時間 t には依存しないとき，**定常場**と呼ばれる．定常場 $\boldsymbol{u}$ において，曲線 C 上の各点 $\boldsymbol{r}$ における接線ベクトルの方向が $\boldsymbol{u}(\boldsymbol{r})$ の方向と一致しているとき，C を**ベクトル線**（流線）という．ベクトル場 $\boldsymbol{u}=\boldsymbol{i}u_1+\boldsymbol{j}u_2+\boldsymbol{k}u_3$ のベクトル線は，微分方程式

$$\frac{dx}{u_1}=\frac{dy}{u_2}=\frac{dz}{u_3}$$

の解として与えられることを証明せよ．

注　〝流線〟は，ベクトル場 $\boldsymbol{u}$ を定常な流体の速度の場とみなすとき，そのベクトル線が流体粒子の動く道筋になっている処から来た用語である．もし，ベクトル場が，力の場，電場，磁場などであれば，ベクトル線は，それぞれ，〝力線〟，〝電力線〟，〝磁力線〟などと呼び換えられる．

17 次の各ベクトル場のベクトル線の方程式を求めよ．

(1)　$\boldsymbol{u}=\boldsymbol{i}x+\boldsymbol{j}y$　　　(2)　$\boldsymbol{u}=\boldsymbol{i}y-\boldsymbol{j}x$

18 ベクトル場 $\boldsymbol{u}$ において，点 $\boldsymbol{r}$ における発散 $\mathrm{div}\,\boldsymbol{u}$ の値は，その点におけるベクトル線の**湧出の強さ**を表わす．発散が正である点を**涌点**（涌き出し），負である点を**吸点**（**吸い込み**）という．$\mathrm{div}\,\boldsymbol{u}=0$ であるようなベクトル場 $\boldsymbol{u}$ は**管状**（**非圧縮性，涌き出しなし**）と呼ばれる．

次の各ベクトル場は管状であるか．

(1)　$\boldsymbol{u}=\boldsymbol{i}x+\boldsymbol{j}y+\boldsymbol{k}z$　　　(2)　$\boldsymbol{u}=\boldsymbol{i}e^x\sin y+\boldsymbol{j}e^x\cos y$

19 ベクトル場 $\boldsymbol{u}$ において，点 $\boldsymbol{r}$ における回転 $\mathrm{rot}\,\boldsymbol{u}$ の値は，その点における**渦の強さ**を表わす．$\mathrm{rot}\,\boldsymbol{u}=\boldsymbol{o}$ であるようなベクトル場 $\boldsymbol{u}$ は**層状**（**非回転性，渦なし**）と呼ばれる．

次の各ベクトル場は層状であるか．

(1)　$\boldsymbol{u}=\boldsymbol{i}x+\boldsymbol{j}y+\boldsymbol{k}z$　　　(2)　$\boldsymbol{u}=\boldsymbol{i}e^x\sin y+\boldsymbol{j}e^x\cos y$

20 強さ I の電流が z 軸方向の導線を下方から上方に向かって流れているとき，導線から ρ の距離にある点 $\boldsymbol{r}$ における**磁場**は，

$$\boldsymbol{H}=\frac{2I}{\rho^2}(-\boldsymbol{i}y+\boldsymbol{j}x)\qquad(\rho=\sqrt{x^2+y^2},\ I\text{ は定数})$$

で与えられるという．この磁場の磁力線の方程式を求めよ．また，$\mathrm{div}\,\boldsymbol{H}$，$\mathrm{rot}\,\boldsymbol{H}$ を計算せよ．

B (解答は192頁)

21 単連結領域 S で定義された任意のベクトル場 $\boldsymbol{u}$ は，層状ベクトル場 $\mathrm{grad}\, f$ と管状ベクトル場 $\mathrm{rot}\, \boldsymbol{v}$ の和として表わされる：$\boldsymbol{u}=\mathrm{grad}\, f+\mathrm{rot}\, \boldsymbol{v}$ (**Helmholz の定理**). このとき，f を**スカラー・ポテンシャル**，$\boldsymbol{v}$ を**ベクトル・ポテンシャル**という．特に，$\boldsymbol{u}=\mathrm{grad}\, f$ が成立つとき，$\boldsymbol{u}$ を**保存場**と呼ぶ．保存場は層状である．

次の各ベクトル場のスカラー・ポテンシャルを求めよ．

(1) $\boldsymbol{u}=\boldsymbol{i}+\boldsymbol{j}+\boldsymbol{k}$

(2) $\boldsymbol{u}=\boldsymbol{i}yz+\boldsymbol{j}zx+\boldsymbol{k}xy$

22 領域 S の任意の2点は滑らかな曲線によって結ばれるものとし，f, g を S 上で定義された C^1 級の関数とする．このとき，S 上で，$\mathrm{grad} f=\mathrm{grad}\, g$ ならば，

$$f(\boldsymbol{r})=g(\boldsymbol{r})+c \quad (c\text{ は定数})$$

が成立つことを証明せよ（**ポテンシャル関数の一意性**）．

23 微分形式 $u_1dx+u_2dy+u_3dz$ が**完全微分形式**，すなわち，あるスカラー関数の全微分 du であるならば，

$$\boldsymbol{u}=\boldsymbol{i}u_1+\boldsymbol{j}u_2+\boldsymbol{k}u_3$$

は保存場であることを証明せよ．

24 管状かつ層状であるベクトル場は**調和ベクトル場**と呼ばれる．ベクトル場 $\boldsymbol{u}$ が調和関数 f の勾配として表わされるならば，$\boldsymbol{u}$ は調和ベクトル場であることを証明せよ．

25 点Pの位置ベクトルを $\boldsymbol{r}$，$r=|\boldsymbol{r}|$ とするとき，次のことがらを証明せよ．

(1) ∇r は $\boldsymbol{r}$ 方向の単位ベクトルである．

(2) ベクトル場 $\boldsymbol{r}$ は層状ではあるが，管状ではない．

26 原点に電荷 Q があるとき，位置ベクトル $\boldsymbol{r}$，$r=|\boldsymbol{r}|$ の点Pにおかれた単位正電荷には次の斥力が作用する：

$$\boldsymbol{E}=\frac{Q}{4\pi}\frac{\boldsymbol{r}}{r^3}=-\frac{Q}{4\pi}\nabla\frac{1}{r} \quad (Q\text{ は定数}).$$

これを，電荷 Q によって生じる**電場**という．電場 $\boldsymbol{E}$ は，原点以外では調和ベクトル場になることを証明せよ．

§17. 重 積 分

基本事項

本節では，関数 f は xy 平面内の閉領域 S で連続とする．

1 領域 S を面積が $\Delta A_i (i=1, 2, \cdots, n)$ の n 個の小領域に分割し，各 ΔA_i 内の一点を (x_i, y_i)，$n\to\infty$ のとき各 $\Delta A_i\to 0$ とすれば，分割の仕方に関係なく，極限

$$V=\lim_{n\to\infty}\sum_{i=1}^{n} f(x_i, y_i)\Delta A_i$$

が定まる．この値を，関数 f の S における**二重積分**といい，

$$\iint_S f(x, y)\,dA \qquad (\text{面素 } dA=dx\,dy)$$

で表わす．二重積分の概念は，**三重積分**以上にも拡張される．これらを総称して，**重積分（多重積分）**という．

2 **積分領域** S が，不等式 $a\leqq x\leqq b$，$y_1(x)\leqq y\leqq y_2(x)$ によって定義されているならば，

$$\iint_S f(x, y)\,dA=\int_a^b\left\{\int_{y_1(x)}^{y_2(x)} f(x, y)\,dy\right\}dx.$$

一般に，n 重積分は n 回の**累次積分（反復積分）**に帰着する．

3 領域 S において $f(x, y)\geqq 0$ のとき，曲面 $z=f(x, y)$ と xy 平面によって挟まれる図形の，底面 S の上に立つ部分の**体積** V は，前項の二重積分に等しい．

4 前項の図形において，底面 S の**面積**，および，底面 S に相当する部分の曲面 $z=f(x, y)$ の**表面積**は，それぞれ，

$$\iint_S dx\,dy, \qquad \iint_S \sqrt{1+\left(\frac{\partial z}{\partial x}\right)^2+\left(\frac{\partial z}{\partial y}\right)^2}\,dx\,dy.$$

5 C^1 級の変数変換 $x=x(u, v)$，$y=y(u, v)$ によって，積分領域 S と uv 平面上の領域 R が対応しているとき，

$$\iint_S f(x, y)\,dx\,dy=\iint_R g(u, v)\left|\frac{\partial(x, y)}{\partial(u, v)}\right|du\,dv.$$

但し，$g(u, v)=f(x(u, v), y(u, v))$ とする．

A (解答は192頁)

1 積分変数の順序に注意して，次の重積分の値を求めよ．

(1) $\int_0^2\int_0^1 xy(x-y)\,dy\,dx$　　(2) $\int_0^1\int_0^x (x^2+y^2)\,dy\,dx$

(3) $\int_0^2\int_1^3 (x+y)\,dx\,dy$　　(4) $\int_0^1\int_{y^2}^y \sqrt{x}\,dx\,dy$

注　累次積分は内部の積分から先に行なう．これは次のようにも書かれる：

$$\int_a^b\int_{y_1(x)}^{y_2(x)} f(x,y)\,dy\,dx=\int_a^b dx\int_{y_1(x)}^{y_2(x)} f(x,y)\,dy.$$

2 $1\leqq x\leqq 2$，$-3\leqq y\leqq 4$ によって定められる長方形 S の上で，次の重積分の値を求めよ．

(1) $\iint_S x^2y\,dx\,dy$　　(2) $\iint_S e^x\,dx\,dy$

3 直線 $y=x$ と放物線 $y=x^2$ によって囲まれる領域 S の上で，次の重積分の値を求めよ．

(1) $\iint_S xy\,dx\,dy$　　(2) $\iint_S (x^2+y^2)\,dx\,dy$

4 積分領域 S が，不等式 $c\leqq y\leqq d$，$x_1(y)\leqq x\leqq x_2(y)$ によって定義されているならば，重積分は次の累次積分で与えられる：

$$\iint_S f(x,y)\,dA=\int_c^d dy\int_{x_1(y)}^{x_2(y)} f(x,y)\,dx.$$

$y=1$，$x=0$ および $y=x^2$ で囲まれた領域 S の上の重積分

$$\iint_S x^2y^2\,dx\,dy$$

の値を，積分変数の2通りの順序で計算せよ．

5 次の重積分の値を求めよ．

(1) $\int_0^1\int_0^1\int_0^1 (x^2+y^2+z^2)\,dx\,dy\,dz$

(2) $\int_0^1\int_0^x\int_0^{x+y} e^{x+y+z}dz\,dy\,dx$

(3) $\int_0^\pi\int_2^3\int_{-1}^1 \sin x\,dz\,dy\,dx$

6 3次元空間内の積分領域 T が，不等式

$$a\leqq x\leqq b,\ \ y_1(x)\leqq y\leqq y_2(x),\ \ z_1(x,y)\leqq z\leqq z_2(x,y)$$

によって定義されているならば，重積分は次の累次積分で与えられる：

$$\iiint_T f(x,y,z)\,dV=\int_a^b dx\int_{y_1(x)}^{y_2(x)}dy\int_{z_1(x,y)}^{z_2(x,y)}f(x,y,z)\,dz.$$

特に，領域 T の**体積**は，$\iiint_T dx\,dy\,dz$ （**体積素** $dV=dx\,dy\,dz$）.

不等式 $0\leqq x\leqq 1$，$0\leqq y\leqq 1-x$，$0\leqq z\leqq 1-x-y$ によって定義される四面体の体積を三重積分によって求めよ．

7 二つの円柱 $x^2+y^2=a^2$，$x^2+z^2=a^2(a>0)$ によって囲まれる部分の体積を求めよ．

8 平面 $z=x+y$，$z=6$，$x=0$，$y=0$，$z=0$ によって囲まれる部分の体積を求めよ．

9 関数 f を領域 S に分布した**質量の密度**とみなせば，S の全質量 M は，

$$M=\iint_S f(x,y)\,dx\,dy.$$

また，S における質量の**重心**の座標 $(\bar{x},\bar{y})$ は，

$$\bar{x}=\frac{1}{M}\iint_S xf(x,y)\,dx\,dy,\quad \bar{y}=\frac{1}{M}\iint_S yf(x,y)\,dx\,dy.$$

領域 S を四分円 $0\leqq x\leqq 1$，$0\leqq y\leqq\sqrt{1-x^2}$ とし，質量の密度を定数 ρ とするとき，S における質量の重心の座標を求めよ．

10 関数 f を領域 S に分布した質量の密度とみなせば，S における質量の x 軸，y 軸に関する**慣性モーメント** I_x, I_y は，それぞれ，

$$I_x=\iint_S y^2f(x,y)\,dx\,dy,\quad I_y=\iint_S x^2f(x,y)\,dx\,dy.$$

また，原点に関する**極慣性モーメント**は，$I_0=I_x+I_y$ で与えられる．

前問の四分円 S について，I_x, I_y, I_0 を求めよ．

11 密度一様な楕円の上半部分

$$\frac{x^2}{a^2}+\frac{y^2}{b^2}=1,\quad y\geqq 0$$

の重心の座標を，重積分を用いる方法，および，Guldin-Pappus の定理を用いる方法によって求めよ．

12 密度一様な半球 $x^2+y^2+z^2=a^2$，$z\geqq 0$ の重心の座標を求めよ．

B （解答は194頁）

13 累次積分の中に変格積分が混入していることに注意して，次の計算をせよ．

(1) $\int_0^1\int_0^1 yx^{-1/2}dx\,dy$

(2) $\int_0^1\int_0^1 y^2x^{-2/3}dx\,dy$

14 積分の順序を変更することにより，次の値を求めよ：

$$\int_0^a\int_x^a \frac{e^y}{y}dy\,dx \quad (a \text{ は正数})$$

15 重積分

$$\int_0^a\int_0^{a-x} f(x,y)\,dy\,dx \quad (a \text{ は正数})$$

を，変数変換

$$x=u-uv,\quad y=uv$$

によって，u, v を積分変数とする重積分に変更せよ．

16 4次元直交空間内の領域 T が，不等式

$$x^2+y^2\leqq 1,\quad z+u\leqq 1,\quad z\geqq 0,\quad u\geqq 0$$

で定義されているとき，次の重積分の値を求めよ．

$$\iiiint_T y^2z\,dx\,dy\,dz\,du$$

17 楕円体 $\frac{x^2}{a^2}+\frac{y^2}{b^2}+\frac{z^2}{c^2}=1$ の体積を求めよ．

18 変数変換 $x=au^2$，$y=bv^2$，$z=cw^2$ を行なうことによって，曲面

$$\sqrt{\frac{x}{a}}+\sqrt{\frac{y}{b}}+\sqrt{\frac{z}{c}}=1 \quad (a, b, c \text{ は正数})$$

と三つの座標平面で囲まれた領域 T の体積を求めよ．

19 円柱 $x^2+y^2=a^2$ の内部にある円柱 $x^2+z^2=a^2$ $(a>0)$ の表面積を求めよ．

20 4頂点 $(0,0)$，$(1,-1)$，$(2,0)$，$(1,1)$ の正方形領域 S の上で，次の重積分の値を求めよ：

$$\iint_S (x^2+y^2)\,dx\,dy.$$

§18.　円柱座標，球面座標

基本事項

1　図において，(r, θ, z) を点 P の**円柱座標**という．円柱座標は，極座標平面に z 成分を付け加えたものである．

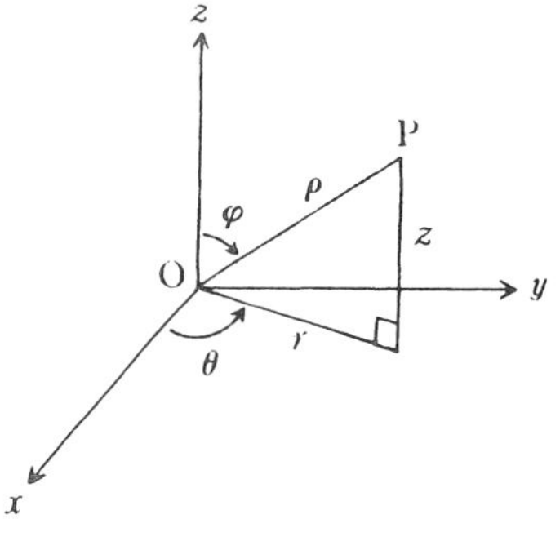

2　直交座標と円柱座標の関係

$x = r\cos\theta,\ \ y = r\sin\theta.$

$r = \sqrt{x^2+y^2},\ \ \tan\theta = \dfrac{y}{x}.$

$r \geqq 0,\ 0 \leqq \theta < 2\pi,\ -\infty < z < \infty$ とする．

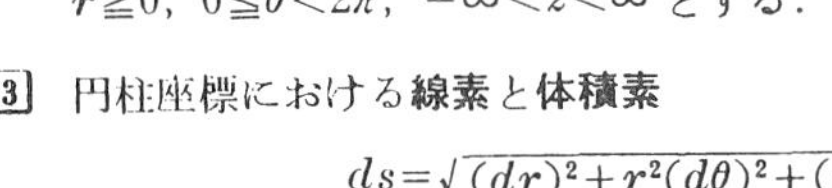

3　円柱座標における**線素**と**体積素**

$$ds = \sqrt{(dr)^2 + r^2(d\theta)^2 + (dz)^2},\ \ dV = r\,dr\,d\theta\,dz$$

（極座標平面における**面素** $dA = r\,dr\,d\theta$）．

4　積分領域 S が，極座標による不等式 $\alpha \leqq \theta \leqq \beta,\ r_1(\theta) \leqq r \leqq r_2(\theta)$ によって定義されているならば，

$$\iint_S f(r, \theta)\,dA = \int_\alpha^\beta \left\{ \int_{r_1(\theta)}^{r_2(\theta)} f(r, \theta)\,r\,dr \right\} d\theta.$$

5　重積分において，x^2+y^2 が一組になって被積分関数の中に含まれているときは，円柱座標に変換すると便利なことが多い．このとき，積分区間も変換されるので注意を要する．

6　図において，(ρ, φ, θ) を点 P の**球面座標**（空間における**極座標**）という．このとき，ρ, φ, θ はそれぞれ**動径**，**天頂角**，**方位角**と呼ばれる（$0 \leqq \varphi \leqq \pi,\ 0 \leqq \theta < 2\pi$）．

7　直交座標と球面座標の関係（円柱座標 $r = \rho\sin\varphi$）

$$x = \rho\sin\varphi\cos\theta,\ \ y = \rho\sin\varphi\sin\theta,\ \ z = \rho\cos\varphi.$$

$$\rho = \sqrt{x^2+y^2+z^2},\ \ \tan\varphi = \frac{\sqrt{x^2+y^2}}{z},\ \ \tan\theta = \frac{y}{x}.$$

線素　$ds = \sqrt{(d\rho)^2 + \rho^2(d\varphi)^2 + \rho^2\sin^2\varphi(d\theta)^2}$，

体積素　$dV = \rho^2\sin\varphi\,d\rho\,d\varphi\,d\theta.$

A (解答は195頁)

1 直交座標が $(1, \sqrt{3}, 2)$ である点の円柱座標と球面座標を求めよ．

2 円柱座標が $(3, \pi/2, -3)$ である点の直交座標と球面座標を求めよ．

3 次の公式を証明せよ．

(1) 円柱座標において，2点 $P_1(r_1, \theta_1, z_1)$，$P_2(r_2, \theta_2, z_2)$ の距離は，

$$\overline{P_1P_2}=\sqrt{r_1{}^2+r_2{}^2-2r_1r_2\cos(\theta_1-\theta_2)+(z_1-z_2)^2}$$

(2) 球面座標において，2点 $P_1(\rho_1, \varphi_1, \theta_1)$，$P_2(\rho_2, \varphi_2, \theta_2)$ の距離は，

$$\overline{P_1P_2}=\sqrt{\rho_1{}^2+\rho_2{}^2-2\rho_1\rho_2\{\cos\varphi_1\cos\varphi_2+\sin\varphi_1\sin\varphi_2\cos(\theta_1-\theta_2)\}}$$

4 円柱座標において，次の各方程式は一般にどのような曲面を表わすか．但し，c は定数，f は C^1 級の関数とする．

(1) $r=c$　　(2) $\theta=c$　　(3) $z=c$

(4) $r=z$　　(5) $r=f(\theta)$　　(6) $z=f(r)$

5 球面座標において，次の各方程式は一般にどのような曲面を表わすか．

(1) $\rho=$一定　　(2) $\varphi=$一定　　(3) $\rho=f(\varphi)$

6 直交座標で表わされた次の各方程式を球面座標で表わし，その曲面の概形を描け．

(1) $x^2+y^2=z^2$　　(2) $y=kx \quad (k>0)$

7 積分領域 S が，極座標による不等式 $0\leqq\theta\leqq2\pi$，$0\leqq r\leqq1$ で定義されているとき，次の重積分の値を求めよ．

(1) $\iint_S x\,dx\,dy$　　(2) $\iint_S x^2\,dx\,dy$

8 原点を中心とする単位円の囲む領域 S の上で，次の重積分の値を求めよ．

(1) $\iint_S \cos(x^2+y^2)\,dx\,dy$　　(2) $\iint_S e^{x^2+y^2}dx\,dy$

9 重積分 $\iint_S \sqrt{x}\,dx\,dy$ $(S: x^2+y^2\leqq x)$ の値を，直交座標による計算，および極座標に変換する計算の2通りの方法で求めよ．

10 重積分を用いて，半径 a の円の面積は πa^2 であることを示せ．

11 重積分を用いて，三葉線 $r=a\sin3\theta$ $(a>0)$ の囲む面積を求めよ．

12 次の重積分の値を求めよ．

(1) $\int_0^{\frac{\pi}{2}}d\theta\int_0^{\theta}r\,dr$　　(2) $\int_0^{\frac{\pi}{2}}d\theta\int_{b\cos\theta}^{a\cos\theta}r\,dr$

13 次の公式を，直交座標におけるそれに相当する公式から導け．

(1) 円柱座標における曲面 $z=f(r,\theta)$ が領域 S において $f(r,\theta)\geqq 0$ のとき，この曲面と $r\theta$ 平面（極座標平面）によって挟まれる図形の，底面 S の上に立つ部分の体積は，

$$V=\iint_S f(r,\theta)\ r\,dr\,d\theta.$$

(2) 前項の図形において，底面 S の面積，および，底面 S に相当する部分の曲面 $z=f(r,\theta)$ の表面積は，それぞれ，

$$\iint_S r\,dr\,d\theta,\qquad \iint_S\sqrt{1+\left(\frac{\partial z}{\partial r}\right)^2+\frac{1}{r^2}\left(\frac{\partial z}{\partial\theta}\right)^2}\ r\,dr\,d\theta.$$

14 重積分を用いて，次の公式を証明せよ．

(1) 極方程式 $r=f(\theta)$ で表わされる平面曲線と二つの動径 $\theta=\alpha$，$\theta=\beta$ によって囲まれる部分の面積は，$\dfrac{1}{2}\displaystyle\int_\alpha^\beta f(\theta)^2d\theta$.

(2) 前項の図形が始線の回りに回転して出来る回転体（極 O を頂点とする錐体状の立体）の体積は，$r\sin\theta\geqq 0$ とするとき，

$$V=\frac{2\pi}{3}\int_\alpha^\beta f(\theta)^3\sin\theta\,d\theta.$$

15 半径 a の球の表面積および体積を求めよ．

16 心臓形 $r=a(1+\cos\theta)$ $(a>0)$ の囲む面積，および，それが始線の回りに回転して出来る回転体の体積を求めよ．

17 心臓形 $r=a(1+\cos\theta)$ $(a>0)$ が始線の回りに回転して出来る回転体の重心の xy 座標を求めよ．但し，密度一様とする．

B （解答は197頁）

18 次のことがらを証明せよ．

(1) 円 $x^2+y^2=a^2$ $(a>0)$ が囲む領域を S とすれば，

$$\iint_S e^{-(x^2+y^2)}\,dx\,dy=\pi(1-e^{-a^2}).$$

(2) $\dfrac{\pi}{4}(1-e^{-a^2})<\left\{\displaystyle\int_0^a e^{-x^2}dx\right\}^2<\dfrac{\pi}{4}(1-e^{-2a^2}).$

(3) $\displaystyle\int_0^\infty e^{-x^2}dx=\frac{\sqrt{\pi}}{2}.$

19 球面上で，2点 A, B を結ぶ曲線のうち長さの最短なものは大円の劣弧である．これを証明せよ．

20 地球の北半球において，経度が緯度より小さい部分は表面積でいうとおよそ何%か．

注　経度$=\theta$，緯度$=\pi/2-\varphi$ として球面座標を用いよ．経度は基準子午線を 0，緯度は赤道を 0 とする．

21 球面 $x^2+y^2+z^2=z$ の内側にあり，円錐面 $z^2=x^2+y^2$ の上側にある部分の体積を求めよ．

22 円柱座標，球面座標を一般化して，点Pの直交座標 x, y, z がそれぞれ u_1, u_2, u_3 の C^1 級の関数で，関数行列式$\neq 0$ のとき，Pの位置は (u_1, u_2, u_3) によって表わされる．これをPの**曲線座標**という．いま，各点Pにおいて，$\nabla u_1, \nabla u_2, \nabla u_3$ の方向の単位ベクトル（Pに依存する）を，それぞれ，

$$\boldsymbol{e}_1=h_1\nabla u_1,\quad \boldsymbol{e}_2=h_2\nabla u_2,\quad \boldsymbol{e}_3=h_3\nabla u_3$$

とおき，h_1, h_2, h_3 を**目盛りの係数**という．特に，各点において $\boldsymbol{e}_1, \boldsymbol{e}_2, \boldsymbol{e}_3$ が直交しているとき，(u_1, u_2, u_3) は**直交曲線座標**と呼ばれる．

点Pの位置ベクトルを $\boldsymbol{r}=\boldsymbol{i}x+\boldsymbol{j}y+\boldsymbol{k}z$ とするとき，次の公式を証明せよ．

(1) $h_i=\dfrac{1}{|\nabla u_i|}=\left|\dfrac{\partial \boldsymbol{r}}{\partial u_i}\right|\quad (i=1, 2, 3)$

(2) $d\boldsymbol{r}=\boldsymbol{e}_1h_1du_1+\boldsymbol{e}_2h_2du_2+\boldsymbol{e}_3h_3du_3$

(3) 直交曲線座標 (u_1, u_2, u_3) の線素，体積素は，

$$ds=\sqrt{h_1{}^2(du_1)^2+h_2{}^2(du_2)^2+h_3{}^2(du_3)^2}$$

$$dV=h_1h_2h_3du_1du_2du_3$$

(4) $h_1h_2h_3=\left|\dfrac{\partial(x, y, z)}{\partial(u_1, u_2, u_3)}\right|$

23 円柱座標，球面座標における目盛り係数 h_1, h_2, h_3 を計算し，それによって線素 ds，体積素 dV を求めよ．

24 平面領域 S の上に立つ直円柱が曲面より切りとる表面積は，もしその曲面が球面座標 $\rho=f(\varphi, \theta)$ で与えられているならば，どのような重積分で表わされるか．

§19. 線　積　分

基本事項

1 空間領域 S の2点 $\boldsymbol{a}, \boldsymbol{b}$ を結ぶ滑らかな曲線

$$C: \boldsymbol{r}=\boldsymbol{r}(t),\ a \leqq t \leqq b\ ;\ \boldsymbol{r}(a)=\boldsymbol{a},\ \boldsymbol{r}(b)=\boldsymbol{b}$$

の上で連続なベクトル関数 $\boldsymbol{u}=\boldsymbol{i}u_1+\boldsymbol{j}u_2+\boldsymbol{k}u_3$ に対し，

$$\int_C \boldsymbol{u}\cdot d\boldsymbol{r}=\int_a^b \boldsymbol{u}(\boldsymbol{r}(t))\cdot\frac{d\boldsymbol{r}(t)}{dt}dt$$

を，**積分路** C に沿う $\boldsymbol{a}$ から $\boldsymbol{b}$ までの $\boldsymbol{u}$ の**線積分**という．

2 曲線 C に沿うスカラー関数 $u=f(\boldsymbol{r})$ の線積分は，

$$\int_C f(\boldsymbol{r})ds=\int_a^b f(\boldsymbol{r}(t))\frac{ds}{dt}dt \quad (ds=|d\boldsymbol{r}|)$$

で与えられる．通常の定積分は x 軸に沿う線積分である．

3 閉曲線 C を正の向きに一周する線積分を $\oint_C \boldsymbol{u}\cdot d\boldsymbol{r}$ と表わし，C に沿う $\boldsymbol{u}$ の**循環**（**環流量**）と呼ぶ．

4 $\boldsymbol{u}$ が領域 S 上で C^1 級ならば，次のことがらは同値である：

(1) $\int_C \boldsymbol{u}\cdot d\boldsymbol{r}=f(\boldsymbol{b})-f(\boldsymbol{a})$．　すなわち，線積分が端点 $\boldsymbol{a}, \boldsymbol{b}$ にのみ依存し，$\boldsymbol{a}$ と $\boldsymbol{b}$ を結ぶ積分路 C には依存しない．

(2) S 内の任意の閉曲線 C に沿う $\boldsymbol{u}$ の循環が0である．

(3) $\boldsymbol{u}$ が保存ベクトル場である：$\boldsymbol{u}=\mathrm{grad}\, f(\boldsymbol{r})$．

(4) $\boldsymbol{u}\cdot d\boldsymbol{r}$ が完全微分形式である：$\boldsymbol{u}\cdot d\boldsymbol{r}=df(\boldsymbol{r})$．

5 前項のことがらの一つが成立すれば，$\mathrm{rot}\,\boldsymbol{u}=\boldsymbol{o}$ が成立し，もし S が単連結領域ならば逆も成立つ．

6 単純閉曲線 C が表裏のある**面分**（曲面上の有界閉領域）S の境界であるとき，$C=\partial S$ と表わし，曲線 C の向きは，S の表側を常に左側に見ながら一周する向きを正とする．

7 **Green の定理**．u, u_2 が xy 平面上の面分 S で C^1 級のとき，

$$\oint_{\partial S}(u_1dx+u_2dy)=\iint_S\left(\frac{\partial u_2}{\partial x}-\frac{\partial u_1}{\partial y}\right)dx\,dy.$$

A （解答は200頁）

1 原点 $(0,0,0)$ から点 $(1,1,1)$ までの線分に沿う関数 $u=xyz$ の線積分を求めよ．

2 xy 平面上の次の各曲線 C に沿って，原点 $(0,0)$ から点 $(1,1)$ までの関数 $u=xy$ の線積分を求めよ．

(1) $y=x$　　(2) $y=\sqrt{x}$

3 xy 平面上の次の各曲線 C に沿って，点 $(1,0)$ から点 $(0,1)$ までの，ベクトル関数 $\boldsymbol{u}=\boldsymbol{i}y^2-\boldsymbol{j}x^2$ の線積分を求めよ．

(1) $y=-x+1$　　(2) $x^2+y^2=1$

4 平面 $z=2$ 上の次の各曲線 C に沿って，点 $(0,0.2)$ から点 $(1,1,2)$ までの，$\boldsymbol{u}=\boldsymbol{i}x^2y+\boldsymbol{j}(x-z)+\boldsymbol{k}xyz$ の線積分を求めよ．

(1) $y=x,\ z=2$　　(2) $y=x^2,\ z=2$

5 積分路 C が有限個の滑らかな曲線 $C_1, C_2, \cdots, C_m$ を順次につないで出来ているとき，$C=C_1+C_2+\cdots+C_m$ と表わし，C は**区分的に滑らか**であるという．また，C の向きを反対にした積分路を $-C$ で表わす．このとき，

$$\int_C \boldsymbol{u}\cdot d\boldsymbol{r}=\int_{C_1}\boldsymbol{u}\cdot d\boldsymbol{r}+\int_{C_2}\boldsymbol{u}\cdot d\boldsymbol{r}+\cdots+\int_{C_m}\boldsymbol{u}\cdot d\boldsymbol{r},$$

$$\int_{-C}\boldsymbol{u}\cdot d\boldsymbol{r}=-\int_C \boldsymbol{u}\cdot d\boldsymbol{r}$$

が成立つ（**積分路の加法性**）．

3頂点 $(0,0,0)$，$(1,1,0)$，$(1,1,1)$ をこの順に一周する三角形（単純閉曲線）に沿う $\boldsymbol{u}=\boldsymbol{i}x-\boldsymbol{j}z+\boldsymbol{k}y$ の線積分を求めよ．このベクトル場 $\boldsymbol{u}$ は保存場であるか．

6 積分路 C が，C 上の定点からの弧長 s により，

$$C:\boldsymbol{r}=\boldsymbol{r}(s),\ \alpha\leqq s\leqq\beta;\quad \boldsymbol{r}(\alpha)=\boldsymbol{a},\ \boldsymbol{r}(\beta)=\boldsymbol{b}$$

と媒介変数表示されているとき，C 上の点 $\boldsymbol{r}$ における単位接線ベクトルを $\boldsymbol{t}$ とすれば，線積分は，$d\boldsymbol{r}=\boldsymbol{t}ds$ により，次式で与えられる：

$$\int_C \boldsymbol{u}\cdot d\boldsymbol{r}=\int_C \boldsymbol{u}\cdot\boldsymbol{t}ds=\int_\alpha^\beta \boldsymbol{u}(\boldsymbol{r}(s))\cdot\frac{d\boldsymbol{r}(s)}{ds}ds.$$

前問の線積分を，弧長 s を媒介変数とすることによって求めよ．

7 ベクトル関数 $\boldsymbol{u}=\boldsymbol{i}z^2+2\boldsymbol{j}y+2\boldsymbol{k}xz$ の点 $\boldsymbol{a}$ から点 $\boldsymbol{b}$ までの線積分は，$\boldsymbol{a}$ と $\boldsymbol{b}$ とを結ぶ積分路 C には依存しないことを証明せよ．

8 ベクトル関数 $\boldsymbol{u}$ が質点 P $(\boldsymbol{r}=\overrightarrow{\mathrm{OP}})$ に作用する力であるならば，線積分

$$W=\int_C \boldsymbol{u}\cdot d\boldsymbol{r},\quad C:\boldsymbol{r}(t),\ a\leqq t\leqq b$$

は，質点PをCに沿って点 $\boldsymbol{a}=\boldsymbol{r}(a)$ から点 $\boldsymbol{b}=\boldsymbol{r}(b)$ まで移動させるときになされる**仕事**を表わす．このとき，媒介変数 t が時間を表わすならば，力および速度ベクトルが，それぞれ，

$$\boldsymbol{u}=m\frac{d\boldsymbol{v}}{dt}\ (m \text{ は質点 P の質量}),\quad \boldsymbol{v}=\frac{d\boldsymbol{r}}{dt}$$

と表わされることを用いて，次の公式を証明せよ：

$$W=\frac{m}{2}\left\{v(b)^2-v(a)^2\right\},\ \text{但し},\ v(t)=|\boldsymbol{v}(t)|.$$

9 質量 M の質点が原点Oに固定されているとき，空間内を動く質量 m の質点Pに作用する引力は，$\boldsymbol{r}=\overrightarrow{\mathrm{OP}}$，$r=|\boldsymbol{r}|$，$k=-GMm$（一定）とするとき，

$$\boldsymbol{u}=\frac{k}{r^3}\boldsymbol{r}\ (k<0 \text{ は質点 P が O の方へ向かうことを示している})$$

で与えられる．$\boldsymbol{u}$ の点 $\boldsymbol{a}$ から点 $\boldsymbol{b}$ までの任意の曲線に沿う線積分は，$|\boldsymbol{a}|=|\boldsymbol{b}|$ ならば，0に等しいことを証明せよ．

10 弧長 l の曲線 C 上のすべての点で $|\boldsymbol{u}|\leqq M$ ならば，

$$\left|\int_C \boldsymbol{u}\cdot d\boldsymbol{r}\right|\leqq Ml\quad \text{(線積分の絶対値評価)}$$

が成立つことを証明せよ．

B（解答は201頁）

11 二つの単純閉曲線 C_1, C_2 を境界に持つ二重連結領域 S も，図のように補助的な積分路ABおよびBA$(=-\mathrm{AB})$を付加することによって，Aから出発してAに還る**閉路**（閉じた積分路）

$$C=C_1+\mathrm{AB}+C_2+\mathrm{BA}$$

を境界に持つと見做すことが出来る．S が三重連結以上の場合でも同様である．

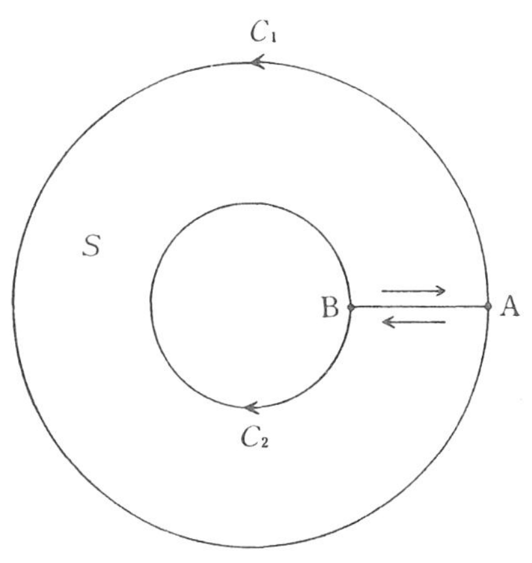

従って，Green の定理は，面分 S が単連結領域の場合に証明すれば十分である．

面分 S が単連結領域のとき， Green の定理を証明せよ．

12 xy 平面上の面分 S の面積は，境界上の線積分

$$\frac{1}{2}\oint_{\partial S}(x\,dy-y\,dx)$$

で与えられることを証明せよ．

13 極座標平面上の面分 S の面積は，境界上の線積分

$$\frac{1}{2}\oint_{\partial S}r^2 d\theta$$

で与えられることを証明せよ．

14 境界上の線積分を用いて，次のものの面積を求めよ．

(1) 楕円 $\dfrac{x^2}{a^2}+\dfrac{y^2}{b^2}=1 \quad (a,b>0)$

(2) 心臓形 $r=a(1-\cos\theta) \quad (a>0)$

15 $\boldsymbol{u}$ が領域 S 上で C^1 級ならば，次のことがらは同値であることを証明せよ．

(1) $\int_C \boldsymbol{u}\cdot d\boldsymbol{r}$ が， 被積分関数 $\boldsymbol{u}$ と端点 $\boldsymbol{a},\boldsymbol{b}$ にのみ依存し，$\boldsymbol{a}$ と $\boldsymbol{b}$ を結ぶ積分路 C には依存しない．

(2) S 内の任意の閉曲線 C に沿う $\boldsymbol{u}$ の循環が 0 である．

(3) $\boldsymbol{u}$ が保存ベクトル場である．

(4) $\boldsymbol{u}\cdot d\boldsymbol{r}$ が完全微分形式である．

注 これらの一つが成立つ場合，線積分は $\boldsymbol{u}$ のポテンシャル関数 $u=f(\boldsymbol{r})$ と積分路 C の両端 $\boldsymbol{a},\boldsymbol{b}$ によって，

$$\int_C \boldsymbol{u}\cdot d\boldsymbol{r}=\int_C \nabla f(\boldsymbol{r})\cdot d\boldsymbol{r}$$

と表わされる（C が閉曲線ならば，この値は 0 となる）．

16 前問のことがらの一つが成立すれば， $\mathrm{rot}\,\boldsymbol{u}=\boldsymbol{o}$ が成立し，もし S が単連結領域ならば逆も成立つ．このことを証明せよ．

17 $u=f(x,y)$ を xy 平面上の面分 S 上で C^2 級の関数とし，$\partial u/\partial s$ を S の境界 ∂S 上の点 $\boldsymbol{r}$ における法線方向の方向導関数とすれば，次式が成立つことを証明せよ：

$$\iint_S \nabla^2 u\,dx\,dy=\oint_{\partial S}\frac{\partial u}{\partial s}ds.$$

§20. 面 積 分

基本事項

1 滑らかな曲面 $f(x, y, z)=0$ は，媒介変数 u, v により，

$$\boldsymbol{r}(u, v)=\boldsymbol{i}x(u, v)+\boldsymbol{j}y(u, v)+\boldsymbol{k}z(u, v)$$

とも表わされる（**曲面の媒介変数表示**）．このとき，

$$E=\frac{\partial \boldsymbol{r}}{\partial u}\cdot\frac{\partial \boldsymbol{r}}{\partial u}, \qquad F=\frac{\partial \boldsymbol{r}}{\partial u}\cdot\frac{\partial \boldsymbol{r}}{\partial v}, \qquad G=\frac{\partial \boldsymbol{r}}{\partial v}\cdot\frac{\partial \boldsymbol{r}}{\partial v}$$

を，この曲面の**第1基本量**という．

2 表裏のある滑らかな曲面 S 上の点 $\boldsymbol{r}$ における**単位法線ベクトル**を $\boldsymbol{n}$ とすれば，$\boldsymbol{n}\sqrt{EG-F^2}=\boldsymbol{r}_u\times\boldsymbol{r}_v$ が成立つ．但し，$\boldsymbol{n}$ は，曲面の裏から表へ抜ける向きを持つものとする．一般に，閉曲面は内部側を裏，また空間内の平面は原点側を裏とする．

3 **線素** $ds=|d\boldsymbol{r}|=\sqrt{E(du)^2+2Fdudv+G(dv)^2}$

4 **面素** $dA=|d\boldsymbol{A}|=\sqrt{EG-F^2}\,dudv$，$d\boldsymbol{A}=\boldsymbol{n}dA$

5 表裏のある面分 S 上で連続なベクトル関数 $\boldsymbol{u}$ に対し，

$$\iint_S \boldsymbol{u}\cdot d\boldsymbol{A}=\iint_S \boldsymbol{u}(\boldsymbol{r}(u, v))\cdot\frac{\partial \boldsymbol{r}}{\partial u}\times\frac{\partial \boldsymbol{r}}{\partial v}dudv$$

を，面分 S 上の $\boldsymbol{u}$ の**面積分**という．

6 面分 S 上のスカラー関数 f の面積分は，次式で与えられる：

$$\iint_S f(\boldsymbol{r})dA=\iint_S f(\boldsymbol{r}(u, v))\sqrt{EG-F^2}\,du\,dv.$$

通常の二重積分は xy 平面上での面積分である．

7 **単純閉曲面**（球面と同相な曲面）S が有界閉領域 T の境界であるとき，$S=\partial T$ と表わし，内部側を裏とする．

8 有界閉領域 T において C^1 級のベクトル関数 $\boldsymbol{u}$ に対し，

$$\iiint_T \mathrm{div}\,\boldsymbol{u}dV=\iint_{\partial T}\boldsymbol{u}\cdot d\boldsymbol{A} \qquad \text{(Gauss の発散定理)}$$

9 表裏のある面分 S 上で C^1 級のベクトル関数 $\boldsymbol{u}$ に対し，

$$\iint_S \mathrm{rot}\,\boldsymbol{u}\cdot d\boldsymbol{A}=\oint_{\partial S}\boldsymbol{u}\cdot d\boldsymbol{r} \qquad \text{(Stokes の定理)}$$

A (解答は203頁)

1 滑らかな曲面 S において，S 上の点Pにおける単位法線ベクトル $\boldsymbol{n}$ の正の向きが，Pを S 上で連続的に動かしたとき，連続的かつ一意的に決まるならば，S **は表裏のある曲面（向きづけ可能）**といわれる．

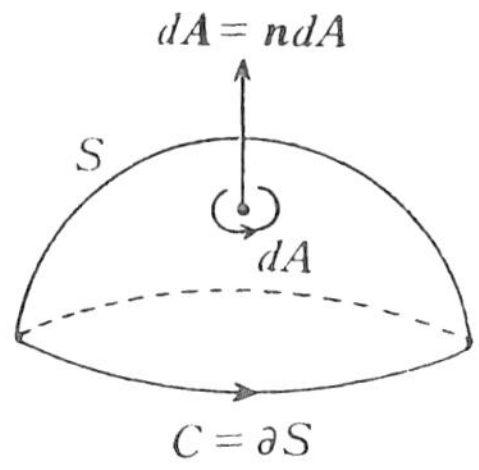

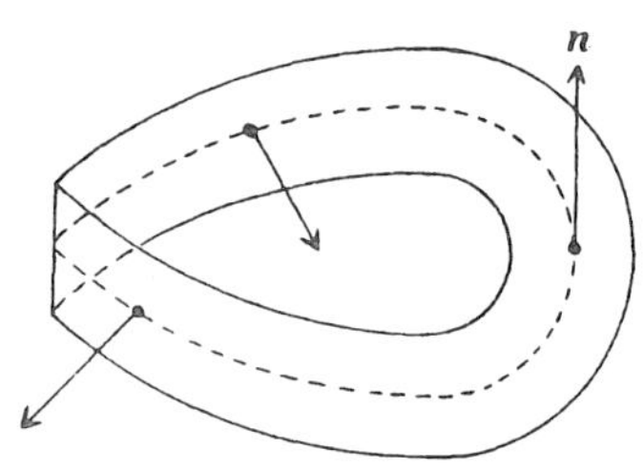

Möbius の帯（右図）を作り，それが表裏を持たないこと，および，その境界が空間内で一つの単純閉曲線を作っていることを確かめよ．それを，中央線に沿って切ったら，紙模型は二つに切断されるか．

2 次の各曲面を媒介変数表示で表わし，その曲面の第1基本量を求めよ．

(1) 平面 $z=x$　　(2) 円錐面 $z=\sqrt{x^2+y^2}$

3 滑らかな曲面 S 上の点 $\boldsymbol{r}$ における単位法線ベクトル $\boldsymbol{n}$ は，次の公式で与えられることを証明せよ．但し，$\nabla f(\boldsymbol{r})\neq\boldsymbol{o}$，$\boldsymbol{r}_u\times\boldsymbol{r}_v=\boldsymbol{o}$ とする．

(1) 曲面 $f(\boldsymbol{r})=0$ のとき，$\boldsymbol{n}=\dfrac{\nabla f(\boldsymbol{r})}{|\nabla f(\boldsymbol{r})|}$.

(2) 曲面 $\boldsymbol{r}=\boldsymbol{r}(u,v)$ のとき，$\boldsymbol{n}=\dfrac{\boldsymbol{r}_u\times\boldsymbol{r}_v}{|\boldsymbol{r}_u\times\boldsymbol{r}_v|}=\dfrac{\boldsymbol{r}_u\times\boldsymbol{r}_v}{\sqrt{EG-F^2}}$.

4 面分 S の表面積は，媒介変数表示により，

$$A=\iint_S\sqrt{EG-F^2}\,du\,dv$$

で与えられる．これを用いて，次の曲面の表面積を求めよ．

(1) $x^2+y^2=1$，$0\leqq z\leqq 1$　　(2) $z=\sqrt{x^2+y^2}$，$0\leqq z\leqq 1$

5 中心 $(a,0,0)$，半径 $b(0<b<a)$ の zx 平面内の円が，z 軸のまわりを回転して出来る**トーラス**（円環面）の媒介変数表示は，

$$\boldsymbol{r}=\boldsymbol{i}(a+b\cos v)\cos u+\boldsymbol{j}(a+b\cos v)\sin u+\boldsymbol{k}b\sin v$$

で与えられる．ここで，u は経度，v は緯度に相当する回転角である．この曲面の全面積を求めよ．

6 次の各空間領域は単連結か.

(1) トーラスの内部

(2) 一つの直径の除外された球の内部

(3) 有限個の点の除外された球の内部

(4) 二つの同心球に挟まれた領域

7 $d\boldsymbol{A}=\boldsymbol{n}dA=\boldsymbol{r}_u\times\boldsymbol{r}_v dudv$ は次式でも表わされることを証明せよ：

$$d\boldsymbol{A}=\boldsymbol{i}dydz+\boldsymbol{j}dzdx+\boldsymbol{k}dxdy.$$

8 次の各面分 S 上で，面積分 $\iint_S(x+y)dA$ を求めよ.

(1) S： $z=x+y$，$0\leqq x\leqq 1$，$0\leqq y\leqq 1$，

(2) S： $x^2+y^2=4$，$0\leqq z\leqq 1$.

9 前問の各面分 S 上で，次の面積分を求めよ.

$$\iint_S\{\boldsymbol{i}(x+y)+\boldsymbol{j}xy+\boldsymbol{k}\}d\boldsymbol{A}$$

10 曲面 S が陽関数 $z=f(x,y)$ で与えられているならば，S の面素は，

$$dA=\sec\gamma\,dx\,dy=\sqrt{1+\left(\frac{\partial f}{\partial x}\right)^2+\left(\frac{\partial f}{\partial y}\right)^2}\,dx\,dy$$

となることを証明せよ．但し，γ は，S 上の点 $\boldsymbol{r}$ における単位法線ベクトル $\boldsymbol{n}$ と $\boldsymbol{k}$ との交角である.

11 平面 $2x+2y+z=2$ の第1象限部分 $(x,y,z\geqq 0)$ の三角形を S とするとき，次の各関数の S に関する面積分を求めよ.

(1) $u=x^2+2y+z-1$　　　(2) $\boldsymbol{u}=\boldsymbol{i}x^2+\boldsymbol{k}z$

12 有界閉領域 T の体積は，次の面積分で与えられることを証明せよ.

$$\iiint_T dx\,dy\,dz=\frac{1}{3}\iint_{\partial T}(xdydz+ydzdx+zdxdy).$$

13 原点を中心とする半径 r の球面を S とするとき，面積分

$$\iint_S\boldsymbol{u}\cdot d\boldsymbol{A},\quad \boldsymbol{u}=\boldsymbol{i}ax+\boldsymbol{j}by+\boldsymbol{k}cz\quad (a,b,c\text{ は定数})$$

の値を求めよ.

14 次の各関数と各面分について，$\iint_S \mathrm{rot}\,\boldsymbol{u}\cdot d\boldsymbol{A}$ の値を求めよ.

(1) $\boldsymbol{u}=\boldsymbol{i}z+\boldsymbol{j}x$，$S$ は正方形 $0\leqq x\leqq 1$，$0\leqq y\leqq 1$，$z=1$，

(2) $\boldsymbol{u}=-\boldsymbol{i}y^3+\boldsymbol{j}x^3$，$S$ は円板 $x^2+y^2\leqq 1$，$z=0$.

B (解答は205頁)

15 Gauss の発散定理を証明せよ．

注 密度 ρ，速度 $\boldsymbol{v}$ の流体の流れの中に領域 T を想定し，$\boldsymbol{u}=\rho\boldsymbol{v}$ とおけば，Gauss の発散定理は，T から $S=\partial T$ を通して単位時間内に発散する流体の全質量を与えている．従って，流体が**非圧縮性の条件**

$$\mathrm{div}\,\boldsymbol{v}=0 \quad (\text{密度 } \rho \text{ は一定})$$

をみたせば，任意の閉曲面 S に対して，次式が成立つ：

$$\iint_S \boldsymbol{u}\cdot d\boldsymbol{A}=0.$$

16 点 P が空間内の面分 S 上を限なく動くとき，原点 O を始点とする $\boldsymbol{r}=\overrightarrow{\mathrm{OP}}$ 方向の単位ベクトル $\boldsymbol{u}$ は，中心 O の単位球面上に面分 S' を作る．この S' の面積 A を面分 S の**立体角**という．但し，$\boldsymbol{r}$ が S の表から裏へ抜ける向きを持つときは，それに対応する単位球面上の面積は負とする．立体角は，単位円周上の弧度法の考えを単位球面上に拡張したものである．

立体角は次の面積分で与えられることを証明せよ．

$$A=\iint_S \frac{\boldsymbol{r}}{|\boldsymbol{r}|^3}\,d\boldsymbol{A}.$$

17 任意の閉曲面 S の立体角は，原点 O が S の外部にあるか，S 上にあるか，S の内部にあるかに応じて，それぞれ，0，2π，4π であることを証明せよ．

注 この結果を，閉曲面に関する **Gauss の積分**という．

18 平面における Green の定理は，Gauss の発散定理および Stokes の定理の特別な場合として導き出せることを証明せよ．

19 f を領域 R において調和関数とし，R 内の任意の閉曲面 S 上の点 $\boldsymbol{r}$ における単位法線ベクトル $\boldsymbol{n}$ 方向の，f の方向導関数を $\partial f/\partial s$ とするとき，次式を証明せよ：

$$\iint_S \frac{\partial f}{\partial s}\,dA=0.$$

第3部

複素変数関数

To fulfill the demand of objectivity we
construct an image of the world in symbols.

—— Hermann Weyl

客観性の要求を満たすために，我々は記号で世界像を構成する．

Hermann Weyl

(1885～1955)

複素数は,「虚数」という名称からもわかるように, その発見当時は, 非合理で神秘的な想像物としての地位しか与えられていなかった. しかし, 実際には, 数学の世界は複素数の導入によって始めて十全たるものになるのである.

数学をしようとする者は, 適切な記号法に常に注意を払うべきである. Riemann 面の概念を拡張して複素関数論の発展に寄与した Weyl は, 名著『数学と自然科学の哲学』(1949) の中で,「人間の心は記号の使用を通じて始めて, 直観によって到達できるものの限界を飛び越える力を十分に感じるのである」と述べている. 適切な記号法は, 単に計算の便利さとか簡素化ということに対してだけではなく, 科学の試金石である「客観性の要求」に堪えるためにも必要なのである.

§21.　複素数と複素平面

基本事項

1　**複素数**は，二つの実数 x, y により，次の形に表わされる：

$$z=x+iy \quad (\text{虚数単位}\ i=\sqrt{-1}).$$

この複素数 z に，直交座標平面上の点 $\mathrm{P}(x, y)$ またはその極表示 (r, θ) を対応づければ，z は平面上の**点**または**ベクトル**として図示できる．これを**複素平面**（**Gauss 平面**）といい，x 軸を**実軸**，y 軸を**虚軸**という．

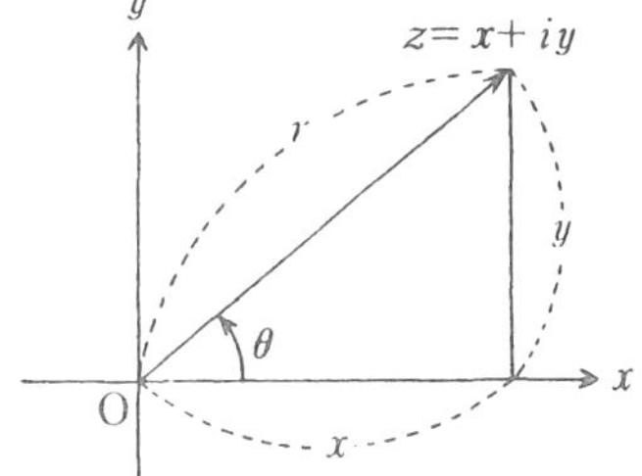

2　**実部**　$\mathrm{Re}\, z=x=r\cos\theta$

虚部　$\mathrm{Im}\, z=y=r\sin\theta$

絶対値　$|z|=r=\sqrt{x^2+y^2}$

偏角　$\arg z=\theta=\arctan(y/x)$

（**偏角の主値** $-\pi<\theta\leqq\pi$）

3　$z=x+iy$，$\bar{z}=x-iy$ を，互いに**共役な複素数**という．$\bar{\bar{z}}=z$，$z\bar{z}=|z|^2=x^2+y^2$.

4　複素数の四則演算は，通常の文字計算において，$i^2=-1$ とすればよい（**形式不易の原理**）．

5　二つの複素数 z_1 と z_2 の和は，これらを隣接辺とする平行四辺形の対角線に等しい（**平行四辺形の法則**）．

6　$|z_1 z_2|=|z_1||z_2|$，$\arg(z_1 z_2)=\arg z_1+\arg z_2$.

$$\left|\frac{z_1}{z_2}\right|=\frac{|z_1|}{|z_2|},\quad \arg\frac{z_1}{z_2}=\arg z_1-\arg z_2 \quad (z_2\neq 0).$$

7　$|z_1|\sim|z_2|\leqq|z_1+z_2|\leqq|z_1|+|z_2|$　（**三角不等式**）

8　原点を中心とする**単位円**（半径 1 の円）$|z|=1$ 上の複素数を

$$e^{i\theta}=\cos\theta+i\sin\theta \ (\textbf{Euler の公式})$$

とおけば，任意の複素数 z はその絶対値 r と偏角 θ により，

$$z=re^{i\theta}=r\cos\theta+ir\sin\theta \ (\textbf{極形式})$$

と表わされる．原点 $r=0$ に対しては偏角 θ は定義されない．

9　**de Moivre の定理**．任意の整数 n に対して，

$$(\cos\theta\pm i\sin\theta)^n=\cos n\theta\pm i\sin n\theta \ (\text{複号同順}).$$

A （解答は207頁）

1 次の各方程式の二つの根を複素平面上に図示せよ．また，それらの根を極形式で表わせ．

(1) $z^2+9=0$ (2) $z^2-2z+2=0$ (3) $z^2+2z+4=0$

2 次の複素数を極形式で表わせ．

(1) -2 (2) $-1+i$ (3) $2+2\sqrt{3}i$

3 複素数 z が次の特別な形になるとき，z の実部，虚部，絶対値，偏角のとりうる値の範囲を求めよ．

(1) 実数 (2) 正数 (3) **純虚数**（実部＝0なる複素数）

注 複素数のことを歴史的に**虚数**（**imaginary number**）と言った．

4 $z_1=1+3i$，$z_2=2+i$ のとき，次の計算をせよ．

(1) z_1z_2 (2) z_1/z_2 (3) $z_1{}^2-z_2{}^2$

5 次式の値を求めよ．

(1) $\mathrm{Re}\dfrac{3-i}{4+3i}$ (2) $\mathrm{Im}\dfrac{2-3i}{2+3i}$

6 複素数 z が実数になるための必要十分条件は $\bar{z}=z$ であることを証明せよ．

7 次の公式を証明せよ．

(1) $\overline{z_1+z_2}=\overline{z_1}+\overline{z_2}$ (2) $\overline{z_1-z_2}=\overline{z_1}-\overline{z_2}$

(3) $\overline{z_1z_2}=\overline{z_1}\,\overline{z_2}$ (4) $\overline{\lambda z}=\lambda\bar{z}$ （λ は実数）

(5) $\overline{z^n}=(\bar{z})^n$ (6) $\overline{\left(\dfrac{z_1}{z_2}\right)}=\dfrac{\overline{z_1}}{\overline{z_2}}$ （$z_2\neq0$）

8 次の公式を証明せよ．

(1) $|z_1z_2|=|z_1|\,|z_2|$,　$\arg z_1z_2=\arg z_1+\arg z_2$

(2) $\left|\dfrac{z_1}{z_2}\right|=\dfrac{|z_1|}{|z_2|}$,　$\arg\dfrac{z_1}{z_2}=\arg z_1-\arg z_2$ （$z_2\neq0$）

9 複素平面上で，定点 a を中心とする半径 δ の開円板を a の **δ 近傍**という．複素平面は，2点 z_1, z_2 の**距離**を $|z_1-z_2|$ として，Euclid 平面と同相である．すなわち，δ 近傍，内点，開集合，領域などの用語は $\boldsymbol{R}^2$ で用いたものに従う．

単位円板：$|z|<1$,　**上半平面**：$\mathrm{Im}\,z>0$

は，しばしば用いられる単連結領域の例である．

複素平面上で，中心 a，半径 δ の円周，開円板，閉円板は，それぞれ複素変数 z のどのような条件式で表わされるか．

10 次の各等式または不等式を満足する複素数 z の存在範囲を，複素平面上に図示せよ．（注）$z=x+iy$ を用いて，x と y の条件式になおせ．

(1) $\mathrm{Im}\, z>0$　　(2) $\mathrm{Re}\, z>0$

(3) $1\leqq|z|\leqq 2$　　(4) $|z-1|=1$

(5) $\mathrm{Re}\, z^2=1$　　(6) $|z-4|+|z+4|=10$

(7) $\arg z=\dfrac{\pi}{4}$　　(8) $0\leqq\arg z\leqq\dfrac{\pi}{2}$

11 0でない二つの複素数 z_1, z_2 が複素平面上のベクトルとして共線であるための必要十分条件は，z_1/z_2 が実数なることである．これを証明せよ．

12 複素平面上の相異なる3点 z_1, z_2, z_3 が同一直線上にあるための必要十分条件を求めよ．

13 de Moivre の定理を証明せよ．

14 de Moivre の定理を用いて，次の複素数の8乗を求めよ．

(1) $1-i$　　(2) $\sqrt{3}+i$

15 de Moivre の定理を用いて，次の公式を証明せよ．

(1) **2倍角の公式**

$$\begin{cases}\cos 2\theta=\cos^2\theta-\sin^2\theta\\ \sin 2\theta=2\cos\theta\sin\theta\end{cases}$$

(2) **3倍角の公式**

$$\begin{cases}\cos 3\theta=\cos^3\theta-3\cos\theta\sin^2\theta\\ \sin 3\theta=3\cos^2\theta\sin\theta-\sin^3\theta\end{cases}$$

16 $\triangle ABC$ に於て，次式を証明せよ：

$$(\cos A+i\sin A)(\cos B+i\sin B)(\cos C+i\sin C)=-1.$$

17 $\theta=\pi/12$ のとき，次式の値を求めよ：

$$\frac{(\cos\theta+i\sin\theta)(\cos 2\theta+i\sin 2\theta)}{\cos 3\theta-i\sin 3\theta}.$$

B

（解答は209頁）

18 **整式（多項式）**は複素係数の場合にも拡張される：

$$f(z)=a_0z^n+a_1z^{n-1}+\cdots+a_n\quad（各\ a_i\ は複素数）.$$

整式を0に等しいと置いて出来る方程式 $f(z)=0$ を**代数方程式**，その解を $f(z)$ の根または**零点**という．代数方程式 $f(z)=0$ が根 $z=\alpha$ を持つことと，整式 $f(z)$ が1次因数 $z-\alpha$ を持つこととは同値である（**因数定理**）．

n 次の代数方程式は，重複度も数えれば，複素数の範囲で必らず n 個の根を持つ（**代数学の基本定理**）.

次の代数方程式を解け.

(1)　$z^3-3z^2+z-3=0$

(2)　$z^4-6z^2-8z-3=0$

(3)　$z^4+5z^2-36=0$

19　$z^4-(1+4i)z^2+4i=0$ を解け.

20　代数方程式 $f(z)=0$ を解くことと，整式 $f(z)$ を1次因数の積に分解することとは同値である．この場合，$f(z)$ が，与えられた**係数体**の範囲内で，それ以上多くの因数に分解できないならば**既約**，分解できるならば**可約**であるという.

$f(z)=z^4+1$ を，有理数体 $\boldsymbol{Q}$，実数体 $\boldsymbol{R}$，複素数体 $\boldsymbol{C}$ の範囲内で，それぞれ因数に分解せよ.

21　実係数の整式 $f(z)$ に対して，次のことがらを証明せよ.

(1)　任意の複素数 z について，$\overline{f(z)}=f(\bar{z})$.

(2)　もし α が $f(z)=0$ の根ならば，$\bar{\alpha}$ もそうである.

注　$\bar{\alpha}$ を α の**共役根**という．この定理によって，実係数の代数方程式の n 個の根は複素平面上で実軸対称に分布することがわかる．この定理は複素係数では成立しない.

22　実係数の整式は，実係数の範囲で1次または2次因数の積になるまで分解できることを証明せよ.

23　2次方程式 $z^2+2az+b=0$ の係数 a, b の少なくとも一方が実数でないならば，共役複素数 α, $\bar{\alpha}$ $(\alpha\neq\bar{\alpha})$ はこの方程式の根とはなりえないことを証明せよ.

24　$2+\sqrt{3}i$, $-2+i$ を根とする実係数の代数方程式のうちで最小次数のものを求めよ．但し，最高次の係数は1とする.

25　整式 $f(z)$ の**次数**を，$n=\deg f(z)$ で表わす．但し，0でない定数 a に対しては $\deg a=0$ とし，特に0に対してはその次数は定義しない.

$f(z), g(z)$ が0でない整式のとき，次式を証明せよ：

$$\deg f(z)g(z)=\deg f(z)+\deg g(z).$$

26 $f(z)=3z^4-17z^3+30z^2-17z+6$ を $z-2$ で割ったときの商と剰余を求めよ．

27 n 乗すると 1 になるような複素数を**1の n 乗根**という．これは，単位円を n 等分する n 個の複素数，すなわち，

$$\omega^k=\cos\frac{2k\pi}{n}+i\sin\frac{2k\pi}{n}$$
$$(k=0,1,2,\cdots,n-1)$$

で与えられることを証明せよ．但し，n は正整数とする．

28 1の3乗根，1の4乗根，1の5乗根を求め，それぞれ，複素平面上に図示せよ．

29 n 乗すると初めて1になるような複素数，例えば，

$$\omega=\cos\frac{2\pi}{n}+i\sin\frac{2\pi}{n}\quad(n\text{は正整数})$$

を，**1の原始 n 乗根**という．このとき，ω^k も1の原始 n 乗根になるための必要十分条件は，k が n と互いに素（最大公約数が1）な整数なることを証明せよ．

30 1の6乗根を求めよ．それらの中で，1の原始6乗根はどれか．

31 1の n 乗根の逆数はまた1の n 乗根であることを示せ．

注　1の n 乗根の全体

$$\{1,\omega,\omega^2,\cdots,\omega^{n-1}\}\quad(\omega^n=1)$$

は，複素数の乗法に関して，**位数 n の巡回群**をなす．

32 ω を1の原始 n 乗根とするとき，次式を証明せよ．

(1) $1+\omega+\omega^2+\cdots+\omega^{n-1}=0$

(2) $(1-\omega)(1-\omega^2)\cdots(1-\omega^{n-1})=n$

(3) $1\cdot\omega\cdot\omega^2\cdots\omega^{n-1}=\begin{cases}-1 & (n\text{ の偶数})\\ 1 & (n\text{ が奇数})\end{cases}$

(4) $(1+\omega)(1+\omega^2)\cdots(1+\omega^{n-1})$

$$=\begin{cases}0 & (n\text{ が偶数})\\ 1 & (n\text{ が奇数})\end{cases}$$

33 次式の値を求めよ．

(1) $\cos\frac{2\pi}{7}+\cos\frac{4\pi}{7}+\cos\frac{6\pi}{7}$

(2) $\cos\frac{2\pi}{7}\cdot\cos\frac{4\pi}{7}\cdot\cos\frac{6\pi}{7}$

34 n 乗すると複素数 α になるような複素数を α の n 乗根という．これは，原点を中心とし，半径 $\sqrt[n]{|\alpha|}$ の円周を n 等分する n 個の複素数，すなわち，$\theta_0=\arg\alpha$ のとき，

$$\sqrt[n]{|\alpha|}\left(\cos\frac{\theta_0+2k\pi}{n}+i\sin\frac{\theta_0+2k\pi}{n}\right)$$

$$(k=0,1,2,\cdots,n-1)$$

で与えられることを証明せよ．但し，n は正整数とする．

35 α の n 乗根の任意の一つを β，1の原始 n 乗根を ω とすれば，α の n 乗根は，

$$\beta,\ \beta\omega,\ \beta\omega^2,\ \cdots,\ \beta\omega^{n-1}$$

と表わされることを証明せよ．

36 複素平面上の有界閉領域 S において，S の任意の2点を S 内の線分で結ぶことが出来るならば，S は**凸体**であるという．一般に，相異なる n 個の点 $z_1, z_2\cdots, z_n$ を含む最小の凸体は，それらの点を頂点とする**凸多角形**

$$z=t_1z_1+t_2z_2+\cdots+t_nz_n$$

$$\text{各}\ t_i\geqq 0,\ t_1+t_2+\cdots+t_n=1$$

である．但し，これは必らずしも n 角形にならず，m 角形 $(m<n)$ または線分に退化する場合もありうる．

n 次の整式 $f(z)$ の n 個の零点 $z_1, z_2, \cdots, z_n$ を含む最小の凸体は，その内部または周上に導関数 $f'(z)$ の零点をすべて含む (**Gauss の定理**)．このことを証明せよ．

注 複素関数およびその微分法は後の節にゆずるが，整式の導関数は通常の微分法と同様に考えてよい．

37 方程式 $z^3-z^2+4z-4=0$ の根を3頂点とする複素平面上の三角形を S とするとき，次の複素数は S の内部にあるか外部にあるかを判定せよ．

(1) $\dfrac{1+\sqrt{11}\,i}{3}$　　(2) $\dfrac{2+\sqrt{11}\,i}{3}$

38 次の各方程式の根はすべて単位円 $|z|=1$ の内部にあることを証明せよ．

(1) $2z^3+z=0$

(2) $6z^5+5z^4+4z^3+3z^2+2z+1=0$

§22. 正則関数

基本事項

[1] 複素変数 $z=x+iy$ に対して，もう一つの複素変数 w を対応させる規則を，（1価）**複素関数**と呼び，$w=f(z)$ または単に f で表わす．これは，$w=u+iv$ と成分表示すれば，

$$u=u(x,y),\quad v=v(x,y)$$

なる一対の2変数実関数 u, v を考えることと同等である．

[2] z が **z 平面**（xy 平面）内の定義域 S を動くとき，w は **w 平面**（uv 平面）の値域 R を動く．

[3] **増分** $\Delta z=\Delta x+i\Delta y$ において，次の3条件は同値である：

(1) $\Delta z\to 0$　　(2) $|\Delta z|\to 0$　　(3) $\Delta x\to 0,\ \Delta y\to 0$

[4] 領域 S の各点 z で $\lim\limits_{\Delta z\to 0}f(z+\Delta z)=f(z)$ が成立つとき，関数 f は S で**連続**であるという．

[5] 領域 S の各点 z において，**導関数**

$$f'(z)=\lim_{\Delta z\to 0}\frac{f(z+\Delta z)-f(z)}{\Delta z}$$

が定義されるとき，関数 f は S で**正則**（**微分可能**）という．このとき，f は S で定義された**正則関数**であるという．

[6] 二つの正則関数の和，差，積，商などの微分法，合成微分律などの公式は，実関数の場合と同様である．

[7] 関数 $w=u+iv$ が正則であるための必要十分条件は，u, v が全微分可能で，かつ，**Cauchy-Riemann の微分方程式**

$$\frac{\partial u}{\partial x}=\frac{\partial v}{\partial y},\quad \frac{\partial u}{\partial y}=-\frac{\partial v}{\partial x}$$

が成立つことである．このとき，u と v は調和関数になる．

[8] $\dfrac{dw}{dz}=\dfrac{\partial u}{\partial x}+i\dfrac{\partial v}{\partial x}=\dfrac{\partial v}{\partial y}-i\dfrac{\partial u}{\partial y}\quad (w=u+iv)$

[9] 全平面で正則な関数を**整関数**といい，整式を**有理整関数**，それ以外の整関数（e^z, $\cos z, \sin z$ など）を**超越整関数**という．有界な整関数は定数に限る（**Liouville の定理**）．

A (解答は213頁)

1 $f(z)=z^2+3z+5$ とするとき，次式の値を求めよ．

(1) $f(1+3i)$ (2) $f(1-3i)$

2 動点 z が z 平面上の単位円を一周するとき，次の各 w は w 平面上にどのような図形を描くか．

(1) $w=\dfrac{2z}{1-z}$ (2) $w=\dfrac{2z+3}{3z+2}$

3 関数 f が点 $z=a$ で連続であるという条件 $\lim_{z\to a} f(z)=f(a)$ について，次の各問に答えよ．

(1) この条件を ε-δ 法を用いて表わせ．

(2) この条件は，次のことと同値であることを証明せよ：

$$\lim_{z\to a}\mathrm{Re}\,f(z)=\mathrm{Re}\,f(a),\quad \lim_{z\to a}\mathrm{Im}\,f(z)=\mathrm{Im}\,f(a).$$

4 正則関数 $w=u+iv$ の導関数は次式で与えられることを証明せよ：

$$\frac{dw}{dz}=\frac{\partial u}{\partial x}+i\frac{\partial v}{\partial x}=\frac{\partial v}{\partial y}-i\frac{\partial u}{\partial y}.$$

5 関数 $w=u+iv$ が正則であるための必要十分条件は，u,v が全微分可能で，かつ，Cauchy-Riemann の微分方程式が成立つことである．このことを証明せよ．

注　u,v が，x と y の実関数として，たとえどれほど微分可能であるとしても，その結合 $w=u+iv$ が複素関数として正則であるとは限らない．なお，正則関数のことを**解析関数**と呼ぶこともある．もともと，関数 f が領域 S で**解析的**であるとは，f が S の各点 a の近傍において $z-a$ のベキ級数に展開できることを意味する．このとき，f は S で正則（微分可能）になるが，複素関数においてはこの逆も成立つ．すなわち，複素関数 f は微分可能でありさえすれば，C^r 級（$0\leqq r\leqq\omega$）になるのである．換言すれば，関数 f が S で正則ならば，その導関数 f' も S で正則である（**Goursat の定理**）．従って，正則関数 f の成分 u,v も実関数として任意回連続微分可能になる．このことは実関数単独では成立しない著るしい特徴である．

6 関数 $w=u+iv$ が正則ならば，u,v は調和関数になることを証明せよ．

注　このとき，u と v は互いに**共役な調和関数**であるという．なお，w が正則ならば，前問の注により，u と v が C^2 級であるという仮定は不要である．

7 $u=x^2-y^2$ は調和関数であることを示し，それに共役な調和関数を求めよ．

8 関数 $f(z)=\bar{z}$，$\mathrm{Re}\,z$，$\mathrm{Im}\,z$ は，いずれも全平面で非正則であることを証明せよ．

9 関数 $w=u+iv$ が正則のとき，次の公式を証明せよ：

$$\left|\frac{dw}{dz}\right|^2=\frac{\partial(u,v)}{\partial(x,y)}=\frac{1}{4}\left(\frac{\partial^2}{\partial x^2}+\frac{\partial^2}{\partial y^2}\right)(u^2+v^2).$$

10 領域Sで定義された正則関数fにおいて，方程式

$$f(z)=0,\ f'(z)=0,\ \cdots,\ f^{(k-1)}(z)=0,\quad f^{(k)}(z)\neq 0$$

の解を，fの**位数kの零点**といい，特に，位数1の零点を**単純零点**という．

$z=a$ が $f(z)$ の位数 k の零点ならば，それは $\{f(z)\}^2$ の位数 $2k$ の零点であることを証明せよ．

11 関数fの正則領域の境界点（fの正則性が破れる点）をfの**特異点**といい，それが孤立しているか否かに応じて，それぞれ，**孤立特異点**，**集積特異点**という．関数fが，fの孤立特異点aの近傍で正則な関数pによって，

$$f(z)=\frac{p(z)}{(z-a)^k},\quad p(a)\neq 0$$

と表わされるとき，aをfの**位数kの極**といい，特に位数1の極を**単純極**という．極以外の孤立特異点は**真性特異点**と呼ばれる．

二つの整式の商（分数式）で表わされる関数 $f(z)=p(z)/q(z)$ を**有理関数**という．p, q が既約ならば，分母qの位数kの零点は，関数fの位数kの極である．有理関数は極以外の全平面で正則である．

次の各関数の零点および極をすべて求め，それらの位数をいえ．

(1) $\dfrac{z+1}{z^2+3}$　　(2) $\dfrac{z^2-12z+36}{z^5}$　　(3) $z^2-\dfrac{1}{z^2}$

12 **指数関数**

$$e^z=e^x\cos y+ie^x\sin y\quad (z=x+iy)$$

について，次のことがらを証明せよ．

(1) $e^{z_1}\cdot e^{z_2}=e^{z_1+z_2}$，$(e^z)^n=e^{nz}$　（nは整数）．

(2) e^z は周期 $2i\pi$ を持つ．

(3) $|e^z|=1 \Longleftrightarrow z$ が純虚数．

(4) 任意のzに対して，$e^z\neq 0$.

13 指数関数e^zは全平面で正則であり，その導関数はe^zに等しいことを証明せよ．また，e^{az}（aは複素定数）の導関数を求めよ．

B（解答は215頁）

14 **三角関数**において，**余弦関数**と**正弦関数**

$$\cos z=\frac{e^{iz}+e^{-iz}}{2},\quad \sin z=\frac{e^{iz}-e^{-iz}}{2i}$$

は全平面で正則であることを示し，その導関数を求めよ．

注 定義から，$\cos^2 z+\sin^2 z=1$ など，実三角関数について成立つ等式は一般に複素三角関数についても成立つことがわかる．このようにして，複素三角関数は実三角関数を複素領域に〝解析接続〟している．

15 余弦関数および正弦関数の零点は実数に限ることを証明せよ．また，その零点を求めよ．

16 任意の複素数 z に対して，次の公式を証明せよ：

$$e^{iz}=\cos z+i\sin z\ \textbf{(Euler の公式)}.$$

17 双曲線関数

$$\cosh z=\frac{e^z+e^{-z}}{2},\quad \sinh z=\frac{e^z-e^{-z}}{2}$$

は全平面で正則であることを示し，その導関数を求めよ．

18 次の公式を証明せよ．

(1) $e^z=\cosh z+\sinh z$

(2) $\cosh z=\cos iz$, $\sinh z=-i\sin iz$

(3) $\cos(x+iy)=\cos x\cosh y-i\sin x\sinh y$

(4) $\sin(x+iy)=\sin x\cosh y+i\cos x\sinh y$

19 複素三角関数においては，

$$|\cos z|\leqq 1,\quad |\sin z|\leqq 1$$

は必らずしも成立しない．その理由を説明せよ．

20 次の各方程式の解を求めよ．

(1) $\cos z=1$　　　(2) $\sinh z=0$

21 次の公式を証明せよ．

(1) $\cos\bar{z}=\overline{\cos z}$　　　(2) $\sin\bar{z}=\overline{\sin z}$

注 余弦・正弦以外の三角関数，双曲線関数の定義は実関数におけると同様である：$\tan z=\sin z/\cos z$ など．これらは，指数関数の合成として統一される．

22 複素平面上で，動点 z が原点から限りなく遠ざかるとき，z は**無限遠点** ∞ に近づくといい，$z\to\infty$ で表わす．定義により，次の3条件は互いに同値である：

$$z\to\infty,\quad 1/z\to 0,\quad |z|\to+\infty.$$

無限遠点 ∞ は複素数ではない．そこで，∞ を付加した複素平

面を**拡張された複素平面**といい，**∞ の R 近傍**（R は正数）とは円 $|z|=R$ の外部のことであると定義する．拡張された複素平面では，原点からどの方向に遠ざかっても∞に達する．従って，数直線におけるように，$+\infty$ と $-\infty$ とは区別されない．

$z\to\infty$ における関数 $f(z)$ の状態は，**局所標準媒介変数** $\zeta\to 0$（$\zeta=1/z$ とおく）における関数 $g(\zeta)=f(z)$ の状態によって定義される．そこで，g が $\zeta=0$ で連続のとき，f は**∞で連続**であるという．このとき，$f(\infty)\neq\infty$，すなわち，

$$f(\infty)=\lim_{z\to\infty}f(z)=\lim_{\zeta\to 0}g(\zeta)=g(0)$$

は有限確定である．更に，g が 0 の近傍で正則のとき，f は**∞で正則**であるという．

次の各関数は ∞ において正則か．

(1) z　　(2) z^{-2}

(3) e^z　　(4) $z+z^{-1}$

23 有理関数 $f(z)=p(z)/q(z)$ において，

$$n=\deg p(z),\quad m=\deg q(z)$$

とするとき，

$$\lim_{z\to\infty}f(z)=\begin{cases}0 & (n<m)\\ \text{定数}\neq 0 & (n=m)\\ \infty & (n>m)\end{cases}$$

となることを証明せよ．

注　これによって，∞ を $f(z)$ の零点 $(n<m)$ または極 $(n>m)$ とみなしてもよいことがわかる．

24 前問において，n と m の大きい方を l とするとき，f の各零点の位数の合計，f の各極の位数の合計は，∞ も数えれば，いずれも l に等しいことを証明せよ．

25 **複素平面** Π は複素数全体の集合 $\boldsymbol{C}$ を図式化する唯一の方法ではない．いま，空間内で，Π の原点 O を中心とし，単位円を**赤道**とするような半径 1 の球面 Σ をとり，Σ の**北極** N と Π 上の点 P とを結ぶ直線が Σ と交わる点を P′ とすれば，対応 $z\leftrightarrow \mathrm{P}\leftrightarrow \mathrm{P}'$（**立体射影**）によって，$\boldsymbol{C},\Pi$ および $\Sigma-\{\mathrm{N}\}$ は 1-1

に対応する．このとき，北極 N 自身に ∞ を対応させれば，全球面 Σ と拡張された複素平面とは 1-1 に対応する．従って，Σ は $\boldsymbol{C}\cup\{\infty\}$ を図式化する．この Σ を**複素球面**または **Riemann 球面**という．

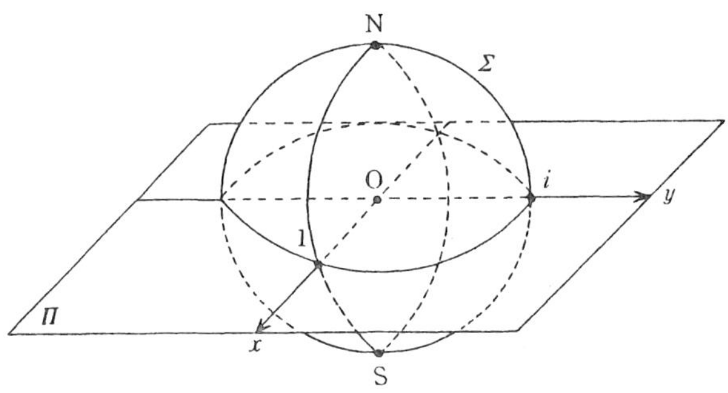

立体射影における次の対応を確かめよ．

複素平面 $\Pi\cup\{\infty\}$	複 素 球 面 Σ
無限遠点 ∞，原点 O	北極 N，南極 S
単位円	赤道
単位円の内部，外部	北半球，南半球
原点 O を通る直線	経線（子午線）
原点 O を中心とする円	緯線
直線	北極 N を通る円
円	北極 N を通らない円

26 立体射影において，$z=x+iy$ に対応する複素球面 Σ 上の点 P′ の座標を (l, m, n) とすれば，

$$l=\frac{2x}{x^2+y^2+1},\quad m=\frac{2y}{x^2+y^2+1},\quad n=\frac{x^2+y^2-1}{x^2+y^2+1}.$$

§23. 1 次変換

基本事項

1 a, b, c, d を複素定数とするとき，有理関数

$$L:\quad w=\frac{az+b}{cz+d},\ ad-bc\neq 0$$

を**1 次分数変換**または簡単に**1 次変換**という．もし，$c=0$ ならば，1 次整関数 $w=az+b$，$a\neq 0$ の場合に帰着する．

2 1 次変換 L は，唯一つの極 $-d/c$（$c=0$ ならば ∞）を除けば，拡張された全 z 平面で正則である．

3 1 次変換 L の逆変換は再び 1 次変換である：

$$L^{-1}:\quad z=\frac{dw-b}{-cw+a},\ ad-bc\neq 0.$$

4 1 次変換 L は，拡張された z 平面（z 球面）の点全体と，拡張された w 平面（w 球面）の点全体とを 1-1 に対応させる．

5 1 次変換の全体は変換の結合に関して群をなす．この**1 次変換群** Ω は，行列の符号の違いを無視すれば，複素係数の 2 次の**特殊 1 次変換群（ユニモジュラ群）**と同型になる：

$$\Omega\ \cong\ SL(2,\boldsymbol{C})/\{\pm E\}\quad (E\text{ は 2 次の単位行列})$$

6 1 次変換は z 平面上の 2 曲線の交角 θ を w 平面上の 2 曲線の交角に等角に移す（1 次変換は**等角写像**である）．

7 1 次変換は z 平面上の円または直線を w 平面上の円または直線に移す．直線を〝∞ を通る円〟と見做せば，1 次変換は円を例外なく円に移す（1 次変換は**円々対応**である）．

8 拡張された z 平面上の相異なる 4 点 z_1, z_2, z_3, z_4 に対し，

$$(z_1, z_2, z_3, z_4)=\frac{z_1-z_3}{z_1-z_4}\Big/\frac{z_2-z_3}{z_2-z_4}$$

を，これら 4 点の**複比**または**非調和比**という．この値は，$1, 0, \infty$ 以外の複素数になる．

9 拡張された複素平面において，複比の値は 1 次変換で不変である（**複比の定理**）．

A (解答は216頁)

1 1次変換

$$L: \quad w=\frac{az+b}{cz+d},\ ad-bc\neq 0$$

において，条件 $ad-bc\neq 0$ を条件 $ad-bc=1$ としても一般性は失なわれない．その理由を説明せよ．また，もし $ad-bc=0$ ならば，どのような不都合が生じるか．

注 この値 $ad-bc$ を1次変換 L の**行列式**という．なお，複素関数論において"1次変換"と言えば，このように1次分数変換のことであり，いわゆる線形変換のことではない．1次分数変換は **Möbius 変換**とも言われる．

2 1次変換 L によって点 z がその点自身に写像されるならば，z をこの1次変換の**不動点**という．恒等変換ではない1次変換は高々2個の不動点を持つことを証明せよ．1次変換が不動点を持たないことはあるか．

3 1次変換 L が不動点 $\pm i$ を持つための係数 a, b, c, d の条件を求めよ．

4 1次変換 L が，$L^2=E$，$L\neq E$（E は恒等変換）となるための条件を求めよ．

5 1次変換 L において，dw/dz を求め，それが $z=\infty$ 以外では0になりえないことを証明せよ．

6 二つの1次変換

$$L: \quad w=\frac{az+b}{cz+d},\ ad-bc\neq 0,$$

$$M: \quad w=\frac{\alpha z+\beta}{\gamma z+\delta},\ \alpha\delta-\beta\gamma\neq 0$$

に，それぞれ，2次の行列

$$\begin{bmatrix} a & b \\ c & d \end{bmatrix}, \qquad \begin{bmatrix} \alpha & \beta \\ \gamma & \delta \end{bmatrix}$$

を対応させるとき，次のことがらを証明せよ．

(1) L と M の**結合** ML も再び1次変換である．但し，$ML(z)=M(L(z))$．

(2) ML には行列の積

$$\begin{bmatrix} \alpha & \beta \\ \gamma & \delta \end{bmatrix}\begin{bmatrix} a & b \\ c & d \end{bmatrix}=\begin{bmatrix} \alpha a+\beta c & \alpha b+\beta d \\ \gamma a+\delta c & \gamma b+\delta d \end{bmatrix}$$

が対応し，その行列式はもとの1次変換の行列式の積に等しい．

注 $\lambda\neq 0$ とすると，

$$\frac{az+b}{cz+d}=\frac{\lambda az+\lambda b}{\lambda cz+\lambda d}$$

であるから，L にはまた行列

$$\lambda\begin{bmatrix} a & b \\ c & d \end{bmatrix} \quad (\lambda\neq 0)$$

が対応する．従って，問1のように，λ を適当に選ぶことによって，一般性を失なうことなく，〝行列式 $=1$〟の場合に帰着させることが出来る．行列式の値が1である行列は**ユニモジュラ**（unimodular）であるといわれる．

7　1次変換の全体 Ω は変換の結合に関して群をなすことを証明せよ．

8　$f(z)=\dfrac{z}{z+1}$，$g(z)=\dfrac{z+2}{z+3}$ なるとき，$f\circ g(z)$，$g\circ f(z)$，$f^{-1}(z)$ を求めよ．但し，f^{-1} は f の逆変換である．

9　平面上で，半径 r の円 C の中心Oから引いた半直線上に2点 P, P′ をとるとき，もし $\mathrm{OP}\cdot\mathrm{OP}'=r^2$ が成立つならば，P′ を円 C に関するPの**反転**といい，PとP′ は円 C に関して**対称**または**鏡像**であるという．拡張された複素平面上で，直線を〝∞ を通る円〟と見做せば，2点 z, z' が直線 C に関して対称であるときも含めて，〝円 C に関して対称〟と総称することが出来る．

複素平面上で，原点を中心とする単位円に関して点 z に対称な点は $1/\bar{z}$（これらは複素球面上では赤道面に関して対称）であることを証明せよ．

10　任意の1次変換は，次の3種の基本的な1次変換の高々5個の結合により得られることを証明せよ．ここで，α は0でない複素定数とする．

(1)　$w=z+\alpha$．これはベクトル α だけの平行移動である．

(2)　$w=\alpha z$．これは，原点のまわりの $\arg z$ だけの回転と，相似比 $|z|$ の相似変換の合成である．

(3)　$w=1/z$．これは，原点を中心とする単位円に関する反転と，実軸に関する対称変換の合成である．

11　1次変換 L の係数 a, b, c, d がすべて実数ならば，L は実軸を実軸に写像し，また，z と $\bar{z}$ を w と $\bar{w}$ に写像することを証明せよ．

12　1次変換 L の係数がすべて実数で，かつ，$ad-bc=1$ をみたすとき，L が唯一つの不動点を実軸上に持つための必要十分条件は，

(1)　$c\neq 0$ ならば $a+d=\pm 2$　　　(2)　$c=0$ ならば $a\neq\pm 1$

であることを証明せよ．

B （解答は218頁）

13 正則関数 f は，点 z が**臨界点**（$f'(z)=0$ となる点）でなければ，z の近傍を $w=f(z)$ の近傍に 1-1 かつ等角に写像する（**等角写像の定理**）．このことを証明せよ．

注 2曲線の**交角** θ は，交点 z（∞ を除く）においてこの2曲線に引いた接線のなす角のこととする．関数 f が交点 z において交角 θ を不変にするとき，f は点 z で**等角**であるという．なお，立体射影は等角写像である．

14 1次変換は等角写像であることを証明せよ．

15 1次変換は円々対応であることを証明せよ．

16 原点を中心とする任意の円と原点を通る任意の直線の1次変換による像は互いに直交することを証明せよ．

17 複比の定理を証明せよ．

18 拡張された複素平面上の相異なる任意の3点を，それぞれ，$1, 0, \infty$ に移すような1次変換が一意的に存在することを証明せよ．

19 拡張された複素平面上の任意の二つの円を対応させるような1次変換が存在することを証明せよ．

20 複比の値は $1, 0, \infty$ にはなりえないことを証明せよ．

21 拡張された複素平面上の相異なる4点が同一円周上にあるための必要十分条件は，それら4点の複比の値

$$(z_1, z_2, z_3, z_4)=\lambda$$

が実数となることである（**4点共円の条件**）．何故か．

22 拡張された複素平面において，2点 z_1, z_2 が円 C に関して対称ならば，任意の1次変換 L による C, z_1, z_2 の像をそれぞれ D, w, w' とするとき，w と w' は円 D に関して対称である（**鏡像の原理**）．このことを証明せよ．

23 次の6個の1次変換は，変換の結合に関して群をなす．このことを証明せよ．

$$z,\ \frac{1}{1-z},\ \frac{z-1}{z},\ \frac{1}{z},\ 1-z,\ \frac{z}{z-1}.$$

注 この**複比の群**は3次の対称群 S_3 と同型である．

§24. 複素積分と留数

基本事項

1 複素平面上の領域 S の2点 z_1, z_2 を結ぶ滑らかな曲線

$$C:\quad z(t)=x(t)+iy(t),\ t_1\leqq t\leqq t_2$$

の上で連続な関数 $w=f(z)$ $(w=u+iv)$ に対し，線積分

$$\int_C f(z)\,dz=\int_{t_1}^{t_2} f(z(t))\frac{dz(t)}{dt}\,dt$$
$$=\int_{t_1}^{t_2}\left(u\frac{dx}{dt}-v\frac{dy}{dt}\right)dt+i\int_{t_1}^{t_2}\left(u\frac{dy}{dt}+v\frac{dx}{dt}\right)dt$$

を，**積分路** C に沿う z_1 から z_2 までの f の（**複素**）**積分**という．

2 単連結領域 S で連続な関数 f において，次の条件は互いに同値である．このうち，(1)⇨(2) を **Cauchy の積分定理**，その逆を **Morera の定理**，(3) を**積分路変形の原理**という．

(1) 関数 f は S で正則である．

(2) S 内の任意の単純閉曲線 C に対して，$\oint_C f(z)\,dz=0$.

(3) 端点は固定して，積分路を被積分関数 f の特異点を通らないように S 内で連続的に変形しても，積分の値は変らない．

3 関数 f を単連結領域 S で正則とするとき，S 内の任意の点 a と，それを囲む S 内の任意の単純閉曲線 C に対して，

$$f^{(n)}(a)=\frac{n!}{2\pi i}\oint_C\frac{f(z)}{(z-a)^{n+1}}dz\quad(n=0,1,2,\cdots)$$

が成立つ（**Cauchy の積分公式**）．

4 $z=a$ を関数 f の孤立特異点とし，C を a 以外の特異点はすべてその外部に出るように a を囲む単純閉曲線とするとき，

$$R(a)=\frac{1}{2\pi i}\oint_C f(z)\,dz\quad（注．R(a)\ は\ \operatorname*{Res}_{z=a} f(z)\ の略記）$$

を特異点 a における f の**留数**という．

5 $z=a$ が関数 f の単純極（位数1の極）ならば，

$$R(a)=\lim_{z\to a}(z-a)f(z).$$

A (解答は220頁)

1 3頂点 $0, 1, 1+i$ の三角形を正の向きに一周する積分路 C に沿って，$f(z)=\mathrm{Re}\, z$ を積分せよ．

2 単位円 $|z|=1$ を正の向きに一周する積分路 C に沿って，次の各関数を積分せよ．

(1) $z+\dfrac{1}{z}$　　(2) $\bar{z}$　　(3) $3z+2i$

3 円 $|z-a|=R$ を正の向きに一周する積分路を C とするとき，任意の整数 n に対して，次の公式が成立つことを証明せよ：

$$\oint_C (z-a)^n\, dz = 2\pi i \ (n=-1),\ 0 \ (n\neq -1).$$

4 積分路 C の全長を l とするとき，関数 f が C 上で連続であり，また，C 上で常に $|f(z)|\leqq M$ をみたすならば，次の不等式が成立つことを証明せよ：

$$\left|\int_C f(z)\, dz\right| \leqq Ml \quad \text{（線積分の絶対値評価）}.$$

5 円 $|z-a|=R$ の周上およびその内部で正則な関数 f が，周上で常に $|f(z)|\leqq M$ をみたすならば，任意の正整数 n に対して，

$$\left|f^{(n)}(a)\right| \leqq \frac{n!}{R^n}M \quad \text{（Cauchy の評価式）}$$

が成立つ．このことを証明せよ．

6 単連結領域 S で連続な関数 f において，次のことがらを証明せよ．

(1) S 内の任意の単純閉曲線 C を一周する f の積分が 0 になるための必要十分条件は，f に対して積分路変形の原理が成立つことである．

(2) f に対して積分路変形の原理が成立つとき，S 内の点 z_1 から z_2 までの f の積分は，f の**不定積分**（**原始関数**）F により，

$$\int_{z_1}^{z_2} f(z)\, dz = F(z_2)-F(z_1),\ \text{但し，}\ \frac{d}{dz}F(z)=f(z)$$

で与えられる．このとき，F は S で正則である．

7 関数 $1/z$ を 1 から i まで単位円 $|z|=1$ に沿って積分せよ．

8 次の定積分の値を求めよ．

(1) $\displaystyle\int_i^1 (z+1)^2\, dz$　　(2) $\displaystyle\int_0^i \cos z\, dz$

9 次の各点を中心とする半径 1 の円を C とするとき，積分

$$\oint_C \frac{z^2+1}{z^2-1}dz$$

の値を求めよ．

(1)　1　　(2)　1/2　　(3)　-1　　(4)　i

10　単純閉曲線 C で囲まれた有界閉領域の内部から，互いに外部にある m 個の開円板（それらの円周を $C_1, C_2, \cdots, C_m$ とする）を除外して出来る，多重連結な閉領域を S とする．関数 f が S で正則ならば，次の公式が成立つことを証明せよ．但し，積分路はいずれも反時針方向にとるものとする．

(1)　$\displaystyle\oint_C f(z)\,dz = \sum_{k=1}^{m}\oint_{C_k} f(z)\,dz$

(2)　S 内の任意の点 a と，任意の整数 $n=0, 1, 2, \cdots$ に対し，

$$f^{(n)}(a) = \frac{n!}{2\pi i}\oint_C \frac{f(z)}{(z-a)^{n+1}}\,dz - \frac{n!}{2\pi i}\sum_{k=1}^{m}\oint_{C_k}\frac{f(z)}{(z-a)^{n+1}}\,dz$$

11　$z=a$ を関数 f の孤立特異点とするとき，a における f の留数

$$R(a) = \frac{1}{2\pi i}\oint_C f(z)\,dz$$

は，C（C は a 以外の特異点はすべてその外部に出るように a を囲む単純閉曲線）のとり方に依存せず，一意的に定まることを証明せよ：

注　後に，留数は，$z=a$ における f の Laurent 展開の特異部の第1項の係数として定義してもよいことがわかる（§26参照）．

12　関数 f の孤立特異点の任意の m 個を $a_1, a_2, \cdots, a_m$ とし，C をそれら以外の特異点はすべてその外部に出るように $a_1, a_2, \cdots, a_m$ を囲む単純閉曲線とすれば，a_k における f の留数を $R(a_k)$ として，次の公式が成立つことを証明せよ：

$$\frac{1}{2\pi i}\oint_C f(z)\,dz = \sum_{k=1}^{m} R(a_k) \quad \text{（留数定理）}.$$

13　2点 0, 1 を囲む単純閉曲線を C とするとき，次の積分の値を求めよ．

(1)　$\displaystyle\oint_C \frac{2z-1}{z(z-1)}\,dz$　　(2)　$\displaystyle\oint_C \frac{e^z}{(z-1)^2}\,dz$

14　次の各円を積分路 C として，$4z^2/(z^4-1)$ を積分せよ．

(1)　$|z-1|=1$　　(2)　$|z+i|=1$　　(3)　$|z|=2$

15　$f(z) = \dfrac{z}{(z-2)(z-1)^3}$ の各極における留数を求めよ．

B (解答は222頁)

16 Cauchy の積分定理を，$f'(z)$ が連続であることを仮定して，平面における Green の定理を用いて証明せよ．

注 Cauchy は積分定理をこの形で証明したが，後に，Goursat はこれを $f'(z)$ の連続性の仮定なしに証明した．n 階微分係数の存在を端的に示している Cauchy の積分公式（微分係数の積分表示）は積分定理から導かれるので，Goursat の証明法によれば，$f(z)$ が微分可能でありさえすれば，$f(z)$の任意階導関数も存在することになる．従って，正則関数の任意階導関数は正則になる．

17 Cauchy の積分公式を積分定理から導け．

18 Morera の定理を証明せよ．

19 Liouville の定理を証明せよ．

20 Liouville の定理を用いて，代数学の基本定理を証明せよ．

21 関数 f の単純極 a における留数は，

$$R(a)=\lim_{z\to a}(z-a)f(z)$$

で与えられることを証明せよ．

22 関数 f の位数kの極 a における留数は，

$$R(a)=\frac{1}{(k-1)!}\lim_{z\to a}\frac{d^{k-1}}{dz^{k-1}}\{(z-a)^k f(z)\}$$

で与えられることを証明せよ．

23 有理関数 $f(z)=p(z)/q(z)$ の単純極 a における留数は，

$$R(a)=\frac{p(a)}{q'(a)}$$

で与えられることを証明せよ．

24 次の有理関数の各極における留数を求めよ．

(1) $\dfrac{6z^2-z-3}{z^3-z}$ (2) $\dfrac{4z^2-1}{(z-2)(z^2+1)}$

25 次の各関数の特異点における留数を求めよ．

(1) $\tan z$ (2) $(z-a)^{-n}$ （n は正整数）

§25.　複素級数とベキ級数

基本事項

1　複素数列 $\{w_n\}$ $(n=1,2,\cdots)$ は，$w_n=u_n+iv_n$ と成分表示すれば，$\{u_n\}$，$\{v_n\}$ なる一対の実数列を考えることと同等である．従って，**極限** $w=u+iv$ について，

$$\lim_{n\to\infty} w_n=w \iff \lim_{n\to\infty} u_n=u,\ \lim_{n\to\infty} v_n=v.$$

2　**Cauchy の収束判定条件**，**Weierstrass–Bolzano の定理**は複素数列に対しても成立つ．

3　数列 $\{w_n\}$ の**部分和**を $S_n=w_1+w_2+\cdots+w_n$ とするとき，極限 $\lim_{n\to\infty} S_n=S$ がもし存在するならば，**複素級数** $w_1+w_2+\cdots$ は**収束する**といい，S をこの級数の**和**という．

4　級数 $|w_1|+|w_2|+\cdots$ が収束するならば，級数 $w_1+w_2+\cdots$ も収束する．この収束の仕方を**絶対収束**という．このとき，級数の加える順序をどのように変更しても，和は変らない．

5　$a_n>0$ $(n=1,2,\cdots)$ とするとき，級数 $a_1+a_2+\cdots$ を**正項級数**，また，$a_1-a_2+-\cdots$ を**交代級数**という．

6　正数からなる単調減少数列 $a_1\geqq a_2\geqq\cdots$ が 0 に収束すれば，交代級数 $a_1-a_2+-\cdots$ は収束する（**Leibniz の定理**）

7　$|w_n|\leqq a_n$ $(n=1,2,\cdots)$ なる正項級数 $a_1+a_2+\cdots$ が収束すれば，級数 $w_1+w_2+\cdots$ は絶対収束する（**比較判定法**）．

8　点 a を**中心**とする**ベキ級数** $\sum_{n=0}^{\infty} c_n(z-a)^n$ に対し，級数がその内部では絶対収束し，外部では発散するような，a の R 近傍が一意的に定まる．このとき，$|z-a|=R$ をこの級数の**収束円**，R を**収束半径**という．但し，級数が任意の z に対して収束するときは $R=\infty$，また，$z=a$ に対してだけ収束するときは $R=0$ とする．

$$R=1/\limsup \sqrt[n]{|c_n|} \qquad \text{(Cauchy–Hadamard の公式)}$$

9　ベキ級数は収束円の内部で一つの正則関数 f を定義する．この関数は収束円周上に少なくとも一つの特異点を持つ．

A （解答は224頁）

1 次の各数列の収束，発散を判定せよ．

(1) $w_n=\dfrac{2n-1}{n}+i\dfrac{n+2}{n}$ (2) $w_n=(-1)^n+\dfrac{i}{n}$

2 数列 $\{w_n\}$ が極限 w に収束するという条件 $\lim_{n\to\infty} w_n=w$ について，次の各問に答えよ．

(1) この条件を ε-δ 法を用いて表わせ．

(2) この条件は，次のことと同値であることを証明せよ：

$$\lim_{n\to\infty} \mathrm{Re}\, w_n=\mathrm{Re}\, w, \qquad \lim_{n\to\infty} \mathrm{Im}\, w_n=\mathrm{Im}\, w.$$

3 級数 $w_1+w_2+\cdots\cdots$ が収束するための必要十分条件は，任意の正数 ε に対して，それに応じて適当な番号 N を決め，

$$m>n\geqq N \text{ ならば，} |w_{n+1}+w_{n+2}+\cdots+w_m|<\varepsilon$$

と出来ることである．このことを，Cauchy の収束判定条件より導け．

4 級数 $|w_1|+|w_2|+\cdots\cdots$ が収束するならば，級数 $w_1+w_2+\cdots\cdots$ も収束することを証明せよ．

5 交代級数に関する Leibniz の定理を証明せよ．

6 次の級数は収束することを証明せよ：

$$1-\frac{1}{2a}+\frac{1}{3a}-\frac{1}{4a}+-\cdots\cdots \qquad (a>0)$$

7 次の (1) または (2) の極限 l が存在するとき，級数 $w_1+w_2+\cdots\cdots$ は，$l<1$ ならば絶対収束し，$l>1$ ならば発散する（但し，$l=1$ ならば，この方法ではどちらとも判定できない）．このことを証明せよ．

(1) $l=\lim_{n\to\infty}\left|\dfrac{w_{n+1}}{w_n}\right|$ （比判定法） (2) $l=\lim_{n\to\infty}\sqrt[n]{|w_n|}$ （根判定法）

8 次の級数の収束，発散を比判定法または根判定法によって調べよ．

(1) $\displaystyle\sum_{n=0}^{\infty}\frac{n^2}{2^n}$ (2) $\displaystyle\sum_{n=0}^{\infty}\frac{n^n}{n!}$ (3) $\displaystyle\sum_{n=0}^{\infty}\frac{(3-4i)^n}{n!}$

9 二つの級数 $w_1+w_2+\cdots\cdots$，$u_1+u_2+\cdots\cdots$ がそれぞれ和 w, u を持つならば，

$$\sum_{n=1}^{\infty}(w_n+u_n),\ \sum_{n=1}^{\infty}(w_n-u_n),\ \sum_{n=1}^{\infty}aw_n \qquad (a \text{ は定数})$$

は，それぞれ，$w+u$，$w-u$，aw に収束することを証明せよ．

10　級数 $w_1+w_2+\cdots\cdots$ が収束するならば，

$$(w_1+w_2)+(w_3+w_4+w_5)+\cdots\cdots$$

のようにどのように括弧を入れても，級数の和は変らないことを証明せよ．

注　絶対収束でない収束を**条件収束**という．この場合，加える順序を変更すると，一般に級数の和は変化する．もし級数が絶対収束するならば，加える順序をどのように変更しても，和は不変である．

11　任意のベキ級数に対し，級数がその内部では絶対収束し，外部では発散するような収束円（収束半径 $0\leqq R\leqq\infty$）が一意的に定まることを証明せよ．

12　次の(1)または(2)の極限 l が存在するとき，ベキ級数 $\sum_{n=0}^{\infty}c_n(z-a)^n$ の収束半径は，$R=1/l$ で与えられる．このことを証明せよ．

(1)　$l=\lim_{n\to\infty}\left|\dfrac{c_{n+1}}{c_n}\right|$　　(2)　$l=\lim_{n\to\infty}\sqrt[n]{|c_n|}$

注　この公式は，$l=0$ $(R=\infty)$，$l=\infty$ $(R=0)$ の場合にも適用できる．Cauchy-Hadamard の公式は，(2)が必らずしも収束しなくても，$l=\limsup\sqrt[n]{|c_n|}$（最大の集積値）とすればよいことを示している．

13　次の各ベキ級数の収束半径を求めよ．

(1)　$\sum_{n=0}^{\infty}n\left(\dfrac{z}{3}\right)^n$　　(2)　$\sum_{n=0}^{\infty}\dfrac{z^{2n}}{n!}$　　(3)　$\sum_{n=0}^{\infty}(z-2i)^n$

14　級数 $1+z+z^2+\cdots\cdots$ は，$|z|<1$ のとき収束し，$|z|\geqq 1$ のとき発散することを証明せよ．また，その和を求めよ．

15　級数 $\sum_{n=0}^{\infty}\dfrac{z^n}{n!}=1+z+\dfrac{z^2}{2!}+\cdots\cdots$ について，次のことがらを証明せよ．

(1)　この級数は，任意の複素数 z に対して絶対収束する．

(2)　この級数の和は e^z である．

注　逆に，指数関数 $e^z=e^x\cos y+ie^x\sin z$ $(z=x+iy)$ を，この級数によって定義することも出来る．なお，e^z は $\exp z$ とも表わされる．

16　二つのベキ級数 $\sum_{l=0}^{\infty}a_lz^l$，$\sum_{m=0}^{\infty}b_mz^m$ に対し，

$$\sum_{l=0}^{\infty}a_lz^l\cdot\sum_{m=0}^{\infty}b_mz^m=\sum_{n=0}^{\infty}\Bigl(\sum_{l+m=n}a_lb_m\Bigr)z^n$$

$$=a_0b_0+(a_0b_1+a_1b_0)z+(a_0b_2+a_1b_1+a_2b_0)z^2+\cdots\cdots$$

を **Cauchy 積**という．この級数は，もとの二つの級数の収束円の共通部分内の z に対して絶対収束する．このことを証明せよ．

B （解答は227頁）

17 各項に変域 S で定義された関数 f_n を持つ級数 $\sum_{n=0}^{\infty} f_n(z)$ において，任意の正数 ε に対して，ε にのみ依存して z には依存しない適当な番号 N を選び，$n>N$ ならば，

$$|s(z)-s_n(z)|<\varepsilon,\quad \text{但し,}\quad s_n(z)=\sum_{k=0}^{n} f_k(z)$$

と出来るとき，この級数は S において $s(z)$ に**一様収束**するという．

領域 S で一様収束する級数 $f(z)=\sum_{n=0}^{\infty} f_n(z)$ の各項 f_n が S で連続であるとき，次のことがらを証明せよ．

(1) 級数の和で定義される関数 f も S で連続である．

(2) S 内の任意の積分路 C に対して，

$$\int_C f(z)dz=\sum_{n=0}^{\infty}\int_C f_n(z)\,dz \qquad \text{(項別積分).}$$

(3) 各項 f_n が S で正則ならば，関数 f も S で正則で，

$$\frac{d}{dz}f(z)=\sum_{n=0}^{\infty}\frac{d}{dz}f_n(z) \qquad \text{(項別微分).}$$

18 級数 $\sum_{n=0}^{\infty} f_n(z)$ において，変域 S で常に

$$|f_n(z)|\leqq M_n \quad (n=0,1,2,\cdots\cdots)$$

が成立ち，しかも級数 $M_1+M_2+\cdots\cdots$ が収束するならば，もとの級数は S で絶対収束かつ一様収束することを示せ．

注　これを **Weierstrass の判定法**という．なお，絶対収束，一様収束の一方から他方は導びかれない．

19 ベキ級数 $\sum_{n=0}^{\infty} c_n(z-a)^n$ （収束半径 $R\neq 0$） は閉円板 $|z-a|\leqq r<R$ で一様収束することを証明せよ．

注　ベキ級数は，収束域である開円板 $|z-a|<R$ 全体では一様収束するとは限らない．この事実を，ベキ級数は収束円内で**広義一様収束**するという．

20 ベキ級数は，収束円周上では，全周で絶対収束，全周で発散，一部で収束の三つの場合があることを証明せよ．

21 ベキ級数の和で定義される関数 f は収束円内で正則であること，また，f の微分・積分は，もとの級数を項別に微分・積分した級数と一致することを証明せよ．

§26. Taylor 級数，Laurent 級数

基本事項

1 関数 f が点 a の適当な近傍で正則のとき，f は点 a で**正則**であるという．このとき，f は **Taylor 級数**（ベキ級数）

$$f(z)=f(a)+\frac{f'(a)}{1!}(z-a)+\frac{f''(a)}{2!}(z-a)^2+\cdots\cdots$$

に展開できる．これを a を中心とする f の **Taylor 展開**という．特に，$a=0$ のとき，**Maclaurin 展開**という．

2 一つの関数 f は同じ中心を持つ二つの異なったベキ級数で表わすことは出来ない（**ベキ級数に関する一致の定理**）．

3 点 a を関数 f の孤立特異点とするとき，f は **Laurent 級数**

$$f(z)=\sum_{n=-\infty}^{\infty}c_n(z-a)^n=\sum_{n=1}^{\infty}\frac{c_{-n}}{(z-a)^n}+\sum_{n=0}^{\infty}c_n(z-a)^n$$

で表わされる．これを a を中心とする f の **Laurent 展開**という．この展開式における負ベキの項を a における f の**特異部**（主要部），正ベキの項を**正則部**という．

4 Taylor 級数，Laurent 級数の係数は，次式で与えられる：

$$c_n=\frac{1}{2\pi i}\oint_C\frac{f(z)}{(z-a)^{n+1}}dz \quad (n \text{ は任意の整数}).$$

ここに，C は点 a の近傍において a を囲む単純閉曲線である．

5 Laurent 級数の特異部第 1 項の係数 c_{-1} は，点 a における関数 f の留数 $R(a)$ に等しい．

6 **孤立特異点の種類**

種　　類	特異部	$\lim_{z\to a} f(z)$
除去可能	な　し	有限確定
極	有限項	∞
真性特異点	無限項	不 確 定

7 関数 f は，真性特異点の任意の近傍において，任意の値に限りなく近い値をとることが出来る（**Weierstrass の定理**）．

A (解答は229頁)

1 実際に Taylor 展開することにより，次の各公式を証明せよ．

(1) $e^z=1+z+\dfrac{z^2}{2!}+\dfrac{z^3}{3!}+\cdots\cdots$

(2) $\cos z=1-\dfrac{z^2}{2!}+\dfrac{z^4}{4!}-+\cdots\cdots$

(3) $\sin z=z-\dfrac{z^3}{3!}+\dfrac{z^5}{5!}-+\cdots\cdots$

2 任意の正整数 m に対して，次の公式を証明せよ：

$$\frac{1}{(1+z)^m}=1-mz+\frac{m(m+1)}{2!}z^2-\frac{m(m+1)(m+2)}{3!}z^3+\cdots\cdots\quad(|z|<1).$$

注　2 項係数 ${}_uC_n$ を u が任意の実数のときにまで拡張して，

$${}_uC_n=\frac{u(u-1)(u-2)\cdots(u-n+1)}{n!}\quad(n=0,1,2,\cdots)$$

と定義すれば，任意の実数 u に対して，次の 2 項級数の公式が成立つ：

$$(1+z)^u=\sum_{n=0}^{\infty}{}_uC_n\,z^n\quad(|z|<1,\ \text{但し，}u\text{ が正整数なら有限和}).$$

3 Taylor 展開の係数を実際に計算するために， Taylor の公式を直接使用しない種々の簡便計算法が考案されている．次に，指示された方法に従って，与えられた関数の原点を中心とする Taylor 展開を求めよ．

(1) **代入法**．$1/(1-z)$ の展開式の z の処へ $-z^2$ を代入することにより，$f(z)=1/(1+z^2)$ の展開式を求めよ．

(2) **積分法**．$f'(z)=1/(1+z^2)$ の展開式を項別に積分することにより，$f(z)=\tan^{-1}z$ の展開式を求めよ．

(3) **未定係数法**．$\sin z=\tan z\cos z$ より，

$$z-\frac{z^3}{3!}+\frac{z^5}{5!}-\cdots=(c_0+c_1z+c_2z^2+\cdots)\left(1-\frac{z^2}{2!}+\frac{z^4}{4!}-+\cdots\right).$$

この両辺の係数を比較することにより，$\tan z$ の展開式を求めよ．

4 有理関数を Taylor 展開するには，まず部分分数に分解してから，各部分分数を 2 項級数の公式により展開すればよい．

関数 $f(z)=\dfrac{2z^2+9z+5}{z^3+z^2-8z-12}$ の原点を中心とする Taylor 展開を求めよ．

5 次の各関数の Maclaurin 展開を求め，その収束半径を定めよ．

(1) $\cos 2z$　　(2) $\cos^2 z$　　(3) e^{-z}

6 ベキ級数 $f(z)=\sum_{n=0}^{\infty}c_nz^n$ $(|z|<R)$ において，次のことがらを証明せよ．

(1) 関数 f が偶関数ならば，n が奇数のとき $c_n=0$ である．

(2) 関数 f が奇関数ならば，n が偶数のとき $c_n=0$ である．

7 正則関数 f $(f\neq 0)$ の零点は孤立点であることを証明せよ．

8 領域 S で正則な二つの関数 f,g が，S 内に集積点を持つような点集合の上で等しい値をとるならば，S で恒等的に $f\equiv g$ である（**一致の定理**）．このことを証明せよ．

9 ベキ級数に関する一致の定理を証明せよ．

注　これに対して，異なる中心を持つ関数 f の展開が考えられる．いま，中心 a のベキ級数の和で定義された関数 f の収束円内の点 $b\neq a$ をとり，b を中心にして f をベキ級数に展開する．このとき得られる級数の収束円は，一般にもとの収束円をはみ出し，その結果，f の定義域はもとの収束円の内部から外部に拡大される．このように，ベキ級数で定義された関数 f の定義域を接続して行く操作を**解析接続**という．Weierstrass は，正則関数を表わすベキ級数を**関数要素**と名づけ，一つの関数要素から解析接続によって得られる要素の全体を〝解析関数〟と称した．

10 次のことがらを証明せよ．

(1) 点 a で正則な関数 f は，a を中心とする Taylor 級数に展開できる．このとき，級数の収束半径 R は a から最も近い f の特異点への距離に等しい．

(2) 点 a を関数 f の孤立特異点とするとき，f は a を中心とする Laurent 級数に展開できる．

(3) Taylor 級数，Laurent 級数の係数は，次のように積分表示される：

$$c_n=\frac{1}{2\pi i}\oint_C\frac{f(z)}{(z-a)^{n+1}}\,dz \quad (n \text{ は任意の整数}).$$

11 Laurent 展開の係数を実際に計算するためには，代入法や積分法の他に，

$$f(z)=p(z)/(z-a)^k$$

とおいて，点 a で正則な関数 $p(z)$ を Taylor 級数に展開する方法などが用いられている．

次の各関数の原点を中心とする Laurent 展開を求め，収束域 $0<|z|<R$ における R を定めよ．

(1) $z^2e^{1/z}$　　(2) $\dfrac{\cos 2z}{z^2}$　　(3) $\cot z$

B (解答は232頁)

12 Laurent 級数の特異部は，展開の中心 a が極ならば有限項，真性特異点ならば無限項であることを証明せよ．

13 点 a を関数 f の孤立特異点とするとき，a を中心とする f の Laurent 展開の特異部がもし現われないならば，a を f の**除去可能な特異点**という．孤立特異点 a が除去可能であるための必要十分条件は，$\lim_{z\to a} f(z)$ が有限確定となることである．このことを証明せよ．

注 このとき，$f(a)=\lim_{z\to a} f(z)$ と定義すれば，関数 f は a で正則になる．従って，特異点を考えるとき，除去可能な特異点はあらかじめ除去しておくのが習慣である．

14 関数 f が孤立特異点 a の近傍で有界ならば，a は除去可能である（**Riemann の定理**）．このことを証明せよ．

15 関数fの孤立特異点 a が極であるための必要十分条件は，$\lim_{z\to a} f(z)=\infty$ となることである．これを証明せよ．

16 真性特異点に関する Weierstrass の定理を証明せよ．

17 次の各関数の特異点を求め，その種類を判別せよ．

(1) $\dfrac{\sin z}{z}$　　(2) $\sin\dfrac{1}{z}$　　(3) $\tan\dfrac{1}{z}$

18 関数 f が点 a を中心とする同心円で囲まれた環状領域

$$R_1<|z-a|<R_2 \quad (0\leqq R_1<R_2)$$

で正則ならば，f は，この領域を収束域とする中心 a の Laurent 級数に展開される．このことを証明せよ．

19 関数 f の点 a を中心とする Laurant 展開の係数は，各収束域では一意的に決まるが，二つ以上の収束域

$$R_1<|z-a|<R_2,\ R_3<|z-a|<R_4,\ \cdots\cdots$$
$$(0\leqq R_1<R_2\leqq R_3<R_4\cdots\cdots)$$

では一致するとは限らない．このことを説明せよ．

20 二つ以上の収束域が現われることに注意して，次の各関数を中心1を持つ Laurent 級数に展開せよ．

(1) $\dfrac{1}{z^2-1}$　　(2) $\dfrac{1}{z^4}$

§27.　逆関数と多価関数

基本事項

1 $w=f(z)$ を $z=g(w)$ の形に書き改めたとき，関数 g を関数 f の**逆関数**と呼び，通常，変数を入れ換えて $w=g(z)$ とする．逆関数は一般には**多価関数**になるので注意を要する．

2 $w=f(z)$ が正則で $f'(z)\neq 0$ なる点 z の近傍では，

$$\frac{dz}{dw}=\frac{1}{dw/dz}\quad \text{（逆関数の微分法）}.$$

3 多価関数 $w=g(z)$ では，一つの z の値に対して，関数値が

$$w_0,\ w_1,\ w_2,\cdots\cdots\ (n\text{ 価または無限多価})$$

のように二つ以上対応する．そこで，これらを g の**分枝**(ぶんし)といい，その中で基準になる一つを選んで g の**主値**という．もし，$z=a$ の近傍で各分枝が分離できないならば，点 a を**分岐点**(ぶんき)という．g が正則のとき，分岐点は g の孤立特異点となる．

4 $z\neq 0$ の **n 乗根**（n 価関数，z^n の逆関数）（n は正整数）

$$\sqrt[n]{z}=\{n\text{ 乗すると } z \text{ になるような } n \text{ 個の複素数}\}$$

主値：$\sqrt[n]{|z|}\,e^{i\theta/n}$（$\theta$ は $\arg z$ の主値）．分岐点：0，∞．

5 **対数関数**（無限多価関数，指数関数の逆関数）

$$\log z=\log|z|+i\arg z\quad (z\neq 0)$$

主値：$\log|z|+i\theta$（θ は $\arg z$ の主値）．分岐点：0，∞．

6 **逆三角関数**（無限多価関数，三角関数の逆関数）

$$\cos^{-1}z=-i\log(z+\sqrt{z^2-1})\qquad \text{分岐点：}\pm 1$$

$$\sin^{-1}z=-i\log(iz+\sqrt{1-z^2})\qquad \text{分岐点：}\pm 1$$

$$\tan^{-1}z=\frac{1}{2i}\log\frac{1+iz}{1-iz}\qquad \text{分岐点：}\pm 1$$

7 **逆双曲線関数**（無限多価関数，双曲線関数の逆関数）

$$\cosh^{-1}z=\log(z+\sqrt{z^2-1})\qquad \text{分岐点：}\pm 1$$

$$\sinh^{-1}z=\log(z+\sqrt{z^2+1})\qquad \text{分岐点：}\pm i$$

$$\tanh^{-1}z=\frac{1}{2}\log\frac{1+z}{1-z}\qquad \text{分岐点：}\pm 1$$

A （解答は234頁）

1 次の公式を証明せよ．但し，分枝は両辺において対応するものをとる．

(1) $\dfrac{d}{dz}\sqrt[n]{z}=\dfrac{1}{n}\cdot\dfrac{1}{(\sqrt[n]{z})^{n-1}}$　　(2) $\dfrac{d}{dz}\log z=\dfrac{1}{z}$

(3) $\dfrac{d}{dz}\cos^{-1}z=-\dfrac{1}{\sqrt{1-z^2}}$　　(4) $\dfrac{d}{dz}\sin^{-1}z=\dfrac{1}{\sqrt{1-z^2}}$

(5) $\dfrac{d}{dz}\cosh^{-1}z=\dfrac{1}{\sqrt{z^2-1}}$　　(6) $\dfrac{d}{dz}\sinh^{-1}z=\dfrac{1}{\sqrt{z^2+1}}$

2 次の各対数の値をすべて求めよ．

(1) $\log 1$　(2) $\log i$　(3) $\log(-1)$　(4) $\log(-i)$

3 次の公式を証明せよ．

(1) $\log z_1z_2=\log z_1+\log z_2$　　(2) $\log(z_1/z_2)=\log z_1-\log z_2$

注　これらの関係式は，一方の値がすべて他方の値の中にあるという意味において成立つ．両辺で同じ分岐をとればよい，というのではない．例えば，$z_1=z_2=-1$ のとき，(1)において対数関数の主値をとれば，

$$左辺=\log(-1)^2=\log 1=0,\ 右辺=2\log(-1)=2\pi i.$$

4 次の公式を証明せよ．但し，左辺の関数は主値をとるものとする．

(1) $\log(1+z)=z-\dfrac{z^2}{2}+\dfrac{z^3}{3}-+\cdots\cdots\quad(|z|<1)$

(2) $\tanh^{-1}z=z+\dfrac{z^3}{3}+\dfrac{z^5}{5}+\cdots\cdots\quad(|z|<1)$

5 対数関数　$w=\log z$ $(z\neq 0)$ の主値は，z 平面上の負軸を除く領域において一価正則であることを証明せよ．

6 複素数 $a\neq 0$ を底とする一般の累乗（ベキ）を，

$$a^b=e^{b\log a}\quad(b\text{ は複素数})$$

によって定義し，$\log a$ として主値をとったときの値を a^b の主値とする．特に，a が正数の場合は，この主値だけに限定して考えるのが普通である．

次のことがらを証明せよ．

(1) b が整数ならば，a^b は1価である．

(2) $b=p/q$（既約分数，$q>0$）ならば，a^b は q 価である．

(3) 上記の場合を除けば，a^b は無限多価である．

注　e^z を〝e の z 乗〟と解釈すれば，その値は一般には無限多価になり，1価にはならない．すなわち，e^z と指数関数 $\exp z$ は直ちに等しくはない．e^z は主値をとるという規約のもとに，初めて，$e^z=\exp z$ である．

7　次の累乗の主値を求めよ．

(1)　1^i　　(2)　i^i　　(3)　2^{2i}

8　$z=\cos w=\dfrac{e^{iw}+e^{-iw}}{2}$ より，$\cos^{-1}z=-i\log(z+\sqrt{z^2-1})$ を導け．

9　$z=\tanh w=\dfrac{e^w-e^{-w}}{e^w+e^{-w}}$ より，$\tanh^{-1}z=\dfrac{1}{2}\log\dfrac{1+z}{1-z}$ を導け．

10　実変数における不定積分

$$\int\frac{dx}{\sqrt{a^2+x^2}}=\log|x+\sqrt{a^2+x^2}|,\qquad \int\frac{dx}{\sqrt{a^2-x^2}}=\sin^{-1}\frac{x}{a}\quad(a\neq0)$$

は，複素変数の立場では，

$$\int\frac{dz}{\sqrt{a^2-z^2}}=\sin^{-1}\frac{z}{a}=-i\log(iz+\sqrt{a^2-z^2})\quad(a\neq0)$$

と一つにまとめられることを証明せよ．

11　実変数における不定積分

$$\int\frac{dx}{x^2-a^2}=\frac{1}{2a}\log\left|\frac{a-x}{a+x}\right|,\qquad \int\frac{dx}{x^2+a^2}=\frac{1}{a}\tan^{-1}\frac{x}{a}\quad(a\neq0)$$

は，複素変数の立場では，

$$\int\frac{dz}{z^2+a^2}=\frac{1}{a}\tan^{-1}\frac{z}{a}=\frac{1}{2ai}\log\frac{a+iz}{a-iz}\quad(a\neq0)$$

と一つにまとめられることを証明せよ．

注　三角関数および双曲線関数がすべて指数関数の合成によって表わされるのと同様に，逆三角関数，逆双曲線関数はすべて対数関数の合成によって表わされる．すなわち，三角関数，双曲線関数，逆三角関数，逆双曲線関数は指数関数と対数関数の一断面に他ならない．このことが，複素関数論における初等超越関数の微分・積分を著るしく簡明なものにしている．

12　次の公式を証明せよ．

(1)　$\cosh^{-1}z=\sinh^{-1}\sqrt{z^2-1}$，$\sinh^{-1}z=\cosh^{-1}\sqrt{z^2+1}$

(2)　$\cos^{-1}z=i\cosh^{-1}z$，$\sin^{-1}iz=i\sinh^{-1}z$

(3)　$\dfrac{d}{dz}\tan^{-1}z=\dfrac{1}{1+z^2}$，$\dfrac{d}{dz}\tanh^{-1}z=\dfrac{1}{1-z^2}$

B　（解答は235頁）

13　多価関数 g において，z が分岐点 a のまわりを n 周するごとに関数値が循環するとき，a を**分岐度 $n-1$（重複度 n）の代数分岐点**という．これに対し，z が分岐点 a のまわりを幾周しても関数値が循環しなければ，a を **対数分岐点** という．$\sqrt[n]{z}$ における原点，$\log z$ における原点は，それぞれ，前者および後者の代表的な例である．

次の各関数の分岐点とその分岐度を求めよ．

(1) $\sqrt[3]{z-a}$　　(2) $\log(1+z)$

14 z の n 乗根

$$w=\sqrt[n]{z} \quad (z\neq 0,\ \infty)$$

によって，z 球面と w 球面（複素平面でも同様の議論が成立つが，話をコンパクトにするために，ここでは複素球面の対応を考える）を対応づければ，z の偏角が $0\leqq \arg z<2\pi$ の間を変動する間に，w の n 個の分枝 $w_0, w_1, \cdots, w_{n-1}$ は，それぞれ，

$$\frac{2k\pi}{n}\leqq \arg w_k<\frac{2(k+1)\pi}{n}$$

$$(k=0,1,\cdots,n-1)$$

の間を変動する．従って，一つの分枝には一つの z 球面が対応し，w 球面全体には n 個の z 球面が対応する．そこで，n 個の z 球面

$$\Sigma_0,\quad \Sigma_1,\quad \cdots,\quad \Sigma_{n-1}$$

を，それぞれ，分岐点 0 から∞まで，実軸の正の部分に沿って切断し，各 Σ_{k-1} の開いた切口を Σ_k の閉じた切口に連続させ，n 個の z 球面を貼り合わせて一つの曲面 R を作れば，
$w=\sqrt[n]{z}$ $(z\neq, \infty)$ は，R 上では一価となり，R 全体と w 球面とは 1-1 に対応する．このような合成曲面を **Riemann 面** という．

次の各関数を一価とするためには，z の定義域としてどのような Riemann 面を用いたらよいか．

(1) $\sqrt{z-a}$　　(2) $\log z$

§28. 留数の応用

基本事項

1 留数の応用を**留数解析**という．特に，留数定理（§24参照）は，次式で定義される実変数関数 $f(x)$ の**変格積分**

$$\int_{-\infty}^{\infty} f(x)\,dx = \lim_{t\to-\infty}\int_{t}^{c} f(x)\,dx + \lim_{t\to\infty}\int_{c}^{t} f(x)\,dx$$

の計算に利用される（右辺は c のとり方に依存しない）．

2 前項の積分が存在するならば，右辺の二つの極限は，

$$\lim_{t\to\infty}\int_{-t}^{t} f(x)\,dx \quad \textbf{（Cauchy の主値）}$$

と一つにまとめることが出来る．但し，一般には，Cauchy の主値が存在しても二つの極限が存在するとは限らない．

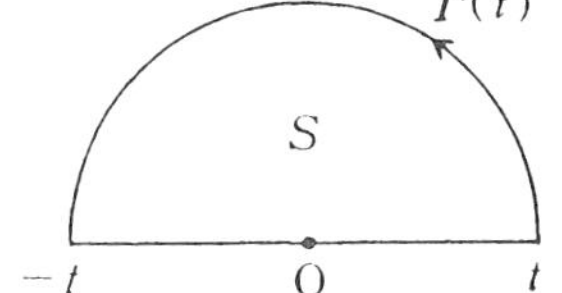

3 原点を中心とし，半径 t の半円を正の向きに回る積分路を $\Gamma(t)$ と記す．$\Gamma(t)$ と直径によって囲まれる領域を S とするとき，留数定理によって，

$$\int_{-t}^{t} f(x)\,dx = 2\pi i \sum_{a\in S} R(a) - \int_{\Gamma(t)} f(z)\,dz$$

が成立つ．但し，関数 f の S 内にある特異点は有限個とし，$\sum$ はそれらの特異点に関する f の留数 $R(a)$ の総和を表わす．

4 前項において，$t\to\infty$ のとき右辺第2項が0になるならば，

$$\int_{-\infty}^{\infty} f(x)\,dx = 2\pi i \sum_{a\in H} R(a) \quad (H \text{ は上半平面}).$$

5 $\Gamma(t)$ 上で常に $|f(z)| \leqq M/t^k$ $(k>1)$ が成立つならば，

$$\lim_{t\to\infty}\int_{\Gamma(t)} f(z)\,dz = 0.$$

6 有理関数 $f(z)=p(z)/q(z)$ が実軸上に極を持たず，かつ，$\deg p(z) \leqq \deg q(z)-2$ ならば，極 a における f の留数を $R(a)$ として，

$$\int_{-\infty}^{\infty} f(x)\,dx = 2\pi i \sum_{a\in H} R(a) \quad (H \text{ は上半平面}).$$

A （解答は236頁）

1 半円 $\Gamma(t)$ 上で常に $|f(z)| \leqq M/t^k$ $(k>1)$ が成立つならば，

$$\lim_{t\to\infty}\int_{\Gamma(t)} f(z)\,dz=0$$

であることを証明せよ．

2 有理関数 $f(z)=p(z)/q(z)$ が実軸上に極を持たず，かつ，

$$\deg p(z) \leqq \deg q(z)-2 \text{ ならば，} \int_{-\infty}^{\infty} f(x)\,dx=2\pi i\sum_{a\in H} R(a)$$

であることを証明せよ．但し，$R(a)$ は極 a における f の留数とする．

3 次の積分の値を求めよ．

(1) $\displaystyle\int_0^\infty \frac{dx}{1+x^2}$　　(2) $\displaystyle\int_0^\infty \frac{dx}{1+x^4}$

注　被積分関数 f が偶関数ならば，

$$\int_0^\infty f(x)\,dx=\frac{1}{2}\int_{-\infty}^{\infty} f(x)\,dx$$

4 次の公式を証明せよ：

$$\int_0^\infty \frac{dx}{(1+x^2)^{n+1}}=\frac{1\cdot 3\cdots(2n-1)}{2\cdot 4\cdots(2n)}\cdot\frac{\pi}{2}\quad (n=1,2,\cdots).$$

5 F を $\cos\theta$，$\sin\theta$ の有理関数とするとき，$e^{i\theta}=z$ とおけば，

$$\cos\theta=\frac{1}{2}\left(z+\frac{1}{z}\right),\ \sin\theta=\frac{1}{2i}\left(z-\frac{1}{z}\right),\ d\theta=\frac{dz}{iz}$$

であるから，$F(\cos\theta, \sin\theta)=f(z)$ は z の有理関数になり，

$$\int_0^{2\pi} F(\cos\theta, \sin\theta)\,d\theta=\frac{1}{i}\oint_C \frac{f(z)}{z}dz=2\pi\sum_{|a|<1} R(a).$$

但し，$\sum$ は単位円 C の内部にある $f(z)/z$ の極に関する留数 $R(a)$ の総和を表わす．

次の積分の値を求めよ．

(1) $\displaystyle\int_0^{2\pi} \frac{d\theta}{5-3\cos\theta}$　　(2) $\displaystyle\int_0^{2\pi} \frac{\cos\theta}{3+\sin\theta}\,d\theta$

6 $e^{i\theta}=z$ とおくとき，倍角の変換公式

$$\cos n\theta=\frac{1}{2}\left(z^n+\frac{1}{z^n}\right),\ \sin n\theta=\frac{1}{2i}\left(z^n-\frac{1}{z^n}\right)$$

を証明せよ．

7 次の積分の値を求めよ．

(1) $\displaystyle\int_0^{2\pi} \frac{\cos^2\theta}{26-10\cos 2\theta}\,d\theta$　　(2) $\displaystyle\int_0^{2\pi} \frac{\cos^2 3\theta}{5-4\cos 2\theta}\,d\theta$

8　半円 $\Gamma(t)$ 上で常に $|f(z)| \leqq M/t^k$ $(k>0)$ が成立つならば，

$$\lim_{t\to 0}\int_{\Gamma(t)} f(z)e^{i\omega z}dz=0 \quad (\omega>0)$$

であることを証明せよ．

9　有理関数 $f(z)=p(z)/q(z)$ が実軸上に極を持たず，かつ，

$$\deg p(z)<\deg q(z) \text{ ならば，} \int_{-\infty}^{\infty} f(x)e^{i\omega x}dx=2\pi i\sum_{a\in H}R(a)$$

であることを証明せよ．但し，ω は正数，$\sum$ は上半平面にある $f(z)e^{i\omega z}$ の極に関する留数 $R(a)$ の総和を表わす．

10　前問において，両辺の成分を比較すれば，$\omega, \sum$ は上のものとして，

$$\int_{-\infty}^{\infty} f(x)\cos\omega x\,dx=-2\pi\sum_{a\in H}\operatorname{Im}R(a),$$

$$\int_{-\infty}^{\infty} f(x)\sin\omega x\,dx=2\pi\sum_{a\in H}\operatorname{Re}R(a)$$

が成立つ．これを利用して，次の積分の値を求めよ．

(1)　$\displaystyle\int_{-\infty}^{\infty}\frac{\cos\omega x}{1+x^2}dx$　　　(2)　$\displaystyle\int_{-\infty}^{\infty}\frac{\sin\omega x}{1+x^2}dx$

11　被積分関数 f が実軸上に特異点 a を持つ場合，a を中心とする半径 ρ の半円 $\Gamma(\rho)$（時針方向を正とする）によって，a を避けて通る積分路を作る．この操作を**へこみをつける** (indenting) という．このとき，原点を中心とする半径 t の半円を $\Gamma(t)$ とし，

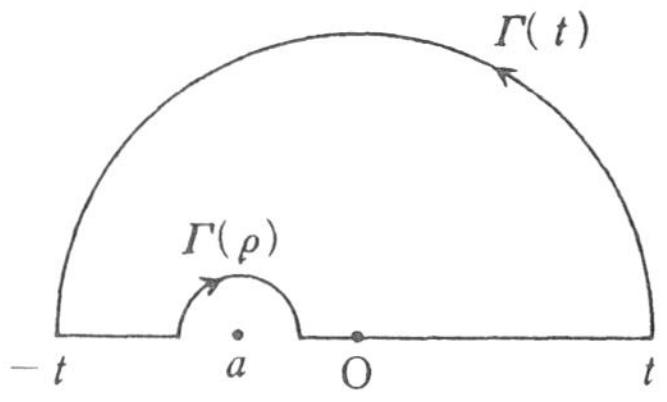

$$\lim_{t\to\infty}\int_{\Gamma(t)} f(z)dz=0,\ \lim_{\rho\to 0}\int_{\Gamma(\rho)} f(z)\,dz=0$$

ならば，特異点 a における f の留数を $R(a)$ として，

$$\int_{-\infty}^{\infty} f(x)\,dx=2\pi i\sum_{a\in H}R(a) \quad (H \text{ は上半平面})$$

が成立つことを証明せよ．

12　$\displaystyle\int_0^{\infty}\frac{\sin x}{x}dx=\frac{\pi}{2}$ を証明せよ．

B (解答は238頁)

13 有理関数 $f(z)=p(z)/q(z)$, $\deg p(z)<\deg q(z)$, を**部分分数**に分解するためには, f の各極 a に関する特異部の総和をとればよい. すなわち,

$$f(z)=\sum_a\sum_{n=1}^{k}\frac{c_{-n}}{(z-a)^n}\qquad (a\text{ は位数 }k\text{ の極}).$$

このことを証明せよ.

注 もし, $\deg p(z)\geqq\deg q(z)$ のときは, $p(z)$ を $q(z)$ で割って整商を出してから, 上の公式を適用すればよい. なお, 有理関数は部分分数に分解してから積分される.

14 有理関数 $f(z)=p(z)/q(z)$, $\deg p(z)<\deg q(z)$, の極がすべて単純なるとき, **Lagrange の補間式**

$$f(z)=\sum_a\frac{R(a)}{z-a}\qquad (a\text{ は単純極})$$

を証明せよ.

15 次の各有理関数を部分分数に分解せよ. また, それらの有理関数の不定積分を求めよ.

(1) $\dfrac{2z+3}{z^2-4}$　　(2) $\dfrac{z^2}{(z-2)(z^2-1)}$

16 関数 f が領域 S において極以外の特異点を持たないとき, f は S において**有理型**であるといわれる. このとき, S 内の任意の単純閉曲線を C とし, C 内にある f の零点の位数の和を N, 極の位数の和を P とし, C 上には零点も極もないものとすれば,

$$\frac{1}{2\pi}\oint_C d\arg f(z)=N-P\qquad\text{(偏角の原理)}$$

が成立つ. このことを証明せよ.

注 z が C 上を一周すれば, $w=f(z)$ は w 平面で一つの閉曲線 Γ を描く. 上の公式の左辺は, Γ の原点 $w=0$ のまわりの**回転数**を表わす. なお, 次式にも注意せよ:

$$\frac{1}{2\pi i}\oint_C\frac{f'(z)}{f(z)}dz=\frac{1}{2\pi i}\oint_C d\log f(z)=N-P.$$

解説・解答篇

Denken Sie nach! —— Frobenius

自分で考えなさい！（若き高木貞治への言葉）

高 木 貞 治

(1875 ~ 1960)

名著『解析概論』(初版 1938) でも有名な高木貞治は，それまで積分学を用いてしか証明されていなかった微分学上の定理を，初めて微分学だけを用いて証明したときに「微分のことは微分でせよ」と言った．

彼の脳裏には，留学時代の若き日々のことが浮んだのかもしれない．彼がある問題を持って群論の大家 Frobenius を訪ねると，Frobenius は,「それは面白い，自分でよく考えなさい！」と言って，いろいろな別刷などを貸してくれたというのである．この「自分で考えなさい」も，思えば生れて初めての教訓であった：――と，後に，高木貞治は述懐している．

§1. 1次元点集合

— A —

1 (1) $[-2, 8]$ (2) $(2, \infty)$ (3) $[-6, 4]$ (4) $(-\infty, -3)$, $(2, 5)$

(5) $(0, 1/2]$ (6) $(3, 4]$ (7) $(-\infty, -1]$, $[2, \infty)$

(8) $(-\infty, -2)$, $(-1, -1/3)$, $(3, \infty)$

(9) $\left[0, \dfrac{11+\sqrt{21}}{2}\right)$ (10) $\left[-1, \dfrac{7-\sqrt{17}}{2}\right]$ 閉区間 (1), (3), (10)

2 $x \geqq 0$ のときは $|x|^2 = x^2$. $x < 0$ のときは $|x|^2 = (-x)^2 = x^2$.

3 いずれも絶対値記号の $|x+y| \leqq |x|+|y|$ なる性質を用いる.

(1) $|x| = |x+y+(-y)| \leqq |x+y|+|-y| = |x+y|+|y|$ $\therefore$ $|x+y| \geqq |x|-|y|$.

(2) $|x| = |x-y+y| \leqq |x-y|+|y|$ $\therefore$ $|x-y| \geqq |x|-|y|$.

(3) $|x-y| = |x+(-y)| \leqq |x|+|-y| = |x|+|y|$ $\therefore$ $|x-y| \leqq |x|+|y|$.

(4) $|x+y+z| = |x+(y+z)| \leqq |x|+|y+z| \leqq |x|+|y|+|z|$.

4 任意の実数 λ に対して, $(x_1\lambda+y_1)^2+(x_2\lambda+y_2)^2+(x_3\lambda+y_3)^2 \geqq 0$. 左辺を λ について整頓すれば,

$$(x_1^2+x_2^2+x_3^2)\lambda^2+2(x_1y_1+x_2y_2+x_3y_3)\lambda+(y_1^2+y_2^2+y_3^2) \geqq 0.$$

この不等式が任意の実数 λ について成立つ条件は, 判別式 $\leqq 0$ より,

$$(x_1y_1+x_2y_2+x_3y_3)^2 \leqq (x_1^2+x_2^2+x_3^2)(y_1^2+y_2^2+y_3^2).$$

5 (1) $x+y-2\sqrt{xy} = (\sqrt{x}-\sqrt{y})^2 \geqq 0$. $\therefore$ $x+y \geqq 2\sqrt{xy}$.

(2) $x^2+y^2 \geqq 2xy$, $y^2+z^2 \geqq 2yz$, $z^2+x^2 \geqq 2zx$. これらの不等式の辺々を加えれば, $2(x^2+y^2+z^2) \geqq 2(xy+yz+zx)$ を得る.

(3) $x^n-y^n = (x-y)(x^{n-1}+x^{n-2}y+\cdots+y^{n-1}) > 0$.

6 中点 x の座標は $\dfrac{1}{2}\left(\dfrac{b}{a}+\dfrac{d}{c}\right) = \dfrac{ad+bc}{2ac}$. これを $\dfrac{b+d}{a+c}$ に等しいと置き, 分母を払って整頓すれば, $(a-c)(ad-bc)=0$. $\dfrac{b}{a} \neq \dfrac{d}{c}$ より, $ad-bc \neq 0$. $\therefore$ $a=c$ (必要条件). 逆に, $a=c$ ならば, $\dfrac{1}{2}\left(\dfrac{b}{a}+\dfrac{d}{c}\right) = \dfrac{b+d}{2a} = \dfrac{b+d}{a+c}$ (十分条件). 従って, 求める条件は $a=c$ である.

7 (1) 任意の正数 δ に対して, $1/\delta$ より大きな正整数 n をとれば, 0の任意の δ 近傍

はこの集合の元 $\frac{1}{n}$, $\frac{1}{n+1}$, $\frac{1}{n+2}$, ……を含む.

(2) 任意の正数 δ に対して, $1/\delta$ より大きな正整数 2^n をとれば, 0の任意の δ 近傍はこの集合の元 $\frac{1}{2^n}$, $\frac{1}{2^{n+1}}$, $\frac{1}{2^{n+2}}$, ……を含む.

8 任意の正数 δ に対して, $1/\delta$ より大きな正整数 n をとり, $x=(n-1)/n$ とすれば, $1-x=1/n<\delta$ より, 1の任意の δ 近傍がこの集合の元 x を含むことがわかる. 従って, 1はこの集合の集積点である. この集合は唯一つの集積点1を元として含んでいるから閉集合である.

9 点集合 $\left\{1\frac{1}{2}, \frac{1}{2}, 1\frac{1}{3}, \frac{1}{3}, 1\frac{1}{4}, \frac{1}{4}, \cdots\right\}$ は二つの集積点 1, 0 を持つ.

10 点集合 $\left\{2\frac{1}{2}, 1\frac{1}{2}, \frac{1}{2}, 2\frac{1}{3}, 1\frac{1}{3}, \frac{1}{3}, 2\frac{1}{4}, 1\frac{1}{4}, \frac{1}{4}, \cdots\right\}$ は三つの集積点 2, 1, 0 を持つ.

11 点集合 $\left\{3\frac{1}{2}, 4\frac{1}{2}, 3\frac{1}{3}, 4\frac{1}{3}, 3\frac{1}{4}, 4\frac{1}{4}, \cdots\right\}$ は3と4だけを集積点として持つ. 開区間 (3, 4) は集積点 $3\leqq x\leqq 4$ を持つ.

12 任意の点 l から有限な点集合 S の各点までの距離を求め, その最小距離を r とする. 正数 $\delta<r$ をとれば, l の δ 近傍にはSの点は属さない. 従って, l は S の集積点ではない. 従って, 有限な点集合は集積点を持たない.

13 任意の実数 l と任意の正数 δ に対して, 有理数の稠密性より, $l<x<l+\delta$ なる有理数 x が存在する. 従って, この $x\neq l$ は l の δ 近傍に属している. 従って, lは有理数全体の集合の集積点である.

14 π は有理数全体の集合の集積点であるが, 有理数ではない. 従って, 有理数全体の集合は閉集合ではない.

15 1より小なる正数 δ に対して, 任意の整数 l の δ 近傍には l 以外の整数は属さない. 従って, l は整数全体の集合の孤立点である.

16 (1) $l=0$, $S=[0, 1)$ (2) $l=1$, $S=[0, 1)$ (3) $l=0$, $S=\{0, 1\}$

(4) $l=2$, $S=\{0, 1\}$

17 (1) $0\leqq l<1$ (2) $l=1$ (3) このような l は存在しない

(4) $l<0$ または $l>1$

18 (1) いずれの場合でも, その区間の任意の点 x に対して $a\leqq x\leqq b$ が成立ち, しかも a は最大下界, b は最小上界である. 実際, $a<a'$ なる下界 a' が存在したとすれば,

$a<x<a'$ なる各点 x はこの区間内の点でありながら下界 a' よりも小となり不合理である．最小上界 b についても同様である．

(2) S の各点 x に対して $x \leqq M$ ならば，A の各点 x に対しても $x \leqq M$ であるから，(A の上界)$\supset$(S の上界) となり，$\sup A \leqq \sup S$ を得る．不等式のその他の部分も同様にして証明できる．

—— B ——

19 $\sqrt{2}$ が有理数であるとすれば，互いに素（最大公約数が1）な二つの整数 $a \neq 0, b$ によって，$\sqrt{2}a=b$ と表わされる．両辺を平方して，$2a^2=b^2$．左辺は偶数であるから，右辺，従って b 自身も偶数になる．そうすれば，右辺 b^2 は4の倍数であるから，a^2 は偶数になる．従って，a も偶数になる．しからば，a と b は共に偶数となり，互いに素ということに矛盾する．従って，$\sqrt{2}$ は有理数ではありえない．

20 (1) $x=\sqrt{2}+\sqrt{3}$ と置き，両辺を平方すれば $x^2=5+2\sqrt{6}$．$x^2-5=2\sqrt{6}$ の両辺を再たび平方して，$x^4-10x^2+1=0$．$\sqrt{2}+\sqrt{3}$ はこの代数方程式の根であるから，代数的数である．

(2) $x=\sqrt[3]{2}+\sqrt{3}$ と置き，$x-\sqrt{3}=\sqrt[3]{2}$ の両辺を立方して，$x^3+9x-2=3\sqrt{3}(x^2+1)$．両辺を平方して，代数方程式

$$x^6-9x^4-4x^3+27x^2-36x-23=0$$

を得る．$\sqrt[3]{2}+\sqrt{3}$ はこの根であるから，代数的数である．

(3) $x=\sqrt{2}+\sqrt{3}+\sqrt{5}$ と置き，$x-\sqrt{5}=\sqrt{2}+\sqrt{3}$ の両辺を平方すれば，$x^2=2\sqrt{5}x+2\sqrt{6}$． この両辺を平方して，$x^4-20x^2-24=8\sqrt{30}x$． 更に，両辺を平方して，代数方程式 $x^8-40x^6+352x^4-960x^2+576=0$ を得る．

21 任意の実数 $x, y (x<y)$ に対して，$\delta=y-x$ と置けば，Archimedes の公理により，十分大きな正整数 n をとれば，$1<n\delta$ とすることが出来る．いま，nx を越えない最大の整数を m とすれば，$m \leqq nx < m+1$ であり，辺々を n で割れば，

$$\frac{m}{n} \leqq x < \frac{m+1}{n} = \frac{m}{n}+\frac{1}{n} < x+\delta=y. \quad \therefore\ x<\frac{m+1}{n}<y.$$

22 $\boldsymbol{R}$ が全順序集合であることを公理の一部とする立場もあり，この性質が，$\boldsymbol{R}$ と数直線との対応を可能にしているわけである．

23 $\sup A \neq \inf B$ とすれば，有理数の稠密性により，$\sup A$ と $\inf B$ の間に少なくとも一つの有理数 c が存在する．$\sup A < c < \inf B$ であるから，c は A にも B にも属さず，従って有理数ではありえない．これは矛盾である．従って，$\sup A=\inf B$ でなけ

ればならない．

24 (1) 整数全体を $0, 1, -1, 2, -2, \cdots$ と並べ，番号をつければよい．

(2) 正の有理数の場合を考えれば十分である．さて，正の有理数全体を分子＋分母の大きさによって，もし重複した数が現われたら除外することにし，

$$\frac{1}{1},\ \frac{2}{1},\ \frac{1}{2},\ \frac{3}{1},\ \frac{2}{2},\ \frac{1}{3},\ \cdots\left(\frac{2}{2}\text{ は }\frac{1}{1}\text{ に等しいので除外する}\right)$$

の如くに並べれば，自然数全体と 1-1 対応をつけることが出来る．

25 (1) いわゆる Cantor の**対角線論法**を用いる．開区間 $(0, 1)$ が可付番無限でないことを示せば十分である．そこで，この区間のすべての実数を無限小数で表わす．この場合，有限小数，例えば 0.5 は $0.4999\cdots$ と書かれる．仮に，可付番無限であると仮定すれば，対応

$$1 \longleftrightarrow 0.a_{11}a_{12}a_{13}\cdots$$
$$2 \longleftrightarrow 0.a_{21}a_{22}a_{23}\cdots$$
$$3 \longleftrightarrow 0.a_{31}a_{32}a_{33}\cdots$$
$$\cdots \qquad \cdots\cdots\cdots$$

を得る．しかし，一つの実数

$$x=0.x_1x_2x_3\cdots \quad (x_1 \neq a_{11},\ x_2 \neq a_{22},\ x_3 \neq a_{33}, \cdots)$$

をとれば，x は完成された筈の対応のどの実数とも異なるこの区間内の実数である．これは開区間 $(0, 1)$ が可付番無限であるという最初の仮定に矛盾する．以上によって，開区間 $(0, 1)$，従って実数全体の集合は可付番無限ではない．

(2) 折れ線

$$y=-x+\frac{1}{2}\left(0<x<\frac{1}{2}\right), \quad x-\frac{1}{2}\left(\frac{1}{2}\leqq x<1\right)$$

上の点の全体は，y 軸と平行な直線で射影すれば開区間 $(0, 1)$ と対等であり，点 $\left(\frac{1}{2}, \frac{1}{2}\right)$ を通る直線で射影すれば実数全体と対等である．

§2. 関　　数

—— A ——

1 定義域は $-\infty<x<\infty$．次に，2 次関数を標準形

$$f(x)=a\left(x+\frac{b}{2a}\right)^2-\frac{b^2-4ac}{4a}$$

に変形する．$\left(x+\dfrac{b}{2a}\right)^2\geqq 0$ であることに注意すれば，$x=-\dfrac{b}{2a}$ のとき $f(x)$ は最小 $(a>0)$ または最大 $(a<0)$ になることがわかる．従って，値域は $a>0$ のとき $-\dfrac{b^2-4ac}{4a}\leqq y$，$a<0$ のとき $y\leqq -\dfrac{b^2-4ac}{4a}$．

2　(1)　$f(3)=5$，$f(5)=9$，$f(6)=8$．従って，$f\circ f(3)=f(5)=9$．$f\circ f(5)=f(9)$，これは定義されていない．$f\circ f(6)=f(8)=0$．

(2)　$f\circ f$ の定義域は $2\leqq f(x)\leqq 8$ なる x の存在範囲である．従って，$2\leqq (x-2)(8-x)\leqq 8$ を解けば，$5-\sqrt{7}\leqq x\leqq 4$ または $6\leqq x\leqq 5+\sqrt{7}$．

(3)　$g(t)=f(1-2t)=\{(1-2t)-2\}\{8-(1-2t)\}=-(1+2t)(7+2t)$

(4)　$2\leqq 1-2t\leqq 8$ より，$-7/2\leqq t\leqq -1/2$．

(5)　$0\leqq f(x)\leqq 9$　∴ f は有界．関数 $f\circ f$, g はどちらも f の値域外の値はとりえないから有界である．

(6)　f は最大値 9，最小値 0 を持つ．$f\circ f(3)=f\circ f(7)=9$，$f\circ f(5-\sqrt{7})=f\circ f(5+\sqrt{7})=f\circ f(4)=f\circ f(6)=0$，また，

$$g(-2)=f(1+4)=f(5)=9,\quad g\left(-\frac{1}{2}\right)=g\left(-\frac{7}{2}\right)=0.$$

関数 $f\circ f$ および g の値域は f の値域を越えないから，9 および 0 はそれぞれ $f\circ f$ および g の最大値，最小値である．

3　$y=a^x$，$y=\log_a x$ が直線 $y=x$ に関して対称であることに注意して，これらのグラフを描けばよい．

4　(1)　真数>0 より，f の定義域は $x>0$．g の定義域は $-\infty<x<\infty$．次に，$h(x)=\log x^2-(\log x)^2$．h の定義域も真数>0 より，$x>0$．

(2)　$h(x)=0$ と置けば，$\log x(2-\log x)=0$．∴ $\log x=0$，または，$\log x=2$．∴ $x=1$ または $x=e^2$．

(3)　$h(x)>0$ と置けば，$\log x(2-\log x)>0$．∴ $0<\log x<2$．$\log x$ は単調増加関数であるから，$1<x<e^2$．

(4)　$h(x)=-(\log x-1)^2+1$．従って，$\log x=1$，すなわち，$x=e$ のとき，$h(x)$ は最大値 1 をとる．

5　根号の中$\geqq 0$ より，まず $x^2-1\geqq 0$．∴ $x\leqq -1$ または $x\geqq 1$．次に，$1-\sqrt{x^2-1}\geqq 0$ より，$-\sqrt{2}\leqq x\leqq \sqrt{2}$．両者の共通部分は，$-\sqrt{2}\leqq x\leqq -1$　または　$1\leqq x\leqq \sqrt{2}$．

6 (1) $y=\begin{cases}2x & (x\geqq 0)\\ 0 & (x<0)\end{cases}$ (2) $y=\begin{cases}0 & (x\geqq 0)\\ 2x & (x<0)\end{cases}$ (3) $y=\begin{cases}1 & (x>0)\\ -1 & (x<0)\end{cases}$

7 (1) $2x$ (2) 2^x (3) $\sin 2\pi x$ (4) $x(x-1)$

8 正数 x の整数部分を m，小数部分を α $(0<\alpha<1)$ とすれば，

$$[x]=[m+\alpha]=m,$$

$$-[-x]=-[-m-\alpha]=-[-m-1+1-\alpha]=-(-m-1)=m+1,$$

$$[x+0.5]=[m+0.5+\alpha]=[m+1+\alpha-0.5]=m+1\ (\alpha\geqq 0.5),\ m(\alpha<0.5).$$

従って，上より順に，切り捨て，切り上げ，四捨五入を表わす．

9 (1) $y=f(x)$ と $y=f(-x)$ は y 軸に関して対称である．従って，$f(x)=f(-x)$ ならば，グラフ全体が y 軸に関して対称になる．

(2) $y=f(x)$ と $y=-f(-x)$ は原点に関して対称であるから (1) と同様．

10 (1) $g(-x)=f(-x)+f(x)=g(x)$，$h(-x)=f(-x)-f(x)=-h(x)$．

(2) (1) の $g(x)$ と $h(x)$ を用いて，

$$f(x)=\frac{1}{2}g(x)+\frac{1}{2}h(x)$$

とすればよい．

11 (1) まず，$m\geqq 0$ に関する数学的帰納法によって，

$$f(x+ms)=f((x+s)+(m-1)s)=f(x+s)=f(x).$$

次に，$m=-n(n>0)$ のとき，前半により ns は周期になるから，

$$f(x+ms)=f(x-ns)=f((x-ns)+ns)=f(x).$$

以上によって，任意の整数 m に対して，ms は周期である．

(2) 基本周期を p とし，$s=pq+r$ $(0\leqq r<p$，q は整数) と置けば，s は周期であるから，$f(x+s)=f(x+pq+r)=f(x+r)=f(x)$．$p$ の最小性により，$r=0$．

$$\therefore\ s=pq.$$

12 (1), (2), (3) の各性質をすべて持つ．

13 $x=\dfrac{180}{\pi}\theta$，$l=r\theta$，$S=\dfrac{1}{2}r^2\theta$．

14 (1) $\cos(-x)=\cos x$，$\sin(-x)=-\sin x$．

(2) $\cos(x+2\pi)=\cos x$，$\sin(x+2\pi)=\sin x$，$\tan(x+\pi)=\tan x$． これらはいずれも三角関数の定義から容易に導かれる公式である．

15 原点を中心とする単位円において，動径 OP が x 軸の正方向となす角を θ とすれば，$\cos\theta=\cos(-\theta)=a$ であるから，$\cos x=a$ の一般解は $\pm\theta$ の一般角 $2n\pi\pm\theta$ で

ある．同様にして，$\sin\theta=\sin(\pi-\theta)=a$ であるから，$\sin x=a$ の一般解は $2n\pi+\theta$，$(2n+1)\pi-\theta$ であり，これはまとめて，$n\pi+(-1)^n\theta$ と表わされる．また，$\tan x=a$ の一般解は，$x=n\pi+\theta$（n は整数）．

—— **B** ——

16 (1) $\cos x=1/2$ より，前問を用いれば，$x=2n\pi\pm\pi/3$（n は整数）．

(2) 同様にして，$\sin x=1/2$ より，$x=n\pi+(-1)^n\pi/6$（n は整数）．

(3) $\tan x=1$ より，$x=n\pi+\pi/4$（n は整数）．

17 (1) $\cosh(-x)=\dfrac{e^{-x}+e^x}{2}=\cosh x$,

$$\sinh(-x)=\frac{e^{-x}-e^x}{2}=-\frac{e^x-e^{-x}}{2}=-\sinh x.$$

(2) $e^0=1$ を用いれば直ちに出る．

(3) $\cosh^2 x-\sinh^2 x=\dfrac{e^{2x}+2+e^{-2x}}{4}-\dfrac{e^{2x}-2+e^{-2x}}{4}=\dfrac{4}{4}=1.$

(4) $\cosh x-\sinh x=e^{-x}>0.$

18 (1) $\cosh^{-1}x$ の定義域は $x\geqq 1$ だけであるから，$\cosh^{-1}x$ は偶関数でも奇関数でもない．$\sinh^{-1}x$ は奇関数である．

(2) $\cosh^{-1}1=\log 1=0$，$\sinh^{-1}0=\log 1=0$.

(3) $y=\log(x+\sqrt{x^2+1})$ より $e^y=x+\sqrt{x^2+1}$．$e^y-x=\sqrt{x^2+1}$ の両辺を平方して，$e^{2y}-2xe^y-1=0$．これを x について解けば，

$$x=\frac{e^y-e^{-y}}{2}=\sinh y.$$

19 $x^2+2xy+2y_2=1$ を y について解けば，$y=(-x\pm\sqrt{2-x^2})/2$．従って，y は x の2価関数で，x の変域は $-\sqrt{2}\leqq x\leqq\sqrt{2}$，$y$ の変域は $-1\leqq y\leqq 1$ である．

§3. 関数の極限

—— **A** ——

1 (1) 4 (2) -1 (3) 32 (4) -8 (5) 1/3 (6) 4 (7) 2

(8) 1/2 (9) 1/4 (10) 2 (11) 1/12 (12) 1/4

2 (1) $\lim\limits_{x\to 0+}[x]=0$，$\lim\limits_{x\to 0-}[x]=-1$ (2) $\lim\limits_{x\to 0+}\dfrac{|x|}{x}=1$，$\lim\limits_{x\to 0-}\dfrac{|x|}{x}=-1$

(3) $\lim\limits_{x\to 0+}\dfrac{a}{x}=+\infty$，$\lim\limits_{x\to 0-}\dfrac{a}{x}=-\infty$.

3 (1) $|x^2-4|=|x-2|\,|x+2|=|x-2|\,|(x-2)+4|\leqq|x-2|(|x-2|+4)$

であるから，与えられた正数 ε に対して $\delta=\varepsilon/5$（<1 としてもよい）とすれば，$0<|x-2|<\varepsilon/5$ なる限り，$|x^2-4|<\varepsilon(1+4)/5=\varepsilon$.

(2) $x\neq2$ のとき，

$\left|\dfrac{x^2-4}{x-2}-4\right|=|x+2-4|=|x-2|$ であるから，$\delta=\varepsilon$ とすればよい.

(3) $x\neq1$ のとき，

$$\left|\frac{x-1}{\sqrt{x}-1}-2\right|=|\sqrt{x}+1-2|=|\sqrt{x}-1|<|\sqrt{x}-1|\,|\sqrt{x}+1|=|x-1|$$

であるから，$\delta=\varepsilon$ とすればよい.

(4) $x\neq1$ のとき，

$$\left|\frac{x^3-1}{x-1}-3\right|=|x^2+x-2|=|x-1|\,|x+2|\leqq|x-1|(|x-1|+3)$$

であるから，与えられた正数 ε に対して $\delta=\varepsilon/4$（<1 としてもよい）とすれば，$0<|x-1|<\varepsilon/4$ なる限り，$|x^2+x-2|<\varepsilon(1+3)/4=\varepsilon$.

4 任意の正数 M に対して，それに応じて適当な正数 δ を決め，$0<|x-x_0|<\delta$ ならば $f(x)>M$ と出来るとき，$\lim_{x\to x_0}f(x)=\infty$ と書く．また，任意の正数 ε に対して，それに応じて適当な正数 N を決め，$x>N$ ならば $|f(x)-l|<\varepsilon$ と出来るとき，$\lim_{x\to\infty}f(x)=l$ と書く.

(1) 与えられた正数 M に対して $\delta=1/\sqrt{M}$ とすれば，$0<|x|<1/\sqrt{M}$ なる限り，$\dfrac{1}{x^2}=\dfrac{1}{|x|^2}>M$.

(2) 与えられた正数 M に対して $\delta=2/\sqrt{M}$ とすれば，$0<|x-1|<2/\sqrt{M}$ なる限り，$\dfrac{4}{(x-1)^2}=\dfrac{4}{|x-1|^2}>M$.

(3) 与えられた正数 ε に対して $N=|a|/\varepsilon$ とすれば，$x>|a|/\varepsilon$ なる限り，$\left|\dfrac{a}{x}\right|=\dfrac{|a|}{x}<\varepsilon$.

(4) 与えられた正数 ε に対して $N=1/\sqrt[m]{\varepsilon}$ とすれば，$x>1/\sqrt[m]{\varepsilon}$ なる限り，$\dfrac{1}{x^m}<\varepsilon$.

5 (1) $\displaystyle\lim_{x\to1-}\frac{x^2-x}{|x-1|}=\lim_{x\to1-}\frac{x(x-1)}{-(x-1)}=-\lim_{x\to1-}x=-1$

(2) $\displaystyle\lim_{x\to2-}\frac{1}{(x-2)^3}=-\infty$

(3) $\displaystyle\lim_{x\to\infty}\sin\frac{1}{x}=\lim_{y\to0}\sin y=0$

(4) $\lim_{x\to\infty}\cos\frac{1}{x}=\lim_{y\to 0}\cos y=1$

(5) $\left|\sin\frac{1}{x}\right|<1$ であるから，$x\sin\frac{1}{x}\to 0 \quad (x\to 0)$.

(6) も同様にして 0.

6 もし，$\lim_{x\to x_0}f(x)=l$，$\lim_{x\to x_0}f(x)=m$ ならば，$l=m$ であることを証明する．仮定によって，任意に正数 ε が与えられたとき，それに応じて適当な正数 δ を定めて，$0<|x-x_0|<\delta$ なる限り，$|f(x)-l|<\varepsilon/2$，$|f(x)-m|<\varepsilon/2$ と出来る．従って，

$$|l-m|=|l-f(x)+f(x)-m|\leqq|l-f(x)|+|f(x)-m|<\frac{\varepsilon}{2}+\frac{\varepsilon}{2}=\varepsilon.$$

もし，$l\neq m$ ならば，$\varepsilon=|l-m|$ と与えれば $\varepsilon<\varepsilon$ と出来ることになり不合理である．従って，$l=m$ でなければならない．

7 (1) $a=1$，$b=0$ (2) $a=4$，$b=-5$

8 $\lim_{x\to x_0}f(x)=l$ であるから，任意に与えられた正数 ε に対し，適当な正数 δ を決め，$0<|x-x_0|<\delta$ なる限り $|f(x)-l|<\varepsilon$ と出来る．従って，

$$|f(x)|-|l|\leqq|f(x)-l|<\varepsilon<1$$

と出来る．

9 (1) $\frac{1-\cos x}{x}=\frac{(1-\cos x)(1+\cos x)}{x(1+\cos x)}=\frac{1-\cos^2 x}{x(1+\cos x)}=\frac{\sin^2 x}{x(1+\cos x)}$

$=\frac{\sin x}{x}\cdot\sin x\cdot\frac{1}{1+\cos x}$ であるから，

$$\lim_{x\to 0}\frac{1-\cos x}{x}=\lim_{x\to 0}\frac{\sin x}{x}\cdot\lim_{x\to 0}\sin x\cdot\lim_{x\to 0}\frac{1}{1+\cos x}=1\cdot 0\cdot\frac{1}{2}=0.$$

(2) $\lim_{x\to 0}\frac{\sin ax}{x}=a\lim_{x\to 0}\frac{\sin ax}{ax}=a.$

(3) $\lim_{x\to 0}\frac{\tan x}{x}=\lim_{x\to 0}\frac{\sin x}{x}\cdot\lim_{x\to 0}\frac{1}{\cos x}=1\cdot 1=1.$

(4) $\lim_{x\to 0}\frac{\sin^{-1}x}{x}=\lim_{y\to 0}\frac{y}{\sin y}=1.$

10 (1) $y=\log x$ と置けば，$x=e^y$．$\lim_{x\to 1}\frac{x-1}{\log x}=\lim_{y\to 0}\frac{e^y-1}{y}=1.$

(2) $y=a^x$ と置けば，$\log y=x\log a$．従って，

$$\lim_{x\to 0}\frac{a^x-1}{x}=\lim_{y\to 1}\frac{y-1}{\log y/\log a}=\log a\cdot\lim_{y\to 1}\frac{y-1}{\log y}=\log a.$$

(3) $\lim_{x\to 0}\frac{a^x-b^x}{x}=\lim_{x\to 0}\left(\frac{a^x-1}{x}-\frac{b^x-1}{x}\right)=\lim_{x\to 0}\frac{a^x-1}{x}-\lim_{x\to 0}\frac{b^x-1}{x}=\log a-\log b$

$=\log\frac{a}{b}$.

11 (1) $\lim_{x\to 0}\frac{\tan^2 x}{x^2}=\lim_{x\to 0}\frac{\tan x}{x}\cdot\lim_{x\to 0}\frac{\tan x}{x}=1$.

(2) $\lim_{x\to 0}\frac{\sin 2x}{\sin x}=2\lim_{x\to 0}\frac{\sin 2x}{2x}\cdot\lim_{x\to 0}\frac{x}{\sin x}=2$

(3) $\lim_{x\to 0}\frac{1-\cos x}{x^2}=\lim_{x\to 0}\frac{2\sin^2(x/2)}{x^2}=\frac{1}{2}\lim_{x\to 0}\frac{\sin(x/2)}{x/2}\cdot\lim_{x\to 0}\frac{\sin(x/2)}{x/2}=\frac{1}{2}$.

―― **B** ――

12 (1) $h(x)=f(x)-g(x)$ と置けば，仮定によって定点 x_0 のある δ 近傍内の各点 $x\neq x_0$ に対して $h(x)\geqq 0$．$\lim_{x\to x_0}h(x)=l$ なるとき $l\geqq 0$ を示す．任意に与えられた正数 ε に対して，それに応じて適当な正数 δ を決めて，

$0<|x-x_0|<\delta$ なる限り $|h(x)-l|<\varepsilon$

と出来る．仮に，$l<0$ とすれば，$0<-l<h(x)-l=|h(x)-l|<\varepsilon$．$\therefore\ -l<\varepsilon$．$\varepsilon$ は任意にとれるから，このような定数 l の存在は不合理である．

(2) $f(x)=|x|$，$g(x)=x/2$ と置けば，$x\neq 0$ のとき $g(x)<f(x)$．しかるに，$\lim_{x\to 0}(x/2)=\lim_{x\to 0}|x|=0$．従って，等号は除外できない．

13 前問より，$\lim_{x\to x_0}g(x)\leqq\lim_{x\to x_0}f(x)\leqq\lim_{x\to x_0}h(x)$．両端が l だから $\lim_{x\to x_0}f(x)=l$.

14 単位円周上に弧長 x（ラジアン）をとれば明らかなように，

$\sin x<x<\tan x\ \left(0<x<\frac{\pi}{2}\right)$，　$\sin x>x>\tan x\ \left(-\frac{\pi}{2}<x<0\right)$.

各辺を $\sin x$（第2式では $\sin x<0$ であることに注意）で割って逆数をとれば，どちらの場合でも，

$\cos x<\frac{\sin x}{x}<1$

を得る．従って，絞り出し法により，$\lim_{x\to 0}\frac{\sin x}{x}=1$.

15 (1) 4　(2) 4　(3) 1　(4) 1　(5) 1　(6) 1　(7) 1

(8) 1　(9) 2

16 (1) 原点Oのある δ 近傍内で，

$\left|\frac{f(x)}{x^n}\right|<c_1$，$\left|\frac{g(x)}{x^n}\right|<c_2$ だから，$\left|\frac{f(x)+g(x)}{x^n}\right|\leqq\left|\frac{f(x)}{x^n}\right|+\left|\frac{g(x)}{x^n}\right|<c_1+c_2$.

(2) $\lim_{x\to 0}\frac{f(x)}{x^m}=l\ (l\neq 0)$ であるから，任意に与えられた正数 ε に対し適当な正数 δ

を決め，$0<|x|<\delta$ なる限り $\left|\dfrac{f(x)}{x^m}-l\right|<\varepsilon$ と出来る．従って，

$$\left|\frac{f(x)}{x^n}\right|=\left|\frac{f(x)}{x^m}\right||x^{m-n}|=\left|\frac{f(x)}{x^m}-l+l\right||x^{m-n}|\leqq\left\{\left|\frac{f(x)}{x^m}-l\right|+|l|\right\}|x^{m-n}|$$

$<(\varepsilon+|l|)\delta^{m-n}$．従って，$\left|\dfrac{f(x)}{x^n}\right|$ は有界である．

(3) $\left|\dfrac{f(x)}{x^n}\right|<c_1$，$\left|\dfrac{g(x)}{x^m}\right|<c_2$ ならば，$\left|\dfrac{f(x)g(x)}{x^{n+m}}\right|=\left|\dfrac{f(x)}{x^n}\right|\left|\dfrac{g(x)}{x^m}\right|<c_1c_2$.

(4) $0<|x|<\delta$ ならば，$k<n$ のとき，

$$\left|\frac{a_{k+1}x^{k+1}+a_{k+2}x^{k+2}+\cdots+a_nx^n}{x^{k+1}}\right|\leqq|a_{k+1}|+|a_{k+2}|\,|x|+\cdots+|a_n|\,|x^{n-k-1}|$$

$\leqq|a_{k+1}|+|a_{k+2}|\delta+\cdots+|a_n|\delta^{n-k-1}$.

17 (1) $\lim_{x\to x_0}f(x)=l$，$\lim_{x\to x_0}g(x)=m$ であるから，任意に与えられた正数 ε に対して，適当な正数 δ を決め，$0<|x-x_0|<\delta$ なる限り $|f(x)-l|<\varepsilon/2$，$|g(x)-m|<\varepsilon/2$ と出来る．そのとき，

$$|f(x)+g(x)-l-m|\leqq|f(x)-l|+|g(x)-m|<\frac{\varepsilon}{2}+\frac{\varepsilon}{2}=\varepsilon.$$

$$\therefore\ \lim_{x\to x_0}\{f(x)+g(x)\}=l+m.$$

(2) (1) と同じ条件のもとに，

$$|f(x)-g(x)-l+m|\leqq|f(x)-l|+|m-g(x)|<\frac{\varepsilon}{2}+\frac{\varepsilon}{2}=\varepsilon.$$

$$\therefore\ \lim_{x\to x_0}\{f(x)-g(x)\}=l-m.$$

(3) 仮定により，任意に与えられた正数 ε に対して，適当な正数 δ を決め，$0<|x-x_0|<\delta$ なる限り，

$$|f(x)-l|<\frac{1}{2}\,\frac{\varepsilon}{|m|},\quad |g(x)-m|<\frac{1}{2}\,\frac{\varepsilon}{|l|+1},\quad |f(x)|<|l|+1$$

と出来る．従って，

$$|f(x)g(x)-lm|=|f(x)g(x)-f(x)m+f(x)m-lm|\leqq|f(x)|\,|g(x)-m|$$

$$+|f(x)-l|\,|m|<(|l|+1)\frac{1}{2}\,\frac{\varepsilon}{|l|+1}+\frac{1}{2}\,\frac{\varepsilon}{|m|}|m|=\frac{\varepsilon}{2}+\frac{\varepsilon}{2}=\varepsilon.$$

(4) $\lim_{x\to x_0}g(x)=m$ であるから，任意に与えられた正数 ε に対して，適当な正数 δ を決め，$0<|x-x_0|<\delta$ なる限り，

$$|g(x)-m|<|m|/2,\ かつ,\ |g(x)-m|<\varepsilon|m|^2/2$$

と出来る．第1式から，$|m|-|g(x)|<|m|/2$，すなわち，$|g(x)|>|m|/2$．従って，

$$\left|\frac{1}{g(x)}-\frac{1}{m}\right|=\frac{|m-g(x)|}{|g(x)|\,|m|}=\frac{1}{|g(x)|}\,\frac{|g(x)-m|}{|m|}\leqq\frac{2}{|m|}\,\frac{\varepsilon|m|}{2}=\varepsilon.$$

$$\therefore\ \lim_{x\to x_0}\frac{1}{g(x)}=\frac{1}{m}.$$

(5) (3)において $g(x)=c$（定数関数）と置けばよい．

§4. 関数の連続

—— A ——

1 (1) $f(\sqrt{2})$，$f(\pi)$ は0，他は1．

(2) 点 x を x_0 にどれほど近くとろうとも，一方を有理数，他方を無理数にとれば，$|f(x)-f(x_0)|=1$ となり，$\lim_{x\to x_0}f(x)=f(x_0)$ にはならない．

2 (1) $\lim_{x\to 0+}[x]=0$，$\lim_{x\to 0-}[x]=-1$，$[0]=0$．従って，関数 $[x]$ は $x=0$ において右側連続ではあるが，左側連続ではない．従って，$x=0$ において連続ではない．

(2), (3) $f(0)$ は存在しない．従って，$x=0$ で不連続．

3 (1) $-1, 3$ (2) 1 (3) $0, 1$ (4) 不連続点なし (5) 0 (6) 0 (7) 0 (8) 0 (9) $(n+1/2)\pi$（n 整数）

4 (6), (7) $f(0)=0$ とすれば除去可能 (8) $f(0)=1$ とすれば除去可能

5 任意の正数 ε に対して，それに応じて適当な正数 δ を決め，

$|x-x_0|<\delta$ なる限り $|f(x)-f(x_0)|<\varepsilon$

が成立つように出来るとき，関数 f は $x=x_0$ で連続である．

6 $|x^2-4|=|x-2|\,|x+2|\leqq|x-2|(|x-2|+4)$ であるから，与えられた正数 ε に対して $\delta=\varepsilon/15$（<1 としてもよい）とすれば，

$|x-2|<\dfrac{\varepsilon}{15}$ なる限り，$|3x^2-3\cdot 4|=3|x^2-4|<\dfrac{3\varepsilon}{15}(1+4)=\varepsilon$.

7 仮定によって $\lim_{x\to x_0}f(x)=f(x_0)$，$\lim_{x\to x_0}g(x)=g(x_0)$ であるから，

$$\lim_{x\to x_0}\{f(x)+g(x)\}=f(x_0)+g(x_0).$$

差，積，商についても同様である．なお，§3, 問17によって，ε-δ 法による証明も可能である．

8 仮定によって $\lim_{x\to x_0}f(x)=f(x_0)=y_0$，$\lim_{y\to y_0}g(y)=g(y_0)=g\circ f(x_0)$ であるから，$\lim_{x\to x_0}g\circ f(x)=g\circ f(x_0)$.

9 $\lim_{x\to x_0}f(x)=f(x_0)$ において，$x=x_0+h$ と置けばよい．

10 (1) $x_0>0$ に対して $\lim_{x\to x_0}\frac{1}{x}=\frac{1}{x_0}$ (2) $x_0>0$ に対して $\lim_{x\to x_0}\log x=\log x_0$

11 $h(x)=f(x)-g(x)$ と置けば，$h(x)$ は $[a,b]$ で連続で，$h(a)>0$，$h(b)<0$．従って，$h(c)=0$ となる点 c がこの区間内に存在する．

12 (1) $f(x)=x^4-40+x$ と置けば，$f(2)=-22<0$，$f(3)=44>0$．

$\therefore$ $f(x)=0$ は $2<x<3$ なる範囲で実数解を持つ．

(2) $f(x)=\log_{10}(x-1)-3+x$ と置く．$f(2)=-1<0$，$f(3)=\log_{10}2>0$．

$\therefore$ $f(x)=0$ は $2<x<3$ なる範囲で実数解を持つ．

13 $f(x)=\sin x-x\cos x$ と置く．$f(\pi)=\pi>0$，$f(3\pi/2)=-1<0$．

$\therefore$ $f(x)=0$ は $\pi<x<3\pi/2$ なる範囲で実数解を持つ．

14 (1) 連続 (2) 連続 (3) 左側連続 (4) 右側連続

15 任意の点 x_0 で $\lim_{x\to x_0}\sin x=\sin x_0$ (ε-δ 法による証明も試みよ)．

16 任意の点 x_0 で $\lim_{x\to x_0}a^x=a^{x_0}$ (ε-δ 法による証明も試みよ)．

17 まず，関数 $f(x)=x$ は全区間で連続である．何故なら，任意の正数 ε に対して $\delta=\varepsilon$ と置けば，$|x-x_0|<\delta$ なる限り $|f(x)-f(x_0)|=|x-x_0|<\varepsilon$．次に，連続関数の積は連続であるから，$a_kx^k$ $(k=0,1,\cdots,n)$ も連続である．従って，その和 $a_0+a_1x+a_2x^2+\cdots+a_nx^n$ も連続である．

—— **B** ——

18 $h(x)=f(x)-g(x)$ と置けば，$h(x)$ は区間 S で連続で，任意の有理数に対して $h(x)=0$．いま，任意の無理数 x_0 に対して，仮に $h(x_0)\neq 0$ とすれば，点 x_0 の δ 近傍で，それに属する点 x に対しては $h(x)\neq 0$ となるものが存在する．有理数の稠密性によりいかなる δ 近傍にも少なくとも一つの有理数は属するから，これは矛盾である．従って，$h(x_0)=0$ でなければならない．

19 (1) $y=0$ を代入すれば，$f(x)=f(x)+f(0)$．$\therefore$ $f(0)=0$．次に，$y=h$ を十分小さくとれば，$\lim_{h\to 0}\{f(x+h)-f(x)\}=\lim_{h\to 0}f(h)=f(0)=0$．従って，関数 f はすべての x で連続である．

(2) まず，任意の正整数 n に対して，$f(nx)=nf(x)$ であることを n に関する数学的帰納法によって証明する．$n=1$ のときは明らかに正しい．$n-1$ のとき正しいとすれば，$f(nx)=f(x+(n-1)x)=f(x)+f((n-1)x)=f(x)+(n-1)f(x)=nf(x)$．

$\therefore$ 任意の正整数 n に対して，$f(nx)=nf(x)$．

次に，条件式で $y=-x$ と置けば，$f(0)=f(x)+f(-x)$．$\therefore$ $f(-x)=-f(x)$．従

って，n が負の整数のときも $f(nx)=nf(x)$ は成立つ．そこで，m, n を任意の整数（$n\neq0$）とするとき，

$$mf(x)=f(mx)=f\left(n\cdot\frac{m}{n}x\right)=nf\left(\frac{m}{n}x\right). \quad \therefore\ f\left(\frac{m}{n}x\right)=\frac{m}{n}f(x).$$

従って，任意の有理数 k に対して，$f(kx)=kf(x)$．

(3) 問19により，もし関数 f が連続ならば，任意の実数 k に対しても $f(kx)=kf(x)$ である．従って，$f(x)=xf(1)=ax$．但し，$a=f(1)$．

20 (1) $\tan x$ は $x=\pm\pi/2$ で左右の極限を持たない．従って，$[-\pi, \pi]$ で区分的に連続とはいえない．

(2) $[-\pi, \pi]$ で区分的に連続である．

21 $f(a)<l<f(b)$ とする．この場合，$f(a)>l>f(b)$ としても同様に証明できる．さて，$g(x)=l-f(x)$ と置く．$g(x)\geqq0$ となる閉区間 $S=[a, b]$ の点 x の集合を A とする．a は A の点だから，A は空ではない．A は S の部分だから上に有界である．従って，上限 c（$a\leqq c\leqq b$）を持つ．ここで，仮に $g(c)>0$ とすれば，$c\neq b$ であり，関数 f は $x=c$ で連続だから，c に十分近い $x>c$ に対して $g(x)>0$ となる．これは c が A の上限であることに反する．また，仮に $g(c)<0$ とすれば，$c\neq a$ であり，やはり f の連続性により，c に十分近い $x<c$ に対して $g(x)<0$ となる．これは c が A の最小の上界であることに反する．$\therefore\ g(c)=0$．$\therefore\ f(c)=l$．

22 閉区間の連続関数 f による像は最大値と最小値を持ち，しかも中間値の定理により，その間の任意の値をとるからである．

23 $f(x)=(x^n-1)\cos x+\sqrt{2}\sin x-1$ と置く．$f(x)$ は開区間 $(0,1)$ で連続で，$f(0)=-2<0$，$f(1)=\sqrt{2}\sin 1-1$．ところで，

$$\sin 1>\sin\frac{\pi}{4}=\frac{1}{\sqrt{2}}. \qquad \therefore\ f(1)>0. \qquad \therefore\ \text{この区間で実数解を持つ．}$$

24 (1) $f(x)=x$ $(|x|>1)$，0 $(|x|<1)$，$1/2$ $(x=1)$，確定しない $(x=-1)$．従って，$x=\pm1$ で不連続である．

(2) $f(x)=-1$ $(|x|>1)$，1 $(|x|<1)$，0 $(x=1)$，確定しない $(x=-1)$．従って，$x=\pm1$ で不連続である．

25 正数 δ が与えられた正数 ε だけではなく点 x にも依存することをさまたげない場合が〝連続〟であり，ε だけに依存する場合が〝一様連続〟である．従って，一様連続ならば連続であり，逆は必らずしも成立しない．

26 開区間 $(0,1)$ の2点 x_1, x_2 に対して，

$$|x_1{}^2-x_2{}^2|=|x_1-x_2||x_1+x|<|x_1-x_2|(1+1)=2|x_1-x_2|.$$

従って，$\delta=\varepsilon/2$（x には依存しない）と置けば，$|x_1-x_2|<\delta$ なる限り，$|x_1{}^2-x_2{}^2|<\varepsilon$.

27 (1) 仮に一様連続であるとすれば，任意に与えられた正数 ε に対して，ε のみに依存する正数 δ を決めて，区間 $(0,1)$ 内の任意の 2 点 x_1, x_2 に対し，$|x_1-x_2|<\delta$ なる限り $|f(x_1)-f(x_2)|<\varepsilon$ と出来る．いま，$x_1=\delta$，$x_2=\delta/(1+\varepsilon)$ とすれば，

$$|x_1-x_2|=\left|\delta-\frac{\delta}{1+\varepsilon}\right|=\frac{\varepsilon\delta}{1+\varepsilon}<\delta.$$

しかるに，

$$\left|\frac{1}{x_1}-\frac{1}{x_2}\right|=\left|\frac{1}{\delta}-\frac{1+\varepsilon}{\delta}\right|=\frac{\varepsilon}{\delta}>\varepsilon\ (\because\ \delta<1).$$ これは矛盾である．

(2) n が大なら，$\left|\dfrac{1}{n\pi}-\dfrac{1}{(n+1/2)\pi}\right|$ はいくらでも小さくなるのに，

$$\left|f\left(\frac{1}{n\pi}\right)-f\left(\frac{1}{(n+1/2)\pi}\right)\right|=\left|\sin n\pi-\sin\left(n+\frac{1}{2}\right)\pi\right|=1.$$

従って，f は区間 $(0,1)$ で一様連続ではない．

28 f を閉区間 S で連続な関数とすれば，任意に与えられた正数 ε と S の点 x_i に対して，適当な正数 δ_i（ε と x_i に依存する）を選び，$x\in S$，$|x-x_i|<\delta_i$ ならば $|f(x)-f(x_i)|<\varepsilon/2$ と出来る．このとき，点 x_i の $\delta_i/2$ 近傍を S_i と置く．S は閉区間だから，このような有限個の点 x_i の $\delta_i/2$ 近傍 S_i $(i=1,2,\cdots,n)$ で S を被うことが出来る．さて，ここで，

$$\delta=\frac{1}{2}\,\mathrm{Min}\{\delta_1,\delta_2,\cdots\delta_n\}$$

と置けば，この δ は ε にのみ依存し，もはや S の点 x には依存しない．いま，$|x-y|<\delta$ をみたす S の任意の 2 点 x, y が与えられたとする．x はある S_i に属するから，$|x-x_i|<\delta_i/2<\delta_i$. $\therefore$ $|f(x)-f(x_i)|<\varepsilon/2$. また，

$$|y-x_i|=|y-x+x-x_i|\leqq|y-x|+|x-x_i|<\delta+\frac{\delta_i}{2}\leqq\frac{\delta_i}{2}+\frac{\delta_i}{2}=\delta_i.$$

$\therefore$ $|f(y)-f(x_i)|<\dfrac{\varepsilon}{2}$. $\therefore$ $|f(x)-f(y)|\leqq|f(x)-f(x_i)|+|f(x_i)-f(y)|<\dfrac{\varepsilon}{2}+\dfrac{\varepsilon}{2}=\varepsilon$.

以上によって，f は S で一様連続である．

29 $\dfrac{1}{x}$，$\sin\dfrac{1}{x}$ はいずれも閉区間 $[a,1]$ で連続である．従って，Heine の定理によりこの区間で一様連続である．従って，半開区間 $[a,1)$ でも一様連続である．

30 与えられた関数はいずれも全区間で連続である．従って，任意の閉区間 $[a,b]$ で連続であるから，Heine の定理によりこの区間で一様連続である．従って，開区間 (a,b)

でも一様連続である．

31 二つの関数f, gが共に区間Sで一様連続ならば，$f(x)$と$g(x)$の和，差，積，商で定義される関数の連続性の証明（§3，問17）において，それぞれ正数δがεのみに依存してSの点xには依存しないようにとれるからである．

§5. 数列と級数

—— A ——

1 (1) $\dfrac{3}{5}$ (2) 0 (3) $\dfrac{16}{81}$ (4) 0 (5) $\dfrac{1}{2}$ (6) 3

2 (1) $u_{n+1}-u_n=\dfrac{2(n+1)-7}{3(n+1)+2}-\dfrac{2n-7}{3n+2}=\dfrac{25}{(3n+5)(3n+2)}>0$ $(n>0)$．従って，この数列は単調増加（強増加）である．

(2) $\dfrac{2n-7}{3n+2}=\dfrac{2}{3}-\dfrac{25}{3(3n+2)}<\dfrac{2}{3}$ $(n>0)$． ∴ 上に有界である．

(3) 上に有界な単調増加数列は収束する．実際，$\lim\limits_{n\to\infty}u_n=2/3$．

3 任意の正数εに対して，それに応じて適当な正数Nを決め，$n>N$ならば$|u_n-l|<\varepsilon$（lは定数）と出来るとき，lを無限数列$\{u_n\}$の極限であるといい，$\lim\limits_{n\to\infty}u_n=l$と書く．

(1) $x\neq 0$の場合を証明すればよい．任意に与えられた正数εに対して，$n>\dfrac{\log_{10}\varepsilon}{\log_{10}|x|}=N$と置けば，$0<|x|<1$なるとき，$n\log_{10}|x|<\log_{10}\varepsilon$であるから，$|x^n|=|x|^n<\varepsilon$．

(2) 任意に与えられた正数εに対して，$n>\varepsilon^{-1/m}=N$と置けば，$|1/n^m|<\varepsilon$．

4 2項定理により正整数nに対して，

$$u_n=\left(1+\frac{1}{n}\right)^n=1+n\frac{1}{n}+\frac{n(n-1)}{2!}\frac{1}{n^2}+\cdots+\frac{n(n-1)\cdots(n-n+1)}{n!}\frac{1}{n^n}$$
$$=1+1+\frac{1}{2!}\left(1-\frac{1}{n}\right)+\frac{1}{3!}\left(1-\frac{1}{n}\right)\left(1-\frac{2}{n}\right)$$
$$+\cdots+\frac{1}{n!}\left(1-\frac{1}{n}\right)\left(1-\frac{2}{n}\right)\cdots\left(1-\frac{n-1}{n}\right).$$

この右辺の最初の2項を除く各項はnの増加関数であるから，数列$\{u_n\}$は単調増加数列である．しかも，次式によりそれは有界である．

$$\left(1+\frac{1}{n}\right)^n<1+1+\frac{1}{2!}+\frac{1}{3!}+\cdots+\frac{1}{n!}<1+1+\frac{1}{2}+\frac{1}{2^2}+\cdots+\frac{1}{2^{n-1}}<3.$$

5 (1) $\left(1-\dfrac{1}{n}\right)^{-n}=\left(\dfrac{n-1}{n}\right)^{-n}=\left(\dfrac{n}{n-1}\right)^n=\left(1+\dfrac{1}{n-1}\right)^n=\left(1+\dfrac{1}{n-1}\right)^{n-1}\left(1+\dfrac{1}{n-1}\right).$

$$\therefore \lim_{n\to\infty}\left(1-\frac{1}{n}\right)^{-n}=e.$$

(2) $x=0$ のときは確かに成立つから $x\neq 0$ として証明すればよい．

$$\lim_{n\to\infty}\left(1+\frac{x}{n}\right)^n=\lim_{n\to\infty}\left\{\left(1+\frac{1}{n/x}\right)^{n/x}\right\}^x=e^x.$$

6 $\displaystyle\lim_{n\to\infty}\left(1-\frac{1}{n^2}\right)^n=\lim_{n\to\infty}\left(1-\frac{1}{n}\right)^n\left(1+\frac{1}{n}\right)^n=\lim_{n\to\infty}\frac{(1+1/n)^n}{(1-1/n)^{-n}}=\frac{e}{e}=1.$

7 (1) $u_1=1$，$u_2=\sqrt{3u_1}=3^{1/2}$，$u_3=\sqrt{3u_2}=3^{1/2+1/4}$．以下同様にして，

$$u_{n+1}=3^{1/2+1/4\cdots+1/2^n}=3^{1-1/2^n}\ (n=1,2,\cdots).$$

(2) $\displaystyle\lim_{n\to\infty}u_n=3.$

8 (1) $2u_{n+2}-3u_{n+1}+u_n=0$ を変形して，$u_{n+2}-u_{n+1}=(u_{n+1}-u_n)/2$ とすれば，これは $\{u_n\}$ の階差数列 $\{v_n\}$，$v_n=u_{n+1}-u_n$ が公比 $1/2$ の等比数列であることを示している．$v_1=u_2-u_1=1$ であるから，$v_n=1/2^{n-1}$ $(n=1,2,\cdots)$．従って，

$$u_n=u_1+\sum_{k=1}^{n-1}v_k=1+\frac{1}{2}+\frac{1}{2^2}+\cdots+\frac{1}{2^{n-2}}=2-\frac{1}{2^{n-2}}\ (n=2,3,\cdots).$$

(2) $\displaystyle\lim_{n\to\infty}u_n=2.$

(3) $\displaystyle u_1+u_2+\cdots+u_n-2n=\sum_{k=1}^{n}\left(2-\frac{1}{2^{k-2}}\right)-2n=-\sum_{k=1}^{n}\frac{1}{2^{k-2}}=-4+\frac{1}{2^{n-2}}.$

$$\therefore \lim_{n\to\infty}(u_1+u_2+\cdots+u_n-2n)=-4.$$

9 n に関する数学的帰納法によって，$a_{n-1}<a_n<b_n<b_{n-1}$ を証明する．実際，$a_1<b_1$．n のとき正しいとすれば，$a_n<\sqrt{a_nb_n}<(a_n+b_n)/2<b_n$．　$\therefore\ a_n<a_{n+1}<b_{n+1}<b_n$．従って，任意の正整数 n に対して，

$$a_1<a_2<\cdots<a_{n+1}<a_n<b_n<b_{n-1}<\cdots<b_2<b_1.$$

数列 $\{a_n\}$ は単調増加で上に有界であるから極限 α を持つ．また，数列 $\{b_n\}$ は単調減少で下に有界であるから極限 β を持つ．このとき，

$$\beta=\lim_{n\to\infty}b_{n+1}=\lim_{n\to\infty}\frac{1}{2}(a_n+b_n)=\frac{1}{2}\lim_{n\to\infty}a_n+\frac{1}{2}\lim_{n\to\infty}b_n=\frac{\alpha}{2}+\frac{\beta}{2}.\qquad \therefore\ \alpha=\beta.$$

10 (1) $\displaystyle 1^2+2^2+\cdots+n^2=\frac{1}{6}n(n+1)(2n+1),\qquad 1^3+2^3+\cdots+n^3=\frac{1}{4}n^2(n+1)^2$

を用いる．

$$\lim_{n\to\infty}\frac{(1^2+2^2+\cdots+n^2)^4}{(1^3+2^3+\cdots+n^3)^3}=\lim_{n\to\infty}\frac{4^3n^4(n+1)^4(2n+1)^4}{6^4n^6(n+1)^6}=\frac{4^3\cdot 2^4}{6^4}=\frac{4^3}{3^4}.$$

(2) (イ) $|x|<1$ のとき，与式$=\dfrac{0+0}{0+1}=0$.

(ロ) $|x|>1$ のとき，与式$=\lim_{n\to\infty}\dfrac{2+\sin\pi x^n/x^n}{2+\cos\pi x^n/x^n}=\dfrac{2+0}{2+0}=1$.

(ハ) $x=1$ のとき，与式$=\lim_{n\to\infty}\dfrac{2+0}{2-1}=2$.

(ニ) $x=-1$ のとき，与式は 2(n 偶数) 又は $\dfrac{2}{3}$ (n 奇数) に振動する.

11 (イ) $0\leqq\theta<\pi/4$ のとき，$\cos\theta\neq0$，$0\leqq\tan\theta<1$. 分子分母を $\cos^n\theta$ で割って，

$$与式=\lim_{n\to\infty}\frac{a\sin\theta\tan^n\theta+b\cos\theta}{a\tan^n\theta+b}=\frac{b\cos\theta}{b}=\cos\theta.$$

(ロ) $\pi/4<\theta\leqq\pi/2$ のとき，$\sin\theta\neq0$，$0\leqq\cot\theta<1$. 分子分母を $\sin^n\theta$ で割って，

$$与式=\lim_{n\to\infty}\frac{a\sin\theta+b\cos\theta\cot^n\theta}{a+b\cot^n\theta}=\frac{a\sin\theta}{a}=\sin\theta.$$

(ハ) $\theta=\dfrac{\pi}{4}$ のとき，$\sin\dfrac{\pi}{4}=\cos\dfrac{\pi}{4}=\dfrac{1}{\sqrt{2}}$. 与式に代入して，$\dfrac{1}{\sqrt{2}}$.

12 $p>1$ であるから，$0<1/p<1$. 従って，

(1) $\lim_{n\to\infty}\dfrac{n}{p^n}=\lim_{n\to\infty}n\left(\dfrac{1}{p}\right)^n=0$.

(2) $pS_n=1+\dfrac{2}{p}+\dfrac{3}{p^2}+\cdots+\dfrac{n}{p^{n-1}}$，$pS_n-S_n=1+\dfrac{1}{p}+\dfrac{1}{p^2}+\cdots+\dfrac{1}{p^{n-1}}-\dfrac{n}{p^n}$.

$\therefore\ S_n=\dfrac{1}{p-1}\left\{\dfrac{1-1/p^n}{1-1/p}-\dfrac{n}{p^n}\right\}$. $\quad\therefore\ \lim_{n\to\infty}S_n=\dfrac{1}{p-1}\ \dfrac{1}{1-1/p}=\dfrac{p}{(p-1)^2}$.

13 (1) a が有限小数であるならば，$a=0.a_1a_2\cdots a_n=\dfrac{a_1a_2\cdots a_n}{10^n}$ と書ける. この分子分母の公約数を簡約しても，分母には 2 と 5 以外の因数は現われない. 逆に，分母が 2 と 5 以外の素因数を持たない既約分数は，その分子分母に適当な数(2 または 5 の累乗)をかけることによって，分母を 10^n の形にすることが出来る. 従って，それは有限小数となる.

(2) $0.\dot{a}_1a_2\cdots\dot{a}_n=0.a_1a_2\cdots a_n+0.00\cdots0a_1a_2\cdots a_n+\cdots$.

これは初項 $0.a_1a_2\cdots a_n$，公比 $0.0\cdots01=1/10^n$ の無限等比級数の和である.

(3) $0.c_1c_2\cdots c_m\dot{a}_1a_2\cdots\dot{a}_n=0.c_1c_2\cdots c_m+0.0\cdots0a_1a_2\cdots a_n+\cdots$. これは定数 $0.c_1c_2\cdots c_m$ と，初項 $0.0\cdots0a_1a_2\cdots a_n$，公比 $0.0\cdots1$ の無限等比級数の和である.

—— **B** ——

14 仮定により，任意に与えられた正数 ε に対して，適当な正数 N を選び，$n>N$ なる限り，$|u_n-l|<\varepsilon/2$ と出来る．このとき，

$$\left|\frac{u_1+u_2+\cdots+u_n}{n}-l\right|=\left|\frac{(u_1-l)+(u_2-l)+\cdots+(u_n-l)}{n}\right|$$

$$\leqq\frac{|(u_1-l)+(u_2-l)+\cdots+(u_N-l)|}{n}+\frac{|u_{N+1}-l|+|u_{N+2}-l|+\cdots+|u_n-l|}{n}$$

この右辺の第1項は N に対して n を十分大きくとれば $\varepsilon/2$ より小さく出来る．また，

$$\text{第 2 項}<\frac{\varepsilon/2+\varepsilon/2+\cdots+\varepsilon/2}{n}=\frac{\varepsilon}{2}$$

であるから，$\left|\dfrac{u_1+u_2+\cdots+u_n}{n}-l\right|<\dfrac{\varepsilon}{2}+\dfrac{\varepsilon}{2}=\varepsilon.$

15 仮定により，任意に与えられた正数 ε に対して，適当な正数 N を選び，$n>N$ なる限り $||u_n|-0|=|u_n-0|=|u_n|<\varepsilon$ と出来る．これは $\lim_{n\to\infty}u_n=0$ であることを示している．逆も成立つ．

16 (1) 任意に与えられた正数 ε に対して，

$N=\left(\dfrac{|x|}{\varepsilon}\right)^{1/m}$ と選べば，$n>N$ なる限り，$\left|\dfrac{x}{n^m}\right|<\dfrac{|x|}{N^m}=\varepsilon.$

(2) $u_n=|x|^n/n!$ と置き，$\lim_{n\to\infty}u_n=0$ なることを示せばよい．この場合，$x=0$ のときは明らかに成立つから，$x\neq 0$ として証明してよい．しからば，$\dfrac{u_n}{u_{n-1}}=\dfrac{|x|}{n}$ である．いま，N を $2|x|+1$ を越えない最大の整数とし，$n>N$ とすれば，

$$\frac{u_{N+1}}{u_N}<\frac{1}{2},\quad \frac{u_{N+2}}{u_{N+1}}<\frac{1}{2},\quad \cdots,\quad \frac{u_n}{u_{n-1}}<\frac{1}{2}.$$

これらの不等式の辺々を乗ずれば，

$$\frac{u_n}{u_N}<\left(\frac{1}{2}\right)^{n-N}.\quad \therefore\ u_n<\left(\frac{1}{2}\right)^{n-N}u_N.$$

$\lim_{n\to\infty}\left(\dfrac{1}{2}\right)^{n-N}=0$ であるから，$\lim_{n\to\infty}u_n=0$ を得る．

17 $S_n=1+\dfrac{1}{2}+\dfrac{1}{3}+\cdots+\dfrac{1}{n}$ と置く．しからば，n を如何ほど大きくとろうとも，

$$\left|S_{2n}-S_n\right|=\frac{1}{n+1}+\frac{1}{n+2}+\cdots+\frac{1}{n+n}>\frac{1}{2n}+\frac{1}{2n}+\cdots+\frac{1}{2n}=\frac{1}{2}.$$

これは Cauchy の収束判定条件をみたさない．

18 定数 l が数列 $\{u_n\}$ の集積点であるとは，任意に与えられた正数 ε に対して，l の ε 近傍がこの数列の l 以外の項を少なくとも一つ含むことである．

(1) 数列 $\{u_n\}$ が極限 l に収束するならば，l が唯一の集積点であり，逆も正しい．

(2) この条件があれば，l が集積点であることは明らかである．更に，どの数 $m>l$ も集積点にはなりえない．何故なら，正数 $\varepsilon<m-l$ に対して，$l+\varepsilon$ より大なる項 u_n（それは仮定より有限個しかない）と m の距離の中で最短のものを δ とすれば，m の δ 近傍はこの数列の m 以外の項を一つも含まない．従って，l は数列 $\{u^n\}$ の最大集積点である．

(3) も同様にして出来る．

19 上限，下限，上極限，下極限はそれぞれ次の通りである．なお，§1，問7参照．

(1) $1, 0, 0, 0$　(2) $\dfrac{2}{3}, 0.6, \dfrac{2}{3}, \dfrac{2}{3}$　(3) $\dfrac{1}{2}, -\dfrac{1}{3}, 0, 0$

20 (1) $\displaystyle\prod_{k=1}^{\infty}\left(1-\frac{1}{k+1}\right)=\prod_{k=1}^{\infty}\frac{k}{k+1}=\lim_{n\to\infty}\frac{1}{n+1}=0.$

(2) $\displaystyle\prod_{k=1}^{\infty}\left\{1-\left(\frac{1}{k+1}\right)^2\right\}=\prod_{k=1}^{\infty}\frac{k(k+2)}{(k+1)^2}=\lim_{n\to\infty}\frac{n+2}{2(n+1)}=\frac{1}{2}.$

21 (1) $\displaystyle\lim_{n\to\infty}u_{n+1}/u_n=l$ $(l<1)$ と置く．任意の正数 $\varepsilon<1-l$ に対して，適当な正数 N を定め，$n>N$ なる限り，$|u_{n+1}/u_n-l|<\varepsilon$ と出来る．従って，任意の正整数 m に対して，$0<u_{N+m}<u_N(l+\varepsilon)^m$ となり，$0<l+\varepsilon<1$ であるから，$\displaystyle\lim_{m\to\infty}(l+\varepsilon)^m=0.$

$$\therefore\ \lim_{m\to\infty}u_{N+m}=\lim_{n\to\infty}u_n=0.$$

(2) (1) から直ちに出る．

22 (1) 2項定理より，

$$(1+x)^n=1+nx+\frac{n(n-1)}{2!}x^2+\cdots+x^n\geqq 1+nx.$$

(2) $(1+x)^n\geqq 1+nx$ において，$x=1/\sqrt{n}$ と置けば，

$$\left(1+\frac{1}{\sqrt{n}}\right)^n\geqq 1+\frac{n}{\sqrt{n}}=1+\sqrt{n}>\sqrt{n}.\quad \therefore\ \left(1+\frac{1}{\sqrt{n}}\right)^2>\sqrt[n]{n}>1.$$

$$\therefore\ \lim_{n\to\infty}\sqrt[n]{n}=1.$$

§6. 導関数と微分

—— A ——

1 $\displaystyle\frac{dy}{dx}=\lim_{\Delta x\to 0}\frac{\Delta y}{\Delta x}=\lim_{\Delta x\to 0}\frac{f(x+\Delta x)-f(x)}{\Delta x}$ を用いる．

(1) $\displaystyle\frac{d}{dx}c=\lim_{\Delta x\to 0}\frac{c-c}{\Delta x}=0.$

(2) $\dfrac{d}{dx}x^n=\lim\limits_{\Delta x\to 0}\dfrac{(x+\Delta x)^n-x^n}{\Delta x}=\lim\limits_{\Delta x\to 0}\dfrac{x^n+nx^{n-1}\Delta x+\cdots+\Delta x^n-x^n}{\Delta x}=nx^{n-1}$.

注　この公式は n が任意の実数のとき成立つ．その場合は別に証明を要する．

(3) $\dfrac{d}{dx}\sin x=\lim\limits_{\Delta x\to 0}\dfrac{\sin(x+\Delta x)-\sin x}{\Delta x}=\lim\limits_{\Delta x\to 0}\dfrac{\cos(x+\Delta x/2)\sin(\Delta x/2)}{\Delta x/2}=\cos x$.

(4) $\dfrac{d}{dx}\cos x=\lim\limits_{\Delta x\to 0}\dfrac{\cos(x+\Delta x)-\cos x}{\Delta x}=-\lim\limits_{\Delta x\to 0}\dfrac{\sin(x+\Delta x/x)\sin(\Delta x/2)}{\Delta x/2}=-\sin x$.

(5) $\dfrac{d}{dx}\log x=\lim\limits_{\Delta x\to 0}\dfrac{\log(x+\Delta x)-\log x}{\Delta x}=\lim\limits_{\Delta x\to 0}\log\left(\dfrac{x+\Delta x}{x}\right)^{1/\Delta x}=\lim\limits_{\Delta x\to 0}\log\left(1+\dfrac{\Delta x}{x}\right)^{1/\Delta x}$

$=\log e^{1/x}=\dfrac{1}{x}$．なお，問3参照．

(6) $\dfrac{d}{dx}e^x=\lim\limits_{\Delta x\to 0}\dfrac{e^{x+\Delta x}-e^x}{\Delta x}=\lim\limits_{\Delta x\to 0}\dfrac{e^x(e^{\Delta x}-1)}{\Delta x}=e^x\lim\limits_{\Delta x\to 0}\dfrac{e^{\Delta x}-1}{\Delta x}=e^x$.

(7) $\dfrac{d}{dx}\sinh x=\dfrac{d}{dx}\dfrac{e^x-e^{-x}}{2}=\dfrac{e^x+e^{-x}}{2}=\cosh x$.

(8) $\dfrac{d}{dx}\cosh x=\dfrac{d}{dx}\dfrac{e^x+e^{-x}}{2}=\dfrac{e^x-e^{-x}}{2}=\sinh x$.

2 (1) $\dfrac{d}{dx}\log_a x=\dfrac{d}{dx}\dfrac{\log x}{\log a}=\dfrac{1}{x\log a}$.

(2) $y=a^x$ と置き両辺の対数をとれば，$\log y=x\log a$．両辺を微分して，

$\dfrac{1}{y}\dfrac{dy}{dx}=\log a$.　$\therefore\ \dfrac{dy}{dx}=y\log a=a^x\log a$.

3 $x>0$ のとき，$y=\log|x|=\log x$，$\therefore\ y'=1/x$．$x<0$ のとき，$y=\log|x|=\log(-x)$，

$\therefore\ y'=(-1)/(-x)=1/x$．従って，0でない任意の実数 x に対して，

$$\frac{d}{dx}\log|x|=\frac{1}{x}.$$

4 (1) $\dfrac{1+2x^2}{\sqrt{1+x^2}}$　(2) $3\sin^2x\cos x$　(3) $\dfrac{2\sin x}{\cos^3 x}$

(4) $\dfrac{2}{1-x^2}$　(5) $\dfrac{3}{x}$　(6) $\log x+1$

5 $\dfrac{d}{dx}\sqrt[3]{x}=\dfrac{1}{3\sqrt[3]{x^2}}$ であるから，$x=8$ における微分係数の値は $\dfrac{1}{12}$.

接線　$y-2=\dfrac{1}{12}(x-8)$ より，　$y=\dfrac{1}{12}x+\dfrac{4}{3}$.

法線　$x-8=-\dfrac{1}{12}(y-2)$ より，　$y=-12x+98$.

6 $x^2-xy+y^2=1$ の両辺を微分して，$2x-y-x\dfrac{dy}{dx}+2y\dfrac{dy}{dx}=0$．　$\therefore\ \dfrac{dy}{dx}=\dfrac{y-2x}{2y-x}$.

点 (0, 1) における微分係数の値は $\frac{1}{2}$．接線の方程式は $y=\frac{1}{2}x+1$.

7 接点 P$(e, 1)$．接線の方程式 $y=\frac{1}{e}x$.

8 (1) $\{f(x)+g(x)\}'=\lim_{\Delta x\to 0}\frac{f(x+\Delta x)+g(x+\Delta x)-f(x)-g(x)}{\Delta x}$

$=\lim_{\Delta x\to 0}\frac{f(x+\Delta x)-f(x)}{\Delta x}+\lim_{\Delta x\to 0}\frac{g(x+\Delta x)-g(x)}{\Delta x}=f'(x)+g'(x)$.

(2) $\{f(x)g(x)\}'=\lim_{\Delta x\to 0}\frac{f(x+\Delta x)g(x+\Delta x)-f(x)g(x)}{\Delta x}$

$=\lim_{\Delta x\to 0}\frac{\{f(x+\Delta x)-f(x)\}g(x+\Delta x)}{\Delta x}+\lim_{\Delta x\to 0}\frac{f(x)\{g(x+\Delta x)-g(x)\}}{\Delta x}$

$=f'(x)g(x)+f(x)g'(x)$.

9 (1) $\frac{y-y^3+6x}{3xy^2-x}$ (2) $-\frac{ye^{xy}+y/x+2\sin 2x}{xe^{xy}+\log x}$

(3) $(2x-3)\sinh(x^2-3x+1)$ (4) $10(2x+1)^4$

(5) $\frac{x}{\sqrt{x^2+1}}$ (6) $3\sin^2 x\cos x+\cos x$

10 $\frac{x_0x}{a^2}-\frac{y_0y}{b^2}=1$.

11 曲線 $y=f(x)$ 上の 近接２点 P, Q を結ぶ PQ を斜辺とする 直角三角形（但し，底辺 Δx, 高さ Δy）を作り，$\theta=\angle X$PQ とすれば，Δx が十分小さいとき，$\Delta y=\tan\theta\cdot\Delta x$ $\fallingdotseq f'(x_0)\Delta x$.

12 (1) 2.926 (2) 0.515 (3) 0.12

13 (1) $n(n-1)x^{n-2}$ (2) $-1/4x\sqrt{x}$ (3) $-1/x^2$

(4) e^x (5) $-\cos x$ (6) $\sinh x$

14 (1) $f'(t)=3t^2-3=3(t-1)(t+1)=0$ より，$t=1$ ($t\geqq 0$ をとる).

(2) $f''(t)=6t$ であるから，$t=1$ を代入して，$f''(1)=6$.

15 合成微分律によって，

$\frac{dy}{dt}=\frac{dy}{dx}\frac{dx}{dt}=3x^2\cdot 2=6x^2$. $\therefore$ $x=3$ のとき，$\frac{dy}{dt}=54$.

16 体積 $V=\frac{4}{3}\pi r^3$ より，$\frac{dV}{dr}=4\pi r^2$．$r=3$ のとき，$\frac{dV}{dr}=36\pi$(cm³/秒).

―― **B** ――

17 $f'(0)=\lim_{h\to 0}\frac{f(0+h)-f(0)}{h}=\lim_{h\to 0}\frac{f(h)-f(0)}{h}$ が存在するか否かを判定する.

(1) $f'(0)=\lim_{h\to 0}\frac{|h|+h}{h}=2$ $(h>0)$，0 $(h<0)$. $\therefore$ 微分可能ではない.

(2) $f'(0)=\lim_{h\to 0}\frac{h|h|}{h}=\lim_{h\to 0}|h|=0$. ∴ 微分可能.

(3) $f'(0)=\lim_{h\to 0}\frac{h^2|h|}{h}=\lim_{h\to 0}h|h|=0$. ∴ 微分可能.

(4) $f'(0)=\lim_{h\to 0}\frac{h\sin(1/h)}{h}=\lim_{h\to 0}\sin\frac{1}{h}$. この極限は存在しない.

∴ 微分可能ではない.

(5) $f'(0)=\lim_{h\to 0}\frac{h^2\sin(1/h)}{h}=\lim_{h\to 0}h\sin\frac{1}{h}=0$. ∴ 微分可能.

(6) $f'(0)=\lim_{h\to 0}\frac{\sqrt[3]{h}}{h}=\lim_{h\to 0}\frac{1}{(\sqrt[3]{h})^2}$. この極限は存在しない.

∴ 微分可能ではない.

18 $f(x_0+h)-f(x_0)=\frac{f(x_0+h)-f(x_0)}{h}\cdot h$ $(h\neq 0)$ であるから,

$$\lim_{h\to 0}\{f(x_0+h)-f(x_0)\}=\lim_{h\to 0}\frac{f(x_0+h)-f(x_0)}{h}\cdot\lim_{h\to 0}h=f'(x_0)\cdot 0=0.$$

∴ $\lim_{h\to 0}f(x_0+h)=f(x_0)$.

19 (1) $x=\sin y$ より, $dx=\cos y\,dy$. ∴ $\frac{dy}{dx}=\frac{1}{\cos y}=\frac{1}{\sqrt{1-x^2}}$.

(2) $x=\cos y$ より, $dx=-\sin y\,dy$. ∴ $\frac{dy}{dx}=-\frac{1}{\sin y}=-\frac{1}{\sqrt{1-x^2}}$.

(3) $x=\sinh y$ より, $dx=\cosh y\,dy$. ∴ $\frac{dy}{dx}=\frac{1}{\cosh y}=\frac{1}{\sqrt{x^2+1}}$.

(4) $x=\cosh y$ より, $dx=\sinh y\,dy$. ∴ $\frac{dy}{dx}=\frac{1}{\sinh y}=\frac{1}{\sqrt{x^2-1}}$.

注 $\cos^2 x+\sin^2 x=1$, $\cosh^2 x-\sinh^2 x=1$.

20 (1) 3 (2) 3/4

21 (1) $y'=(2x-3)\sinh(x^2-3x+1)$, $y''=(2x-3)^2\cosh(x^2-3x+1)$.

(2) $y+xy'-\frac{1}{y}y'=0$. ∴ $y'=\frac{y^2}{1-xy}$.

$$y''=\frac{2yy'(1-xy)-y^2(-y-xy')}{(1-xy)^2}=\frac{(3-2xy)y^3}{(1-xy)^3}.$$

(3) $6xy+3x^2y'+3y^2y'=0$.

$$\therefore\ y'=\frac{-2xy}{x^2+y^2},\quad y''=\frac{(-2y-2xy')(x^2+y^2)+2xy(2x+2yy')}{(x^2+y^2)^2}$$

$$=\frac{2(x^2-y^2)y(3x^2+y^2)}{(x^2+y^2)^3}.$$

22 $\dfrac{dx}{d\theta}=a(1-\cos\theta)$, $\dfrac{dy}{d\theta}=a\sin\theta$.

$$\therefore\ \frac{dy}{dx}=\frac{\sin\theta}{1-\cos\theta}=\frac{2\sin(\theta/2)\cos(\theta/2)}{2\sin^2(\theta/2)}=\frac{\cos(\theta/2)}{\sin(\theta/2)}=\cot\frac{\theta}{2}.$$

$$\frac{d^2y}{dx^2}=\frac{d}{dx}\left(\frac{dy}{dx}\right)=\frac{d}{d\theta}\left(\cot\frac{\theta}{2}\right)\frac{d\theta}{dx}=-\frac{1}{2}\operatorname{cosec}^2\frac{\theta}{2}\,\frac{1}{a(1-\cos\theta)}$$

$$=-\frac{1}{4a}\operatorname{cosec}^4\frac{\theta}{2}.$$ これは $-\dfrac{1}{a(1-\cos\theta)^2}$ でもよい.

23 (1) 両辺の対数をとって，$\log y=x\log x$. 両辺を微分して，

$$\frac{y'}{y}=\log x+1.\quad \therefore\ y'=x^x(\log x+1).$$

(2) 両辺の対数をとって，$\log y=\dfrac{1}{2}\log(x-2)-3\log(x-1)-\log(x+2)$.

両辺を微分して，

$$\frac{y'}{y}=\frac{1}{2(x-2)}-\frac{3}{x-1}-\frac{1}{x+2}=\frac{-7x^2+7x+18}{2(x-2)(x-1)(x+2)}.$$

$$\therefore\ y'=\frac{-7x^2+7x+18}{2\sqrt{x-2}(x-1)^4(x+2)^2}.$$

§7. 平均値の定理と関数の増減

—— A ——

1 (1) $f(a)=f(b)=l$ とする．閉区間 $[a,b]$ で恒等的に $f(x)=l$ ならば，その導関数は 0 になり定理は成立つ．従って，$f(x)\neq l$ となる点 x が区間内に存在するとしてよい．さて，関数 f はこの区間で連続だから，最大値 M と最小値 m を持つ．f は定数関数ではないから，$M>l$ または $m<l$ の少なくとも一方が成立つ．いま，$f(c)=M>l$ とすれば，c はこの区間の端点ではない．また，f は開区間 (a,b) で微分可能だから，$f'(c)=0$，$a<c<b$ が成立つ．$f(c)=m<l$ の場合も同様である．

(2) $F(x)=f(x)-f(a)-(x-a)\dfrac{f(b)-f(a)}{b-a}$

と置けば，$F(a)=F(b)=0$ となり，Rolle の定理が適用できる．すなわち，

$$F'(c)=f'(c)-\frac{f(b)-f(a)}{b-a}=0,\quad a<c<b$$

となる点 c が存在する．

2 平均値の定理において，$b=a+h$，$\theta=(c-a)/(b-a)$ と置けばよい．

3 $f(x)=px^2+qx+r$ $(p\neq0)$ と置く．$f(a+h)$，$f(a)$ の値を計算してその差を求めれ

ば，$f(a+h)-f(a)=h(2ap+hp+q)$．また，$f'(x)=2px+q$ であるから，$f'(a+\theta h)=2p(a+\theta h)+q$．平均値の定理より，

$$f(a+h)-f(a)=hf'(a+\theta h),\ 0<\theta<1$$

であるから，

$$h(2ap+hp+q)=2hp(a+\theta h)+hq.$$

$$\therefore\ h^2p(2\theta-1)=0. \quad \therefore\ \theta=1/2.$$

4 $\dfrac{dy}{dx}=4x-7=\dfrac{25-4}{5-2}=7$ より，$x=\dfrac{7}{2}$．　∴ 接点 $\left(\dfrac{7}{2},\ 0\right)$.

接線の方程式は　$y-10=7\left(x-\dfrac{7}{2}\right)$，すなわち，$y=7x-\dfrac{29}{2}$.

5 $f(x)=x\log x-x+1$ と置く．$h>0$ のとき，平均値の定理により，

$$f(1+h)=f(1)+hf'(1+\theta h) \quad (0<\theta<1)$$

なる θ が存在する．$f(1)=0$，$f'(1+\theta h)=\log(1+\theta h)>0$ であるから，

$$f(x)=f(1+h)=hf'(1+\theta h)>0.$$

6 区間 (a,b) 内の任意の2点 x_1,x_2 $(x_1<x_2)$ に対して，平均値の定理により，

$$\frac{f(x_2)-f(x_1)}{x_2-x_1}=f'(c)=0, \quad x_1<c<x_2$$

が成立つ．従って，$f(x_1)=f(x_2)=$定数.

7 相隣る二つの実根を α,β とすれば，$f(\alpha)=f(\beta)=0$ であるから，Rolle の定理により，$f'(c)=0$，$\alpha<c<\beta$ となる点 c が存在する.

8 (1) $\dfrac{d}{dx}e^x=e^x$ であるから，平均値の定理により，$\dfrac{e^b-e^a}{b-a}=e^c$，$a<c<b$，となる点 c が存在する．$e^c>1$，$b-a>0$ であるから，$e^b-e^a>b-a$.

(2) $\dfrac{d}{dx}\log x=\dfrac{1}{x}$ であるから，平均値の定理により，$\dfrac{\log b-\log a}{b-a}=\dfrac{1}{c}$，$a<c<b$，となる点 c が存在する．$0<a<c<b$ の各項の逆数をとれば，

$$\frac{1}{a}>\frac{1}{c}>\frac{1}{b}.$$

$$\therefore\ \log\frac{b}{a}=\frac{b-a}{c}<\frac{b-a}{a}=\frac{b}{a}-1,\ \log\frac{b}{a}=\frac{b-a}{c}>\frac{b-a}{b}=1-\frac{a}{b}.$$

9 (1) $f(x)=x+k-\sin x$ と置く．n を整数とするとき，

$$f(n\pi)=n\pi+k-\sin n\pi=n\pi+k,$$

$$f(-n\pi)=-n\pi+k-\sin(-n\pi)=-n\pi+k.$$

従って，十分大きな正整数 n をとれば，$f(n\pi)>0$，$f(-n\pi)<0$．関数 f は連続だから

$f(x)=0$ は区間 $-n\pi<x<n\pi$ で少なくとも一つの実数解を持つ．従って，$y=x+k$, $y=\sin x$ は少なくとも１点を共有する．

(2) $f(x)=x+k-\sin x$ において，$f'(x)=1-\cos x\geqq 0$. よって，f は単調増加関数で，どの区間でも x 軸と重なることはないから，$y=x+k$ と $y=\sin x$ は高々１点しか共有しない．

10 2点 (x, y), $(2, 3)$ の距離の平方に $y=2\sqrt{x}$ を代入して，

$$f(x)=(2-x)^2+(3-2\sqrt{x})^2=13+x^2-12\sqrt{x},\quad f'(x)=2x-6/\sqrt{x}.$$

従って，$f'(x)=0$ と置けば，$x=\sqrt[3]{9}$ を得る．求める点の座標は $(\sqrt[3]{9}, 2\sqrt[3]{3})$.

11 (1) 最大点 $-2, 1$，最小点 -1　　(2) 最大点 -2，最小点 ± 1

(3) 最大点 ± 1，最小点 0　　(4) 最大点 $\sqrt{8}$，最小点 0

(5) 最大点 1，最小点 -1　　(6) 最大点 $5\pi/3$，最小点 $\pi/3$

12 $y'=-2\sin 2x+2\cos x=-4\sin x\cos x+2\cos x$

$$=-2\cos x(2\sin x-1),\quad y''=-4\cos 2x-2\sin x.$$

$y'=0$ と置くと，$\cos x=0$ または $\sin x=1/2$. $\cos x=0$ より $x=\pi/2$, $3\pi/2$. また，$\sin x=1/2$ より $x=\pi/6$, $5\pi/6$.

(1) $x=\pi/2$ のとき $y''=2>0$，従って $y=1$ は極小値．

(2) $x=3\pi/2$ のとき $y''=6>0$，従って $y=-3$ は極小値．

(3) $x=\pi/6$ のとき $y''=-3<0$，従って $y=3/2$ は極大値．

(4) $x=5\pi/6$ のとき $y''=-3<0$，従って $y=3/2$ は極大値．

13 $y'=4x^3-12x+8=4(x-1)^2(x+2)$，$y'=0$ と置くと，$x=1, -2$. $y''=12x^2-12=12(x-1)(x+1)$.

(1) $x=1$ のとき $y''=0$，従って $x=1$ は変曲点を与える．

(2) $x=-2$ のとき $y''=36>0$，従って $x=-2$ のとき極小値 $y=-12$.

14 この関数の定義域は閉区間 $[-2, 1]$ である．$x=1/2$ のとき最大値 $\sqrt[6]{2}$，$x=-2$ のとき最小値 $\sqrt{3}$.

15 (1) 最大値　なし，最小値 -1　　(2) 最大値 $1/e$，最小値　なし

(3) 最大値　なし，最小値 0

16 $F(x)=f(x)-f(a)-\alpha\{g(x)-g(a)\}$，$\alpha=\dfrac{f(b)-f(a)}{g(b)-g(a)}$

と置けば，$F(a)=F(b)=0$ となり F に Rolle の定理が適用できる．従って，$F'(c)=f'(c)-\alpha g'(c)=0$，$a<c<b$，となる点 c が存在する．

17　(1)　関数 f, g は共に開区間 (a, b) で微分可能で，$f(x_0)=0$，$g(x_0)=0$ $(a<x_0<b)$ とする．Cauchy の平均値の定理により，x_0 の近傍で $x_0<x$ または $x<x_0$ のとき，それぞれ $x_0<c<x$ または $x<c<x_0$ なる点 c が存在して，

$$\frac{f(x)-f(x_0)}{g(x)-g(x_0)}=\frac{f(x)}{g(x)}=\frac{f'(c)}{g'(c)}$$

が成立つ．$x\to x_0$ のとき $c\to x_0$ であるから，

$$\lim_{x\to x_0}\frac{f(x)}{g(x)}=\lim_{x\to x_0}\frac{f'(x)}{g'(x)}.$$

(2)　$x\to x_0+$ の場合について証明する（$x\to x_0-$ の場合も同様にして出来る）．関数 f, g は開区間 (a, b) で微分可能とし，$\lim_{x\to x_0+}f(x)=\lim_{x\to x_0+}g(x)=\infty$ $(a<x_0<b)$ とする．$a<x_0<x<x_1<b$ とすれば，Cauchy の平均値の定理より，

$$\frac{f(x)-f(x_1)}{g(x)-g(x_1)}=\frac{f(x)}{g(x)}\cdot\frac{1-f(x_1)/f(x)}{1-g(x_1)/g(x)}=\frac{f'(c)}{g'(c)},\qquad x<c<x_1$$

となる点 c が存在する．x_1 を x_0 の十分近くにとって，

$$\lim_{x\to x_0+}\frac{f'(x)}{g'(x)}\fallingdotseq\frac{f'(c)}{g'(c)}$$

となるようにして固定する．$\lim_{x\to x_0+}f(x)=\lim_{x\to x_0+}g(x)=\infty$ であるから，上式において，

$$\lim_{x\to x_0+}\frac{f(x_1)}{f(x)}=\lim_{x\to x_0+}\frac{g(x_1)}{g(x)}=0.\quad \therefore\ \lim_{x\to x_0+}\frac{f(x)}{g(x)}=\lim_{x\to x_0+}\frac{f'(x)}{g'(x)}.$$

18　(1)　2　　(2)　-1　　(3)　1/6　　(4)　9/4　　(5)　0　　(6)　0　　(7)　0　　(8)　6　　(9)　0

19　$\log f(x)=\dfrac{\log(e^{3x}-5x)}{x}$ としてから，L'Hospital の定理を適用する．

(1)　$\displaystyle\lim_{x\to 0}\log f(x)=\lim_{x\to 0}\frac{\log(e^{3x}-5x)}{x}=\lim_{x\to 0}\frac{3e^{3x}-5}{e^{3x}-5x}=-2,\quad \therefore\ \lim_{x\to 0}f(x)=e^{-2}.$

(2)　$\displaystyle\lim_{x\to\infty}\log f(x)=\lim_{x\to\infty}\frac{\log(e^{3x}-5x)}{x}=\lim_{x\to\infty}\frac{3e^{3x}-5}{e^{3x}-5x}=3,\quad \therefore\ \lim_{x\to\infty}f(x)=e^{3}.$

―― **B** ――

20　2点 $(a, f(a))$，$(b, f(b))$ を結ぶ直線の方程式は，

$$y-f(a)=\frac{f(b)-f(a)}{b-a}(x-a).$$

従って，f が下に凸であるという条件は次の様に表わされる：

$$f(x)\leqq f(a)+\frac{f(b)-f(a)}{b-a}(x-a).$$

そこで，f が S において下に凸ならば，$x=ta+sb$ はこの区間内にあるから，

$$f(ta+sb)\leqq f(a)+\frac{f(b)-f(a)}{b-a}(ta+sb-a)=tf(a)+sf(b).$$

逆に，この不等式が成立つならば，f は S において下に凸である．

21 (1) n に関する数学的帰納法によって証明する．

$$s_i=\frac{t_i}{1-t_n}\ (i=1,2,\cdots,n-1)$$

と置けば，$s_1+\cdots+s_{n-1}=1$ であるから帰納法の仮定によって，

$$f(s_1x_1+\cdots+s_{n-1}x_{n-1})\leqq s_1f(x_1)+\cdots+s_{n-1}f(x_{n-1}).$$

そこで，f は下に凸であるから，

$$f(t_1x_1+\cdots+t_nx_n)=f\{(1-t_n)(s_1x_1+\cdots+s_{n-1}t_{n-1})+t_nx_n\}$$

$$\leqq(1-t_n)\{s_1f(x_1)+\cdots+s_{n-1}f(x_{n-1})\}+t_nf(x_n)$$

$$=t_1f(x_1)+\cdots+t_nf(x_n).$$

22 曲線 $y=f(x)$ の点 $x=x_0$ における接線の方程式を $y=ax+b$，$a=f'(x_0)$ とする．$F(x)=f(x)-ax-b$，$F(x_0)=0$ と置けば，

$$F'(x)=f'(x)-a=f'(x)-f'(x_0),\quad F'(x_0)=0$$

である．$f'(x)$ に平均値の定理を適用すれば，

$$\frac{f'(x)-f'(x_0)}{x-x_0}=\frac{F'(x)}{x-x_0}=f''(c)$$

となる点 c が存在する．ここで，x は区間 S 内の点であり，$x<c<x_0$ または $x_0<c<x$ である．f は下に凸な関数であるから，いずれの場合でも $f''(c)>0$ が成立つ．従って，$F'(x)=f''(c)(x-x_0)$ は $x\gtreqless x_0$ に応じて $F'(x)\gtreqless 0$.

従って，関係 F は $x>x_0$ ならば $F(x_0)=0$ から増加し常に正，また $x<x_0$ ならば $F(x_0)=0$ から減少し常に負となる．よって，共有点は接点 $(x_0, f(x_0))$ に限り，それ以外では接線は常に曲線の下側にある．

23 (1) $f(x)=ax^2+bx+c\ (a\neq0)$ とすれば，

$$f'(x)=2ax+b,\quad f''(x)=2a\quad (\text{符号一定}).$$

従って，変曲点は存在しない．

(2) $f(x)=ax^3+bx^2+cx+d\ (a\neq0)$ とすれば，

$$f'(x)=3ax^2+2bx+c,\quad f''(x)=6ax+2b.$$

従って，方程式 $f''(x)=0$ は必ず唯一の実根 $x=-b/3a$ を持つから，変曲点も唯一つ存在する．

24　(1)　$f(x)=e^x-1-x$ と置けば，f は連続関数であり，また，$x>0$ のとき，$f'(x)=e^x-1>0$ であるから単調増加である．従って，$x>0$ のとき，$f(x)>f(0)=0$．
$\therefore$ $e^x>1+x$．

(2)　$f(x)=(x-2)e^x+x+2$ と置けば，$f'(x)=(x-1)e^x+1$．更に，$f''(x)=xe^x$．$x>0$ のとき，$f''(x)>0$ であるから，導関数 f' は単調増加になり，$f'(x)>f'(0)=0$．従って，関数 f も単調増加になり，$f(x)>f(0)=0$．　$\therefore$ $(x-2)e^x+x+2>0$．

25　(1)　$y'=(1-x)e^{-x}$，$y''=(x-2)e^{-x}$．$y''=0$ と置けば $x=2$．この左右で y'' の符号は変化するから，$x=2$ は変曲点を与える．$\therefore$ 変曲点 $(2,2e^{-2})$．

(2)　変曲点 $(\pm 1/2, 1/\sqrt{e})$．

26　$y'=\cos x$，$y''=-\sin x$．変曲点 $(n\pi, 0)$，n は整数．

27　$y'=2x(x-t)+x^2$，$y''=2(x-t)+2x+2x=6x-2t$．従って，$y''=0$ より $t=3x$．これをもとの式に代入して，$y=x^2(x-3x)=-2x^3$．

28　(1)　$F(x)=f(x)-ax$ と置けば，$F'(x)=f'(x)-a=0$．　$\therefore$ $F(x)=b$（定数）．
$\therefore$ $f(x)=ax+b$．

(2)　$F(x)=f(x)-g(x)$ と置けば，$F'(x)=f'(x)-g'(x)=0$．$\therefore$ $F(x)=c$（定数）．
$\therefore$ $F(x)=g(x)+c$．

29　曲線 $y=f(x)$ 上の点 (x,y) と直線 $y=ax+b$ との距離を $l(x)$ とすれば，

$$l(x)=\frac{|f(x)-ax-b|}{\sqrt{a^2+1}},\quad \therefore \lim_{x\to\pm\infty} l(x)=\frac{1}{\sqrt{a^2+1}}\lim_{x\to\pm\infty}|f(x)-ax-b|.$$

この極限は仮定によって 0 になる．

§8.　高階導関数と Taylor の定理

――A――

1　(1)　n に関する数学的帰納法で証明する．$n=1$ のとき，$y'=\cos x=\sin(x+\pi/2)$ で公式は正しい．n のとき正しいと仮定すれば，

$$y^{(n)}=\sin\left(x+\frac{n\pi}{2}\right),\quad y^{(n+1)}=\cos\left(x+\frac{n\pi}{2}\right)=\sin\left(x+\frac{(n+1)\pi}{2}\right).$$

これは公式が $n+1$ のときにも正しいことを示している．(2) も同様．

2　(1)　$a(a-1)(a-2)\cdots(a-n+1)x^{a-n}$．但し，$a$ が正整数の場合は，$\dfrac{d^a}{dx^a}x^a=a!$（定数）となり，第 $a+1$ 階以上の導関数は 0 となる．

(2) $a(-1)^{n-1}\dfrac{(n-1)!}{x^n}$ $(n\geqq 1)$　　(3) $a^n\sin\left(ax+\dfrac{n\pi}{2}\right)$

(4) $a^n\cos\left(ax+\dfrac{n\pi}{2}\right)$　　(5) a^ne^{ax}

(6) $a^x=e^{x\log a}$ であるから，(5) によって，$(\log a)^na^x$ を得る．

3 Leibniz の公式を用いる．

(1) $\dfrac{(n-1)!}{x}$　　(2) $2^{n/2}e^x\sin\left(x+\dfrac{n\pi}{4}\right)$

4 (1) $f(x)=e^x$ と置けば，$f^{(n)}(x)=e^x$，$f^{(n)}(0)=1$ $(n=1,2,\cdots)$．

(2) $f(x)=\sin x$ と置けば，$f^{(n)}(x)=\sin\left(x+\dfrac{n\pi}{2}\right)$，$f^{(n)}(0)=\sin\dfrac{n\pi}{2}$．

(3) $f(x)=\cos x$ と置けば，$f^{(n)}(x)=\cos\left(x+\dfrac{n\pi}{2}\right)$，$f^{(n)}(0)=\cos\dfrac{n\pi}{2}$．

(4) $f(x)=\log(1+x)$ と置けば，$f^{(n)}(x)=(-1)^{n-1}\dfrac{(n-1)!}{(1+x)^n}$，

$f^{(n)}(0)=(-1)^{n-1}(n-1)!$

従って，Maclaurin の公式によって問題の各展開式を得る．

5 (1) 角度はラジアンを用いる．

$$\sin 31^\circ=\sin\left(\frac{\pi}{6}+\frac{\pi}{180}\right)\fallingdotseq\frac{1}{2}+\frac{\sqrt{3}}{2}\cdot\frac{\pi}{180}\fallingdotseq 0.515$$

(2) 0.682　　(3) 0.874　　(4) 2.718　　(5) 1.543　　(6) 0.095

6 $|R_4|\leqq\dfrac{0.2^4}{4!}=\dfrac{16}{24}\times 10^{-4}\leqq 10^{-4}$．従って，$R_4$ の所まで計算し，

$$\sin\left(\frac{\pi}{6}+0.2\right)=\frac{1}{2}+\frac{\sqrt{3}}{2}(0.2)-\frac{1}{2}\frac{(0.2)^2}{2}-\frac{\sqrt{3}}{2}\frac{(0.2)^3}{6}+R_4$$

とすればよい．

7 $f(x)=a+(x-\alpha)f_1(x)$ と置けば，$a=f(\alpha)$．これが最初の剰余である（剰余の定理！）．更に，$f_1(x)$ を $x-\alpha$ で割って，$f_1(x)=b+(x-\alpha)f_2(x)$ とすれば，$b=f_1(\alpha)$．これが2番目の剰余である．他方，第2式を第1式に代入すれば，

$$f(x)=a+(x-\alpha)\{b+(x-\alpha)f_2(x)\}=a+b(x-\alpha)+(x-\alpha)^2f_2(x).$$

Taylor の定理により，$b=f'(\alpha)$．　$\therefore$ $f_1(\alpha)=f'(\alpha)$．以下同様．

8 組立て除法による Horner の計算法を用いる．

$$
\begin{array}{r|rrrrr}
2 & 3 & -17 & 30 & -17 & 6 \\
 & & 6 & -22 & 16 & -2 \\
\hline
 & 3 & -11 & 8 & -1 & 4=f(2) \\
 & & 6 & -10 & -4 & \\
\hline
 & 3 & -5 & -2 & -5=f'(2) & \\
 & & 6 & 2 & & \\
\hline
 & 3 & 1 & 0=\dfrac{f''(2)}{2!} & & \\
 & & 6 & & & \\
\hline
 & 3 & 7=\dfrac{f'''(2)}{3!} & & & \\
\hline
 & 3=\dfrac{f''''(2)}{4!} & & & &
\end{array}
$$

$\therefore\ f(x)=4-5(x-2)+7(x-2)^3+3(x-2)^4$

9 組立て除法による Horner の計算法を用いる.

(1) $26+25(x-3)+8(x-3)^2+(x-3)^3$

(2) $13+21(x-3)+9(x-3)^2+(x-3)^3$

10 Taylor の公式より,

$$f(x)=f(\alpha)+\frac{f'(\alpha)}{1!}(x-\alpha)+\frac{f''(\alpha)}{2!}(x-\alpha)^2+\cdots+\frac{f^{(k-1)}(\alpha)}{(k-1)!}(x-\alpha)^{k-1}$$
$$+\frac{f^{(k)}(\alpha)}{k!}(x-\alpha)^k+\cdots+\frac{f^{(n)}(\alpha)}{n!}(x-\alpha)^n.$$

従って, もし $x=\alpha$ が $f(x)$ の重複度 k の根ならば, 右辺がちょうど $(x-\alpha)^k$ という共通因数を持たねばならないから,

$$f(\alpha)=f'(\alpha)=\cdots=f^{(k-1)}(\alpha)=0,\ f^{(k)}(\alpha)\neq 0.$$

逆に, この条件が成立てば, Taylor の公式における展開式の各項はちょうど $(x-\alpha)^k$ という共通因数を持つ.

11 前問から直ちに証明できる.

12 $f(x)=x^5-2x^4+x^3-x^2+2x-1$, $f'(x)=5x^4-8x^3+3x^2-2x+2$ の最大公約多項式を求める (Euclid の互除法). その結果, $g(x)=(x-1)^3$ を得る. 従って, 求める重根は $x=1$ (重複度 3).

注 組立て除法により根 $x=1$ を見つけ, $f(x)=(x-1)^3(x^2+x+1)$ としてもよい.

13 $f(\alpha_i)=0$ ならば, $f\{(\alpha_i-k)+k\}=f(\alpha_i)=0$ である.

14 Horner の計算法により,

$$f(x+3)=447+595x+293x^2+63x^3+5x^4=0.$$

15 $x^3+6x^2+17x+44=0$

16 (1) $f(x)=(x-1)^2(x+2)^2$. $\therefore$ $x=1$ (重根), $x=-2$ (重根).

(2) $f(x-2)\equiv(x-3)^2x^2=0$. $\therefore$ $x^4-6x^3+9x^2=0$.

—— **B** ——

17 (1) C^0 級 (2) C^ω 級 (3) C^ω 級

18 $f(x)=\begin{cases}\sin x \\ x\end{cases}$ $f'(x)=\begin{cases}\cos x \\ 1\end{cases}$ $f''(x)=\begin{cases}-\sin x & (x\geqq 0) \\ 0 & (x<0)\end{cases}$

$f''(x)$ は $x=0$ で微分可能ではない. 従って, $f(x)$ は C^2 級.

19 (1) $f(x)=x^3+3px+q=x(x^2+p)+2px+q$, $f'(x)=3(x^2+p)$. 従って, $f(x)=0$ が重根を持つとすれば, 最大公約多項式 $g(x)=2px+q$ を持ち, このとき, 重根は $x=-q/2p$ である. これをもとの方程式に代入して, $4p^3+q^2=0$. 逆に, この等式が成立てば,

$$f\left(-\frac{q}{2p}\right)=f'\left(-\frac{q}{2p}\right)=0$$

となり, $x=-q/2p$ は重根となる. $\therefore$ 求める条件は $4p^3+q^2=0$.

(2) $q=0$ または $4p^3+q=0$.

20 曲線 $y=f(x)$ の $x=\alpha_1$ における接線の方程式は $y-f(\alpha_1)=f'(\alpha_1)(x-\alpha_1)$ であり, この接線は α_1 より α に近い点 $\alpha_2=\alpha_1-f(\alpha_1)/f'(\alpha_1)$ で x 軸と交わる.

21 $f(x)=x^3+3x-5$ と置けば, $f(1)=-1<0$, $f(2)=9>0$ であるから, 一つの実根が区間 (1, 2) 内にある. そこで, 第1近似として $\alpha_1=1.5$ とすれば, Newtonの方法により, 第2近似, 第3近似, …を得る.

$$\alpha_1=1.5 \qquad \alpha_2=1.21 \qquad \alpha_3=1.156 \qquad \alpha_4=1.1542$$

$$f(\alpha_1)=2.875 \qquad f(\alpha_2)=0.402 \qquad f(\alpha_3)=0.0128 \qquad f(\alpha_4)=\cdots\cdots$$

なお, $f'(x)=3x^2+3>0$ であるから, $f(x)$ は単調増加関数 (強増加) であり, 実根は上の $\alpha\fallingdotseq 1.15\cdots$ 唯一つである.

22 (1) 3.268 (2) 1.131

23 (1) $1+\dfrac{x}{2}-\dfrac{1}{2}\dfrac{x^2}{4}+\dfrac{1\cdot 3}{2\cdot 4}\dfrac{x^3}{6}-\cdots+(-1)^{n-1}\dfrac{1\cdot 3\cdot 5\cdots(2n-3)}{2\cdot 4\cdot 6\cdots(2n-2)}\dfrac{x^n}{2n}+\cdots$

(2) $x+\dfrac{1}{2}\dfrac{x^3}{3}+\dfrac{1\cdot 3}{2\cdot 4}\dfrac{x^5}{5}+\cdots+\dfrac{1\cdot 3\cdot 5\cdots(2n-3)(2n-1)}{2\cdot 4\cdots(2n-2)2n}\dfrac{x^{2n+1}}{2n+1}+\cdots$

(3) $1+x+x^2+\cdots+x^n+\cdots$

(4) $1+\dfrac{1}{2}x^2+\dfrac{1\cdot 3}{2\cdot 4}x^4+\cdots+\dfrac{1\cdot 3\cdot 5\cdots(2n-1)}{2\cdot 4\cdots 2n}x^{2n}+\cdots$

§9. 不定積分

── A ──

1 いずれも右辺（不定積分の結果）を微分して，それが左辺の被積分関数に一致することを示せばよい．

2 (1) $\dfrac{1}{18}(3x+4)^6+C$　(2) $-\dfrac{1}{2}\cos(2x-3)+C$

(3) $-2\sqrt{1-x}+C$　(4) $-\dfrac{1}{2(2x-3)}+C$

(5) $\log|\sin(\log x)|+C$　(6) $-\dfrac{1}{2}\cos(x^2+4x-6)+C$

3 (1) $-x\cos x+\sin x+C$　(2) $x\sin x+\cos x+C$

(3) $\dfrac{1}{2}x^2\log x-\dfrac{1}{4}x^2+C$　(4) xe^x-e^x+C

(5) $\dfrac{1}{3}x^3\log x-\dfrac{1}{9}x^3+C$　(6) $\dfrac{1}{2}(\log x)^2+C$

4 (1) $\dfrac{1}{2}e^{2x}\left(x-\dfrac{1}{2}\right)+C$　(2) $-(x+1)\cos x+\sin x+C$

(3) $\dfrac{2}{9}x^{3/2}(3\log x-2)+C$　(4) $\dfrac{2}{15}(3x+2)(x-1)\sqrt{x-1}+C$

(5) $\log\dfrac{x^2}{|x+2|}+C$　(6) $\dfrac{1}{3}(\sqrt{(x+2)^3}+\sqrt{x^3})+C$

(7) $\log\left|\dfrac{x-2}{x+1}\right|+C$　(8) $\dfrac{1}{2}x^2+2\log|x^2-4|+C$

(9) $-\dfrac{1}{16}\cos 8x+\dfrac{1}{4}\cos 2x+C$　(10) $\dfrac{1}{4}\sin^4 x+C$

5 合成関数の微分法によって，$x=g(t)$ のとき，

$$\frac{d}{dt}\int f(x)\,dx=\frac{d}{dx}\int f(x)\,dx\cdot\frac{dx}{dt}=f(x)\frac{dx}{dt}=f(g(t))g'(t).$$

$$\therefore\ \int f(x)\,dx=\int f(g(t))g'(t)\,dt.$$

また，積 $f(x)g(x)$ の微分法によって，

$$\frac{d}{dx}f(x)g(x)=f'(x)g(x)+f(x)g'(x).$$

$$\therefore\ f(x)g(x)=\int f'(x)g(x)\,dx+\int f(x)g'(x)\,dx.$$

6 $n\neq -1$ のとき，部分積分法によって，

$$\int x^n\log x\,dx=\frac{x^{n+1}}{n+1}\log x-\int\frac{x^{n+1}}{n+1}\frac{1}{x}\,dx=\frac{x^{n+1}}{n+1}\log x-\frac{x^{n+1}}{(n+1)^2}+C.$$

$n=-1$ のとき，

$$\int x^{-1}\log x\,dx=\int\log x\,d(\log x)=\frac{1}{2}(\log x)^2+C.$$

7 部分積分法により，

$$\int(\log x)^n\,dx=x(\log x)^n-n\int(\log x)^{n-1}\,dx.$$

次に，この漸化式を用いて，

$$\int(\log x)^3\,dx=x(\log x)^3-3x(\log x)^2+6x\log x-6x+C.$$

8 $\displaystyle\int\sin mx\cos nx\,dx=\frac{1}{2}\left\{\int\sin(m+n)x\,dx+\int\sin(m-n)x\,dx\right\}$

$$=-\frac{1}{2}\left\{\frac{\cos(m+n)x}{m+n}+\frac{\cos(m-n)x}{m-n}\right\}+C.$$

9 (1) 部分積分法により，

$$\int\sin^m x\,dx=\int\sin^{m-1}x\sin x\,dx$$

$$=-\sin^{m-1}x\cos x+(m-1)\int\sin^{m-2}x\cos^2 x\,dx$$

$$=-\sin^{m-1}x\cos x+(m-1)\int\sin^{m-2}x(1-\sin^2 x)\,dx$$

$$=-\sin^{m-1}x\cos x+(m-1)\int\sin^{m-2}x\,dx-(m-1)\int\sin^m x\,dx.$$

$$\therefore\ \int\sin^m x\,dx=-\frac{\sin^{m-1}x\cos x}{m}+\frac{m-1}{m}\int\sin^{m-2}x\,dx.$$

(2) も同様にして証明できる．

10 (1) $\displaystyle\frac{3}{8}x-\frac{\sin 2x}{4}+\frac{\sin 4x}{32}+C$

(2) $\displaystyle\frac{1}{4}\sin x\cos^3 x+\frac{3}{8}\sin x\cos x+\frac{3}{8}x+C$

(3) $\displaystyle\frac{1}{3}\tan^3 x-\tan x+x+C$　　(4) $\displaystyle\tan x+\frac{1}{3}\tan^3 x+C$

(5) $\displaystyle\frac{1}{3}\sin^3 x-\frac{1}{5}\sin^5 x+C$　　(6) $\cos x+\sec x+C$

―― B ――

11 (1) $y=Ce^{x^2}$　　(2) $y^2=2x+C$

(3) $y=Ce^{x^2/2}-2$　　(4) $y=Cx$

12 (1) $\mathrm{P}(x, y)$ における接線の方程式は，$Y-y=y'(X-x)$．従って，

$$\mathrm{T}\left(x-\frac{y}{y'},\ 0\right),\quad \mathrm{HT}=\left|\left(x-\frac{y}{y'}\right)-x\right|=\left|\frac{y}{y'}\right|=k.$$

従って，$y=\pm ky'$．これを解けば，$y=Ce^{\pm x/k}$ を得る．

(2) $\mathrm{P}(x, y)$ における法線の方程式は，$Y-y=-\dfrac{1}{y'}(X-x)$．従って，

$$\mathrm{N}(x+yy', 0),\quad \mathrm{HN}=|(x+yy')-x|=|yy'|=k.$$

従って，$yy'=\pm k$．これを解けば，$y^2=\pm 2kx+C$．

13 $-\dfrac{dm}{dt}=km$（k は比例定数）．これを解けば，$m=Ce^{-kt}$．

14 (1) 両辺を微分して，

$y'=2A\cos(2x+B)$，$y''=-4A\sin(2x+B)$．　$\therefore\ y''=-4y$．

(2) $y'=Ae^x-Be^{-x}$，$y''=Ae^x+Be^{-x}$．　$\therefore\ y''=y$．

15 (1) $x^3=t$ と置けば，$3x^2\,dx=dt$．

$$\int\frac{x^2}{x^6-1}dx=\frac{1}{3}\int\frac{dt}{t^2-1}=\frac{1}{6}\log\left|\frac{t-1}{t+1}\right|+C=\frac{1}{6}\log\left|\frac{x^3-1}{x^3+1}\right|+C$$

(2) $x^6-1=(x+1)(x-1)(x^2+x+1)(x^2-x+1)$

であるから，

$$\frac{x^2}{x^6-1}=\frac{A}{x+1}+\frac{B}{x-1}+\frac{Cx+D}{x^2+x+1}+\frac{Ex+F}{x^2-x+1}$$

と置いて係数を求めると，

$$A=-\frac{1}{6},\ B=\frac{1}{6},\ C=\frac{1}{3},\ D=\frac{1}{6},\ E=-\frac{1}{3},\ F=\frac{1}{6}.$$

従って，

$$\int\frac{x^2}{x^6-1}dx=-\frac{1}{6}\int\frac{dx}{x+1}+\frac{1}{6}\int\frac{dx}{x-1}+\frac{1}{6}\int\frac{2x+1}{x^2+x+1}dx-\frac{1}{6}\int\frac{2x-1}{x^2-x+1}dx$$

$$=\frac{1}{6}\log\left|\frac{x^3-1}{x^3+1}\right|+C.$$

16 $y=vx$ と置けば，$dy=x\,dv+v\,dx$．

$$\frac{dy}{dx}=x\frac{dv}{dx}+v=f(v).\quad \therefore\ \frac{dv}{f(v)-v}=\frac{dx}{x}\ \text{（変数分離形）}.$$

両辺を積分して，

$$\log x=\int\frac{dv}{f(v)-v}+C_1. \qquad \therefore\ x=Ce^{\int\frac{dv}{f(v)-v}}.$$

但し，$C=e^{C_1}$ は任意定数.

17 (1) $\dfrac{dy}{dx}=\dfrac{2xy}{x^2+y^2}=\dfrac{2(y/x)}{1+(y/x)^2}$（同次形）.

$$\therefore\ x=Ce^{\int\frac{dv}{\frac{2v}{1+v^2}-v}}=Ce^{\int\frac{1+v^2}{v-v^3}dv}=Ce^{\log\frac{v}{v^2-1}}=C\frac{v}{v^2-1}=C\frac{xy}{y^2-x^2}.$$

$\therefore\ x(y^2-x^2)=Cxy. \quad \therefore\ y^2-x^2=Cy.$

(2) $\dfrac{dy}{dx}=\dfrac{y}{x}+\dfrac{1}{x}\sqrt{x^2+y^2}=\dfrac{y}{x}+\sqrt{1+\left(\dfrac{y}{x}\right)^2}$（同次形）.

$$\therefore\ x=Ce^{\int\frac{dv}{v+\sqrt{1+v^2}-v}}=Ce^{\int\frac{dv}{\sqrt{1+v^2}}}=Ce^{\log(v+\sqrt{1+v^2})}=C(v+\sqrt{1+v^2})=C\left(\frac{y}{x}+\sqrt{1+\frac{y^2}{x^2}}\right)$$

$\therefore\ x^2=C(y+\sqrt{x^2+y^2})$. 両辺に $(y-\sqrt{x^2+y^2})$ をかけて整理すれば，

$C=\sqrt{x^2+y^2}-y, \quad \therefore\ x^2+y^2=(y+C)^2.$

§10. 定積分とその応用

——A——

1 (1) $2\log 3+2$ (2) $(\log 2)/2$ (3) $1/\log 2$

(4) $9\pi/4$ (5) $(1+2e^3)/9$ (6) $-243/20$

2 §9. 問9を利用すれば，漸化式

$$\int_0^{\frac{\pi}{2}}\sin^m x\,dx=\frac{m-1}{m}\int_0^{\frac{\pi}{2}}\sin^{m-2}dx$$

を得る．この漸化式を繰り返し用いれば，最後には，次のいずれかの積分に帰着する．

(1) $m=2n$ のとき，$\displaystyle\int_0^{\frac{\pi}{2}}dx=\frac{\pi}{2}$. (2) $m=2n+1$ のとき，$\displaystyle\int_0^{\frac{\pi}{2}}\sin x\,dx=1$.

$\cos x$ についても同様である．

3 $\displaystyle\int_{-a}^{a}f(x)\,dx=\int_{-a}^{0}f(x)\,dx+\int_0^a f(x)\,dx$. 右辺第1項で $x=-t$ と置く．

(1) f を偶関数とすれば，$f(-t)=f(t)$.

$$\int_{-a}^{0}f(x)\,dx=-\int_a^0 f(-t)\,dt=\int_0^a f(-t)\,dt=\int_0^a f(t)\,dt=\int_0^a f(x)\,dx.$$

(2) f を奇関数とすれば，$f(-t)=-f(t)$.

$$\int_{-a}^{0}f(x)d\,x=-\int_a^0 f(-t)\,dt=\int_0^a f(-t)\,dt=-\int_0^a f(t)\,dt=-\int_0^a f(x)\,dx.$$

4　(1)　$\int_a^b \{f(x)-g(x)\}\,dx=\lim_{n\to\infty}\sum_{k=1}^{n}\{f(x_k)-g(x_k)\}\Delta x\leqq 0.$

等号は閉区間 $[a, b]$ で常に $f(x)=g(x)$ であるときに限り成立つ．

(2)　閉区間 $[a, b]$ で $m\leqq f(x)\leqq M$ であるから，(1)により，

$$\int_a^b m\,dx\leqq\int_a^b f(x)\,dx\leqq\int_a^b M\,dx.$$

(3)　$\left|\int_a^b f(x)\,dx\right|=\left|\lim_{n\to\infty}\sum_{k=1}^{n}f(x_k)\Delta x\right|=\lim_{n\to\infty}\left|\sum_{k=1}^{n}f(x_k)\Delta x\right|\leqq\lim_{n\to\infty}\sum|f(x_k)|\Delta x$

$=\int_a^b|f(x)|\,dx.$

5　(1)　閉区間 $[1, n]$ を $x=1, 2, 3, \cdots, n-1, n$ で分割し，面積 $L=\int_1^n \log x\,dx$ を内部および外部から近似する横幅1の長方形の和と比較すれば，$y=\log x$ は単調増加関数であるから，

内部長方形の和 $\log 1+\log 2+\cdots+\log(n-1)=\log(n-1)!$

外部長方形の和 $\log 2+\log 3+\cdots+\log n=\log n!$

より，$\log(n-1)!\leqq L\leqq\log n!$ を得る．

(2)　$L=\int_1^n \log x\,dx=\Big[x\log x-x\Big]_1^n=n\log n-n+1$

$=\log n^n-\log e^n+\log e=\log n^n e^{1-n}$

であるから，(1)により，$\log(n-1)!\leqq\log n^n e^{1-n}\leqq\log n!$

$y=\log x$ は単調増加関数であるから，$(n-1)!\leqq n^n e^{1-n}\leqq n!$

$\therefore\ (n-1)!e^{n-1}\leqq n^n\leqq n!e^{n-1}.$

6　正整数 k に対して，

$$\frac{1}{k+1}<\frac{1}{x}<\frac{1}{k}.\quad \therefore\ \int_k^{k+1}\frac{dx}{k+1}<\int_k^{k+1}\frac{dx}{x}<\int_k^{k+1}\frac{dx}{k}.$$

$$\therefore\ \frac{1}{k+1}<\log\frac{k+1}{k}<\frac{1}{k}.$$

$k=1, 2, \cdots, n-1$ と置き，辺々加えれば，

$$\frac{1}{2}+\frac{1}{3}+\cdots+\frac{1}{n}<\log\frac{2}{1}\frac{3}{2}\cdots\frac{n}{n-1}=\log n<1+\frac{1}{2}+\cdots+\frac{1}{n-1}.$$

7　閉区間 $[a, b]$ において，$f(x)$ の最大値を M，最小値を m とすれば，問4より，

$$m(b-a)\leqq\int_a^b f(x)\,dx\leqq M(b-a).\quad \therefore\ m\leqq\frac{1}{b-a}\int_a^b f(x)\,dx\leqq M.$$

関数 f はこの区間で連続であるから，中間値の定理により，

$$f(c)=\frac{1}{b-a}\int_a^b f(x)dx,\quad a<c<b$$

となる点 c が存在する．

8 (1) $F(x)=\int_a^x f(t)\,dt$ と置くと，

$$F(x+\Delta x)-F(x)=\int_a^{x+\Delta x} f(t)\,dt-\int_a^x f(t)\,dt=\int_x^{x+\Delta x} f(t)\,dt.$$

積分における平均値の定理により，$x<c<x+\Delta x$（または $x+\Delta x<c<x$）なる点 c で，

$$\int_x^{x+\Delta x} f(t)\,dt=f(c)\Delta x$$

となるものが存在する．$\Delta x\to 0$ のとき，$c\to x$ であるから，

$$\frac{d}{dx}F(x)=\lim_{\Delta x\to 0}\frac{F(x+\Delta x)-F(x)}{\Delta x}=\lim_{\Delta x\to 0} f(c)=f(x).$$

(2) $\displaystyle \frac{d}{dx}\int_{u(x)}^{v(x)} f(t)\,dt=\frac{d}{dx}\left\{\int_a^{v(x)} f(t)\,dt-\int_a^{u(x)} f(t)\,dt\right\}$

$$=\frac{d}{dx}\int_a^{v(x)} f(t)\,dt-\frac{d}{dx}\int_a^{u(x)} f(t)\,dt=f\{v(x)\}\frac{dv}{dx}-f\{u(x)\}\frac{du}{dx}.$$

9 (1) $e^{-x}\cos x$　　(2) $\dfrac{2\sin x^2-\sin x}{x}$

10 (1) $\displaystyle \int_\alpha^\beta (ax^2+bx+c)\,dx=\left[\frac{a}{3}x^3+\frac{b}{2}x^2+cx\right]_\alpha^\beta=\frac{a}{3}(\beta^3-\alpha^3)+\frac{b}{2}(\beta^2-\alpha^2)+c(\beta-\alpha)$

$$=\frac{a}{3}(\beta^3-\alpha^3)-\frac{a}{2}(\alpha+\beta)(\beta^2-\alpha^2)+a\alpha\beta(\beta-\alpha)=\frac{a}{6}(\alpha-\beta)^3.$$

(2) 2 点 (x_0, y_0)，(x_2, y_2) を通る直線の方程式は，

$$y=y_0+\frac{y_2-y_0}{x_2-x_0}(x-x_0)=\frac{y_2-y_0}{x_2-x_0}x+\frac{y_0x_2-y_2x_0}{x_2-x_0}.$$

従って，関数

$$g(x)=f(x)-\frac{y_2-y_0}{x_2-x_0}x-\frac{y_0x_2-y_2x_0}{x_2-x_0}$$

は，2 実根 x_0, x を持つ x の 2 次式である．従って，

$$\int_{x_0}^{x_2} f(x)\,dx=\int_{x_0}^{x_2} g(x)\,dx+\frac{y_2-y_0}{x_2-x_0}\int_{x_0}^{x_2} x\,dx+\frac{y_0x_2-y_2x_0}{x_2-x_0}\int_{x_0}^{x_2} dx$$

$$=\frac{a}{6}(x_0-x_2)^3+\frac{y_2-y_0}{x_2-x_0}\,\frac{x_2{}^2-x_1{}^2}{2}+y_0x_2-y_2x_0$$

$$=\frac{a}{6}(x_0-x_2)^3+\frac{(y_2-y_0)(x_2+x_1)}{2}+y_0x_2-y_2x_0$$

$$=\frac{a}{6}(x_0-x_2)^3+\frac{1}{2}(x_2-x_0)(y_0+y_2)=\frac{1}{6}(x_2-x_0)\{3y_0+3y_2-a(x_0-x_2)^2\}$$

$=\frac{h}{3}\{y_0+y_2+2y_0+2y_2-a(x_0-x_2)^2\}$.

ここで，$y_0=ax_0{}^2+bx_0+c$，$y_2=ax_2{}^2+bx_2+c$，および，$x_0=x_1-h$，$x_2=x_1+h$ を代入して変形すれば，$2y_0+2y_2-a(x_0-x_2)^2=4y_1$ を得る．

$$\therefore \int_{x_0}^{x_2} f(x)\,dx=\frac{h}{3}(y_0+y_2+4y_1).$$

11 台形公式は曲線 $y=f(x)$ を折れ線で，また Simpson の公式は放物線の弧で置き換えたものである．

12 (1) $y_0=1$，$y_1=1.1180$，$y_2=1.4142$，$y_3=1.8028$，$y_4=2.2361$

台形公式……2.9765，Simpson の公式……2.9580，真の値……2.9579…

(2) $y_0=1$，$y_1=0.941176$，$y_2=0.8$，$y_3=0.64$，$y_4=0.5$

台形公式……0.782794，Simpson の公式……0.785392

注 $\int_0^1 \frac{dx}{1+x^2}=\Big[\tan^{-1}x\Big]_0^1=\frac{\pi}{4}=0.78539816\cdots$

13 前問の如く，$\int_0^1 \frac{dx}{1+x^2}$ の近似値または真の値を計算しても証明できるが，$0<x<1$ のとき，$1<1+x^2<1+x$ であるから，

$$\int_0^1 \frac{dx}{1+x}<\int_0^1 \frac{dx}{1+x^2}<\int_0^1 dx,\quad \int_0^1 \frac{dx}{1+x}=\log 2,\quad \int_0^1 dx=1$$

とすればよい．

14 $\left|\int_0^{2\pi} \frac{\sin nx}{x^2+n^2}\,dx\right| \leqq \int_0^{2\pi}\left|\frac{\sin nx}{x^2+n^2}\right|dx \leqq \int_0^{2\pi}\frac{dx}{n^2}=\frac{2\pi}{n^2}$.

$$\therefore \lim_{n\to\infty}\left|\int_0^{2\pi}\frac{\sin nx}{x^2+n^2}\,dx\right|=0.$$

15 $S=2\int_0^{\sqrt{k}}(k-x^2)\,dx=2\Big[kx-\frac{x^3}{3}\Big]_0^{\sqrt{k}}=\frac{4}{3}k\sqrt{k}$,

$V=2\pi\int_0^{\sqrt{k}}(k-x^2)^2\,dx=2\pi\Big[k^2x-\frac{2}{3}kx^3+\frac{x^5}{5}\Big]_0^{\sqrt{k}}=\frac{16}{15}\pi k^2\sqrt{k}$.

$\therefore\ V-\pi S^2=\frac{16}{15}\pi k^2\sqrt{k}-\frac{16}{9}\pi k^3=\frac{16\pi k^2\sqrt{k}}{45}(3-5\sqrt{k})>0$

$\therefore\ 0<k<\frac{9}{25}$.

16 $V=\pi\int_{-a}^{a} y^2\,dx=2\pi\int_0^a \frac{b^2}{a^2}(a^2-x^2)\,dx=\frac{2\pi b^2}{a^2}\Big[a^2x-\frac{x^3}{3}\Big]_0^a=\frac{4}{3}\pi ab^2$.

ここで，$a=b=r$ と置けば，半径 r の球の体積 $4\pi r^3/3$ を得る．

17 $V=\pi\int_c^d x^2\,dy=\pi\int_c^d \{g(y)\}^2\,dy$.

18 $V_x=\pi\int_0^2 y^2\,dx=\pi\int_0^2 4x\,dx=2\pi\Big[x^2\Big]_0^2=8\pi$,

$$V_y=\pi\int_0^{2\sqrt{2}} x^2\,dy=\pi\int_0^{2\sqrt{2}}\frac{y^4}{16}\,dy=\frac{\pi}{60}\Big[y^5\Big]_0^{2\sqrt{2}}=\frac{32\sqrt{2}}{15}\pi.$$

19 $\dfrac{dy}{dx}=\dfrac{1}{2}(e^{x/a}-e^{-x/a})$ であるから，

$$s=2\int_0^c\sqrt{1+\frac{1}{4}(e^{x/a}-e^{-x/a})^2}\,dx=\int_0^c(e^{x/a}+e^{-x/a})\,dx=a\Big[e^{x/a}-e^{-x/a}\Big]_0^c=a(e^{c/a}-e^{-c/a}).$$

20 (1) 変形して $x^2+(y-2)^2=1$ とすれば，これは中心 $(0,2)$，半径1の円の方程式である．重心は円の中心であるから，重心の描く円周は 4π．

$\therefore$ 表面積$=4\pi\cdot 2\pi=8\pi^2$，体積$=4\pi\cdot\pi=4\pi^2$.

(2) この回転体は高さ h の円錐である．母線 $y=x$ $(0\leqq x\leqq h)$ の重心は $(h/2, h/2)$ であるから，重心の描く円周は $h\pi$，母線の長さは $\sqrt{2}h$．$\therefore$ 表面積$=\sqrt{2}h^2\pi$（底面は含めない）．次に，3点 $(0,0)$，$(h,0)$，(h,h) を頂点とする三角形の重心は，$(2h/3, 2h/3)$ であり，この三角形の面積は $h^2/2$ であるから，体積$=\pi h^3/3$.

―― B ――

21 (1) $x=r\cos\theta$，$y=r\sin\theta$ であるから，

$$\frac{dx}{d\theta}=\frac{dr}{d\theta}\cos\theta-r\sin\theta,\quad \frac{dy}{d\theta}=\frac{dr}{d\theta}\sin\theta+r\cos\theta.$$

いま，動径，接線の傾きをそれぞれ m_1, m_2 とすれば，

$$m_1=\frac{y}{x}=\frac{\sin\theta}{\cos\theta},\quad m_2=\frac{dy}{dx}=\frac{r'\sin\theta+r\cos\theta}{r'\cos\theta-r\sin\theta}$$

$$\therefore\ \cot\alpha=\frac{1+m_1m_2}{m_2-m_1}=\frac{r'}{r}=\frac{1}{r}\frac{dr}{d\theta}.$$

(2) $r_k=f(\theta_k)$，$\theta_k=\alpha+k\varDelta\theta$，$\varDelta\theta=\dfrac{\beta-\alpha}{n}$ $(k=0,1,\cdots,n)$

と置く．しからば，定積分の定義により，

$$S=\lim_{n\to\infty}\sum_{k=1}^{n}\frac{1}{2}r_k{}^2\varDelta\theta=\frac{1}{2}\int_\alpha^\beta r^2\,d\theta.$$

(3) $ds=\sqrt{(dx)^2+(dy)^2}=\sqrt{\left(\dfrac{dx}{d\theta}\right)^2+\left(\dfrac{dy}{d\theta}\right)^2}\,d\theta$

$$=\sqrt{\left(\frac{dr}{d\theta}\cos\theta-r\sin\theta\right)^2+\left(\frac{dr}{d\theta}\sin\theta+r\cos\theta\right)^2}\,d\theta$$

$$=\sqrt{r^2+\left(\frac{dr}{d\theta}\right)^2}\,d\theta.\qquad \therefore\ s=\int_\alpha^\beta\sqrt{r^2+\left(\frac{dr}{d\theta}\right)^2}\,d\theta.$$

22 この図形は始線に関して対称で，θ が0から π まで増加する間に，r は $2a$ から0

まで減少する．

$$S=2\cdot\frac{1}{2}\int_0^\pi a^2(1+\cos\theta)^2\,d\theta=a^2\int_0^\pi\left(1+2\cos\theta+\frac{1+\cos 2\theta}{2}\right)d\theta=a^2\left[\frac{3}{2}\theta\right]_0^\pi$$

$$=\frac{3}{2}\pi a^2.$$

23 最初の一葉は $0\leqq\theta\leqq\pi/n$ で出来る．従って，この一葉の囲む面積は，

$$\frac{1}{2}\int_0^{\frac{\pi}{n}}r^2 d\,\theta=\frac{a^2}{2}\int_0^{\frac{\pi}{n}}\sin^2 n\theta\,d\theta=\frac{a^2}{2}\int_0^{\frac{\pi}{n}}\frac{1-\cos 2n\theta}{2}\,d\theta=\frac{a^2}{4}\left[\theta-\frac{\sin 2n\theta}{2n}\right]_0^{\frac{\pi}{n}}=\frac{\pi a^2}{4n}.$$

正葉線の囲む面積は，n が偶数のときはこの $2n$ 倍，n が奇数のときはこの n 倍に等しい．

24 $ds=\sqrt{(dx)^2+(dy)^2}=\sqrt{\left(\dfrac{dx}{dt}\right)^2+\left(\dfrac{dy}{dt}\right)^2}\,dt.\qquad \therefore\ s=\int_\alpha^\beta\sqrt{\left(\dfrac{dx}{dt}\right)^2+\left(\dfrac{dy}{dt}\right)^2}\,dt.$

25 $\dfrac{dx}{dt}=a(1-\cos t),\ \dfrac{dy}{dt}=a\sin t.$

$$\therefore\ S=\int_0^{2\pi}\sqrt{2a^2(1-\cos t)}\,dt=\int_0^{2\pi}\sqrt{4a^2\sin^2\frac{t}{2}}\,dt=2a\int_0^{2\pi}\sin\frac{t}{2}\,dt=4a\int_0^\pi\sin u\,du$$

$$=-4a\Big[\cos u\Big]_0^\pi=8a.$$

注　サイクロイドの同じ部分が x 軸と囲む図形の面積は $3\pi a^2$ である．

26 (1) $\displaystyle\int_0^1\frac{dx}{\sqrt{x}}=\lim_{\varepsilon\to0+}\int_\varepsilon^1\frac{dx}{\sqrt{x}}=\lim_{\varepsilon\to0+}\Big[2\sqrt{x}\Big]_\varepsilon^1=\lim_{\varepsilon\to0+}(2-2\sqrt{\varepsilon})=2$

(2) $\displaystyle\int_0^1\frac{dx}{\sqrt{1-x^2}}=\lim_{t\to1-}\int_0^t\frac{dx}{\sqrt{1-x^2}}=\lim_{t\to1-}\Big[\sin^{-1}x\Big]_0^t=\lim_{t\to1-}\sin^{-1}t=\frac{\pi}{2}$

(3) $\displaystyle\int_0^\infty\frac{dx}{1+x^2}=\lim_{t\to\infty}\int_0^t\frac{dx}{1+x^2}=\lim_{t\to\infty}\Big[\tan^{-1}x\Big]_0^t=\lim\tan^{-1}t=\frac{\pi}{2}$

(4) $\displaystyle\int_0^\infty\frac{dx}{e^x}=\lim_{t\to\infty}\int_0^t\frac{dx}{e^x}=\lim_{t\to\infty}\Big[-e^{-x}\Big]_0^t=\lim_{t\to\infty}(1-e^{-t})=1$

27 S が有限集合なら，その点の個数を n とするとき，各点を長さ ε/n の区間で覆い，また，S が可付番無限集合なら，各点 $x_1, x_2, x_3, \cdots$ を長さがそれぞれ $\varepsilon/2, \varepsilon/4, \varepsilon/8, \cdots$ なる区間で覆えば，その長さの和は ε になる．

§11. n 次元点集合と多変数関数

—— **A** ——

1 (1) 各成分が結合法則をみたすことから直ちに出る．(2) も同様．

(3) $\boldsymbol{o}=(0, 0, \cdots, 0)\in\boldsymbol{R}^n.$

(4) $-\boldsymbol{x}=(-x_1, -x_2, \cdots, -x_n)\in \boldsymbol{R}^n$.

(5) $\alpha(\boldsymbol{x}+\boldsymbol{y})=\alpha(x_1+y_1, \cdots, x_n+y_n)=(\alpha x_1+\alpha y_1, \cdots, \alpha x_n+\alpha y_n)$

$=(\alpha x_1, \cdots, \alpha x_n)+(\alpha y_1, \cdots, \alpha y_n)=\alpha\boldsymbol{x}+\alpha\boldsymbol{y}$.

(6), (7), (8) も同様.

2 (1) $|\boldsymbol{x}|$ の定義より明らか.

(2) $|\alpha\boldsymbol{x}|=\sqrt{(\alpha x_1)^2+(\alpha x_2)^2+\cdots+(\alpha x_n)^2}=|\alpha|\sqrt{x_1{}^2+x_2{}^2+\cdots+x_n{}^2}=|\alpha|\,|\boldsymbol{x}|$.

(3) Schwarz の不等式により,

$(x_1y_1+x_2y_2+\cdots+x_ny_n)^2\leqq(x_1{}^2+x_2{}^2+\cdots+x_n{}^2)(y_1{}^2+y_2{}^2+\cdots+y_n{}^2)$.

$\therefore\ |\boldsymbol{x}+\boldsymbol{y}|^2=(x_1+y_1)^2+(x_2+y_2)^2+\cdots+(x_n+y_n)^2$

$=(x_1{}^2+x_2{}^2+\cdots+x_n{}^2)+(y_1{}^2+y_2{}^2+\cdots+y_n{}^2)+2(x_1y_1+x_2y_2+\cdots+x_ny_n)$

$\leqq|\boldsymbol{x}|^2+|\boldsymbol{y}|^2+2|\boldsymbol{x}|\,|\boldsymbol{y}|=(|\boldsymbol{x}|+|\boldsymbol{y}|)^2$.

3 (1) $\cos\dfrac{\pi}{2}=0$ より直ちに出る.

(2) $\langle\boldsymbol{x}+\boldsymbol{y}, \boldsymbol{x}-\boldsymbol{y}\rangle=\langle\boldsymbol{x}, \boldsymbol{x}\rangle-\langle\boldsymbol{x}, \boldsymbol{y}\rangle+\langle\boldsymbol{y}, \boldsymbol{x}\rangle-\langle\boldsymbol{y}, \boldsymbol{y}\rangle=\langle\boldsymbol{x}, \boldsymbol{x}\rangle-\langle\boldsymbol{y}, \boldsymbol{y}\rangle$

$=|\boldsymbol{x}|^2-|\boldsymbol{y}|^2=0$.

4 求める単位ベクトルを $\boldsymbol{x}(x_1, x_2, x_3)$ とすれば,

$\boldsymbol{a}\perp\boldsymbol{x}$ より, $3x_1+2x_2+2x_3=0$

$\boldsymbol{b}\perp\boldsymbol{x}$ より, $6x_1+2x_2+3x_3=0$

$|\boldsymbol{x}|=1$ より, $x_1{}^2+x_2{}^2+x_3{}^2=1$

これを解いて, $x_1=\pm\dfrac{2}{7}$, $x_2=\pm\dfrac{3}{7}$, $x_3=\mp\dfrac{6}{7}$ (複号同順).

5 △ABP の底辺 AB は x 軸上にあるから, 動点 P から x 軸へ下した垂線の足を Q とすれば, $\mathrm{PQ}=\sqrt{y^2+z^2}$ が △ABP の高さである.

$$\therefore\ S=\frac{1}{2}\mathrm{AB}\cdot\mathrm{PQ}=\frac{1}{2}\cdot 2\cdot\sqrt{y^2+z^2}=\sqrt{y^2+z^2}.$$

これが一定であるから, 両辺を平方して, $y^2+z^2=S^2$. これは x 軸を軸とする半径 S の円柱面である.

6 (1) $x^2+y^2+z^2=1$, $z\geqq0$. これは原点を中心とし, 半径 1 の球面の上半分を表わす.

(2) $y=0$ (zx 平面) による切り口は $z=\pm x$, $x=0$ (yz 平面) による切り口は $z=\pm y$. これらを母線とする原点を頂点とする円錐を表わす.

7 $\boldsymbol{R}^2$ の部分空間は, 原点 O (0 次元部分空間), O を通る任意の直線 (1 次元部分空

間)，$\boldsymbol{R}^2$ 自身のいずれか．$\boldsymbol{R}^3$ の部分空間は，原点 O，O を通る任意の直線，O を通る任意の平面（2次元部分空間)，$\boldsymbol{R}^3$ 自身のいずれか．

8 (1) $2x+3y\leqq 6$ をみたす半平面．これは有界ではない．

(2) $4<x^2+y^2<16$ をみす円環状の部分．これは有界である．

—— B ——

9 (1) $\boldsymbol{x}$ を S の境界点とする．$\boldsymbol{x}$ の δ 近傍で S の部分であるようなものが存在したとすれば，$\boldsymbol{x}$ は S の内点になってしまう．また，$\boldsymbol{x}$ の δ 近傍で S の補集合の部分であるようなものが存在したとすれば，$\boldsymbol{x}$ は S の外点になってしまう．従って，$\boldsymbol{x}$ の任意の δ 近傍は S の部分でも S の補集合の部分でもない．逆に，$\boldsymbol{x}$ の任意の δ 近傍が S の点と S に属さない点を共に含めば，定義から $\boldsymbol{x}$ は S の内点でも外点でもない．

(2) S が内点 $\boldsymbol{x}_0$ を持ったとすれば，$\boldsymbol{x}_0$ の適当な δ 近傍で S の部分であるようなものが存在する．この近傍は，不等式 $|\boldsymbol{x}-\boldsymbol{x}_0|<\delta$ をみたすすべての点 $\boldsymbol{x}$ の集合であり，有限でも可付番無限でもないから，S の部分ではありえない．これは矛盾である．従って，S はいかなる内点も持ちえない．また，外点は定義から S の点ではない．

10 (1)は誤り．例えば，1次元空間で，半開区間 $(a, b]$ は開でも閉でもない．

(2),(3)は正しい．

11 (1),(3) 閉領域でも単連結領域でもない．

(2),(4) 閉領域ではあるが，単連結ではない．

12 まず，S が弧状連結であるとする．仮に，$A\cup B=S$，$A\cap B=\phi$ であるように二つの開集合 A, B に分割されたとするとき，A の点 $\boldsymbol{a}$ と B の点 $\boldsymbol{b}$ を結ぶ S 内の単純閉曲線を C とする．C は閉区間 $[0, 1]$ の S への連続写像 φ による像であり，$\varphi(0)=\boldsymbol{a}$，$\varphi(1)=\boldsymbol{b}$ である．

$$t_0=\sup\{t\in\boldsymbol{R}\mid\varphi(t)\in A\}$$

と置く．$\varphi(t_0)\in A$ とすれば，A は開集合であるから，t_0 より少し大きな t_1 も $\varphi(t_1)\in A$ をみたし，t_0 が上限であることに反する．また，$\varphi(t_0)\in B$ とすれば，B も開集合であるから，t_0 より少し小さな t_2 も $\varphi(t_2)\in B$ をみたし，やはり t_0 が上限であることに反する．従って，このような A, B への分割はありえない．

逆に，S が弧状連結ではないとする．S の一点 $\boldsymbol{a}$ と S 内の曲線で結べるような点の集合を A とすると，各近傍は弧状連結であるから，A の任意の点 $\boldsymbol{x}$ の適当な δ 近傍が A に含まれる．従って，A は開集合である．A に属さない S の点の集合を B とすると，B も開集合になる．何故なら，B の点 $\boldsymbol{b}$ の近傍内に A の点 $\boldsymbol{x}$ があれば，$\boldsymbol{a}$-$\boldsymbol{x}$-$\boldsymbol{b}$ という連結が生じるからである．従って，Sは条件をみたすA, Bに分割されることになる。

13 (1) 4　(2) $8\sqrt{2}$　(3) 0　(4) 0

14 (1) $\lim_{y\to 0}\lim_{x\to 0}\frac{x-y}{x+y}=-1$，$\lim_{x\to 0}\lim_{y\to 0}\frac{x-y}{x+y}=1$.

これら二つの累次極限の値が異なるから，二重極限は存在しない．

(2) も同様であるが，次問によっても極限の存在しないことがわかる．

15 $y=ax$ を代入すれば，$x\neq 0$ としてよいから，

$$f(x, y)=\frac{x^2-y^2}{x^2+y^2}=\frac{x^2-a^2x^2}{x^2+a^2x^2}=\frac{(1-a^2)x^2}{(1+a^2)x^2}=\frac{1-a^2}{1+a^2}$$

を得る．但し，この値は a に依存するから，極限 $\lim_{\substack{x\to 0\\ y\to 0}} f(x, y)$ は存在しない．

16 (1) $y=ax$ と置くと，

$$f(x, y)=\frac{xy}{x^2+y^2}=\frac{ax^2}{(1+a^2)x^2}=\frac{a}{1+a^2}.$$

この値はaに依存するから，原点において極限が存在しない．従って，f は原点において不連続である．

(2) $x=r\cos\theta$，$y=r\sin\theta$ と置くと，

$$|f(x, y)|=\frac{x^2y^2}{x^2+y^2}=\frac{r^4\cos^2\theta\sin^2\theta}{r^2}=r^2\cos^2\theta\sin^2\theta\leqq r^2=x^2+y^2.$$

従って，$(x, y)\to(0, 0)$ のとき，$x^2+y^2\to 0$ であるから，

$$\lim_{\substack{x\to 0\\ y\to 0}} f(x, y)=0.\qquad \therefore\ f \text{ は原点で連続である．}$$

17

$$f(x, y)=\begin{cases}0 & (x=0 \text{ または } y=0)\\ 1 & (x\neq 0 \text{ かつ } y\neq 0)\end{cases}$$

とすれば，関数 f は原点で x 軸または y 軸に沿っては連続であるが，原点を通るそれ以外の直線に沿っては不連続である．

18 $x+y\neq 0$ のとき，

$$\lim_{\substack{h\to 0\\ k\to 0}} f(x+h, y+k)=\lim_{\substack{h\to 0\\ k\to 0}}\frac{\sin(x+y+h+k)}{x+y+h+k}=\frac{\sin(x+y)}{x+y}=f(x, y).$$

∴ 連続である．

$x+y=0$ のとき，

$$\lim_{\substack{h\to 0\\ k\to 0}} f(x+h, y+k)=\lim_{\substack{h\to 0\\ k\to 0}}\frac{\sin(h+k)}{h+k}=\lim_{\theta\to 0}\frac{\sin\theta}{\theta}=1=f(x, y).$$

∴ 連続である．

19　$f(\boldsymbol{a})<l<f(\boldsymbol{b})$ とする．この場合，$f(\boldsymbol{a})>l>f(\boldsymbol{b})$ としても同様にして証明できる．さて，曲線 C は閉区間 $[a, b]$ の S への連続写像 φ による像であり，$\varphi(a)=\boldsymbol{a}$, $\varphi(b)=\boldsymbol{b}$ である．また，閉区間 $[f(\boldsymbol{a}), f(\boldsymbol{b})]$ は曲線 C の数直線への連続写像 f による像である．従って，合成写像 $f\circ\varphi$ は $[a, b]$ から $[f(\boldsymbol{a}), f(\boldsymbol{b})]$ への1変数連続関数である．故に，1変数関数の中間値の定理により，$[a, b]$ 内に $f\circ\varphi(c)=l$ となる実数 c が存在する．従って，曲線 C 上に $f(\boldsymbol{c})=l$, $\varphi(c)=\boldsymbol{c}$ となる点 $\boldsymbol{c}$ が存在する．

20　関数 f, g が連続であれば，和 $f+g$，スカラー倍 αf も連続であり，また値0をとる定数関数，反対符号の関数 $-f$ も連続である等，線形空間の公理（問1参照）をすべてみたすことから，V は線形空間になる．

§12.　偏導関数と全微分

―― A ――

1　各関数を u と置き，$\dfrac{\partial u}{\partial x}$ および $\dfrac{\partial u}{\partial y}$ を求める．

(1)　$\dfrac{\partial u}{\partial x}=3x^2y+ye^{xy}$,　$\dfrac{\partial u}{\partial y}=x^3+xe^{xy}$.

(2)　$\dfrac{\partial u}{\partial x}=\dfrac{2y}{(x+y)^2}$,　$\dfrac{\partial u}{\partial y}=-\dfrac{2x}{(x+y)^2}$.

(3)　$\dfrac{\partial u}{\partial x}=(1+3x-3y)\sin 3x$,　$\dfrac{\partial u}{\partial x}=-\sin 3x$.

(4)　$\dfrac{\partial u}{\partial x}=\dfrac{1}{x}$,　$\dfrac{\partial u}{\partial y}=-\dfrac{1}{y}$.

(5)　$\dfrac{\partial u}{\partial x}=\dfrac{1}{x\log y}$,　$\dfrac{\partial u}{\partial y}=-\dfrac{\log x}{y(\log y)^2}$.

(6)　$\dfrac{\partial u}{\partial x}=\dfrac{1}{y}\sinh\dfrac{x}{y}$,　$\dfrac{\partial u}{\partial y}=-\dfrac{x}{y}\sinh\dfrac{x}{y}$.

2　$\dfrac{\partial u}{\partial x}=\dfrac{1}{2\sqrt{x}}\cdot\dfrac{1}{\sqrt{x}+\sqrt{y}}$,　$\dfrac{\partial u}{\partial y}=\dfrac{1}{2\sqrt{y}}\cdot\dfrac{1}{\sqrt{x}+\sqrt{y}}$.

$$\therefore\ x\frac{\partial u}{\partial x}+y\frac{\partial u}{\partial y}=\frac{\sqrt{x}+\sqrt{y}}{2(\sqrt{x}+\sqrt{y})}=\frac{1}{2}\ (\text{一定}).$$

3　(1)　$\dfrac{\partial u}{\partial x}=6x^2+3y^2$,　$\dfrac{\partial u}{\partial y}=6xy$.

$\dfrac{\partial^2 u}{\partial x^2}=12x$,　$\dfrac{\partial^2 u}{\partial y\partial x}=\dfrac{\partial^2 u}{\partial x\partial y}=6y$,　$\dfrac{\partial^2 u}{\partial y^2}=6x$.

(2)　$\dfrac{\partial u}{\partial x}=3x^2y+ye^{xy}$,　$\dfrac{\partial u}{\partial y}=x^3+xe^{xy}$.

$$\frac{\partial^2 u}{\partial x^2}=6xy+y^2e^{xy},\quad \frac{\partial^2 u}{\partial y\partial x}=\frac{\partial^2 u}{\partial x\partial y}=3x^2+e^{xy}+xye^{xy},\quad \frac{\partial^2 u}{\partial y^2}=x^2e^{xy}.$$

(3) $\dfrac{\partial u}{\partial x}=ye^{xy}\sin y$, $\dfrac{\partial u}{\partial y}=xe^{xy}\sin y+e^{xy}\cos y$.

$$\frac{\partial^2 u}{\partial x^2}=y^2e^{xy}\sin y,\quad \frac{\partial^2 u}{\partial y\partial x}=\frac{\partial^2 u}{\partial x\partial y}=(1+xy)e^{xy}\sin y+ye^{xy}\cos y,$$

$$\frac{\partial^2 u}{\partial y^2}=(x^2-1)e^{xy}\sin y+2xe^{xy}\cos y.$$

(4) $\dfrac{\partial u}{\partial x}=-\dfrac{y}{x^2}$, $\dfrac{\partial u}{\partial y}=\dfrac{1}{x}+4$.

$$\frac{\partial^2 u}{\partial x^2}=\frac{2y}{x^3},\quad \frac{\partial^2 u}{\partial y\partial x}=\frac{\partial^2 u}{\partial x\partial y}=-\frac{1}{x^2},\quad \frac{\partial^2 u}{\partial y^2}=0.$$

4 r 回の偏微分のうち，xに関する偏微分は，$0, 1, 2, \cdots r$ 回の，全部で $r+1$ 回の場合がある．従って，$r+1$ 個の異なる偏導関数が生じる．

5
$$f_x(0,0)=\lim_{h\to 0}\frac{f(h,0)-f(0,0)}{h}=\lim_{h\to 0}\frac{0}{h}=0,$$

$$f_y(0,0)=\lim_{k\to 0}\frac{f(0,k)-f(0,0)}{k}=\lim_{k\to 0}\frac{0}{k}=0.$$

次に，2階偏微分係数を求める．$x^2+y^2\neq 0$ のとき，

$$f_x(x,y)=\frac{\partial}{\partial x}\left(\frac{x^3y-xy^3}{x^2+y^2}\right)=\frac{x^4y+4x^2y^3-y^5}{(x^2+y^2)^2},$$

$$f_y(x,y)=\frac{\partial}{\partial y}\left(\frac{x^3y-xy^3}{x^2+y^2}\right)=\frac{x^5-2x^3y^2-xy^4-2x^3y^3}{(x^2+y^2)^2}$$

であるから．

$$f_{xx}(0,0)=\lim_{h\to 0}\frac{f_x(h,0)-f_x(0,0)}{h}=\lim_{h\to 0}\frac{0}{h}=0,$$

$$f_{xy}(0,0)=\lim_{k\to 0}\frac{f_x(0,k)-f_x(0,0)}{k}=\lim_{k\to 0}\frac{-k}{k}=-1,$$

$$f_{yx}(0,0)=\lim_{h\to 0}\frac{f_y(f,0)-f_y(0,0)}{h}=\lim_{h\to 0}\frac{h}{h}=1,$$

$$f_{yy}(0,0)=\lim_{k\to 0}\frac{f_y(0,k)-f_y(0,0)}{k}=\lim_{k\to 0}\frac{0}{k}=0.$$

$f_{xy}(0,0)\neq f_{yx}(0,0)$ であるから，この関数 f は C^2 級ではない．

6 $u_x(0,1)=1$，$u_y(0,1)=2$.

7 (1) 2変数の場合について証明するが，n 変数の場合でも同様にして証明できる．さて，$u=f(x,y)$ を点 (x_0, y_0) の近傍で連続微分可能な関数とするとき，y を固定して f を x のみの関数とみなして平均値の定理を適用すれば，x_0 と x の間の実数 α で，

$$f(x, y)=f(x_0, y)+(x-x_0)f_x(\alpha, y)$$

をみたすものが存在する．右辺の $f(x_0, y)$ は y のみの関数であるから平均値の定理により，y_0 と y の間の実数 β で，

$$f(x_0, y)=f(x_0, y_0)+(y-y_0)f_y(x_0, \beta)$$

をみたすものが存在する．両式を加えて，$\Delta x=x-x_0$，$\Delta y=y-y_0$ に対する u の増分 Δu は，

$$\Delta u=f(x, y)-f(x_0, y_0)=(x-x_0)f_x(\alpha, y)+(y-y_0)f_y(x_0, \beta)$$
$$=f_x(\alpha, y)\Delta x+f_y(x_0, \beta)\Delta y$$

となる．ここで，f_x, f_y は点 (x_0, y_0) で連続であり，$x\to x_0$，$y\to y_0$のとき，$\Delta x\to 0$，$\Delta y\to 0$，$\alpha\to x_0$，$\beta\to y_0$ であるから，

$$\Delta u=f_x(x_0, y_0)\Delta x+f_y(x_0, y_0)\Delta y+\varepsilon_1\Delta x+\varepsilon_2\Delta y$$
$$(\Delta x\to 0,\ \Delta y\to 0 \text{ のとき，} \varepsilon_1\to 0,\ \varepsilon_2\to 0)$$

と書ける．従って，f は点 (x_0, y_0) において全微分可能である．

(2) 関数 f が点 (x_0, y_0) の近傍で全微分可能ならば，

$$f(x, y)=f(x_0, y_0)+\alpha\Delta x+\beta\Delta y+\varepsilon_1\Delta x+\varepsilon_2\Delta y$$
$$(\Delta x\to 0,\ \Delta y\to 0 \text{ のとき，} \varepsilon_1\to 0,\ \varepsilon_2\to 0)$$

と書ける．ここに，α, β はそれぞれ x, y に関する偏微分係数である．これより明らかに，

$$\lim_{\substack{x\to x_0\\ y\to y_0}} f(x, y)=f(x_0, y_0)$$

を得る．従って，f は点(x_0, y_0) で連続である．

(3) §11, 問16(2) の関数

$$f(x, y)=\begin{cases}\dfrac{xy}{x^2+y^2} & (x^2+y^2\neq 0)\\ 0 & (x^2+y^2=0)\end{cases}$$

は原点 $(0, 0)$ で不連続であり，(2) によって原点で全微分可能でもない．しかるに，

$$f_x(0, 0)=\lim_{h\to 0}\frac{f(h, 0)-f(0, 0)}{h}=\lim_{h\to 0}\frac{0}{h}=0,$$

$$f_y(0, 0)=\lim_{k\to 0}\frac{f(0, k)-f(0, 0)}{k}=\lim_{k\to 0}\frac{0}{k}=0$$

であるから，原点における x および y に関する偏微分係数は共に存在する．

8 (1) $du=\dfrac{x}{\sqrt{x^2+y^2}}dx+\dfrac{y}{\sqrt{x^2+y^2}}dy$

(2) $du=x^2e^{xy}(3+xy)\,dx+x^4e^{xy}\,dy$

(3) $du=y\cos xy\,dx+x\cos xy\,dy$

9 斜辺 $z=\sqrt{x^2+y^2}$, $dz=\dfrac{x}{\sqrt{x^2+y^2}}dx+\dfrac{y}{\sqrt{x^2+y^2}}dy=\dfrac{x\,dx+y\,dy}{\sqrt{x^2+y^2}}$.

$$\therefore\ \Delta z\fallingdotseq\frac{(6+8)\times 0.1}{\sqrt{6^2+8^2}}=\frac{14\times 0.1}{10}=0.14\ (\mathrm{cm}).$$

面積 $S=\dfrac{1}{2}xy$, $dS=\dfrac{1}{2}y\,dx+\dfrac{1}{2}x\,dy$.

$$\therefore\ \Delta S\fallingdotseq\frac{(6+8)\times 0.1}{2}=\frac{14\times 0.1}{2}=0.7\ (\mathrm{cm}^2).$$

10 直径を x, 高さを y, 体積を V とすれば,

$$V=\frac{\pi}{4}x^2y,\ dV=\frac{\pi}{2}x\,y\,dx+\frac{\pi}{4}x^2\,dy.$$

$$|\Delta V|\fallingdotseq\left|\frac{\pi}{2}xy\Delta x+\frac{\pi}{4}x^2\Delta y\right|\leqq\frac{\pi}{4}x(2y|\Delta x|+x|\Delta y|)$$

$$=\frac{\pi}{4}\times 10.56(2\times 21.34+10.56)\times 0.01\fallingdotseq 4.42\ (\mathrm{cm}^3)$$

11 $df=u\,dx+v\,dy$ であるとすれば, $u=\dfrac{\partial f}{\partial x}$, $v=\dfrac{\partial f}{\partial y}$ であるから,

$$\frac{\partial u}{\partial y}=\frac{\partial}{\partial y}\left(\frac{\partial f}{\partial x}\right)=\frac{\partial^2 f}{\partial y\partial x},\quad \frac{\partial v}{\partial x}=\frac{\partial}{\partial x}\left(\frac{\partial f}{\partial y}\right)=\frac{\partial^2 f}{\partial x\partial y}.$$

u, v は共に C^1 級であるから, この二つの偏導関数は共に存在し, かつ連続である. 従って, 両式の右辺は等しくなる.

12 (1) $u=\log\sqrt{x^2+y^2+z^2}=\dfrac{1}{2}\log(x^2+y^2+z^2)$ であるから,

$$\frac{\partial u}{\partial x}=\frac{x}{x^2+y^2+z^2},\quad \frac{\partial u}{\partial y}=\frac{y}{x^2+y^2+z^2},\quad \frac{\partial u}{\partial z}=\frac{z}{x^2+y^2+z^2}.$$

$$\frac{\partial^2 u}{\partial x^2}=\frac{-x^2+y^2+z^2}{(x^2+y^2+z^2)^2},\quad \frac{\partial^2 u}{\partial y^2}=\frac{x^2-y^2+z^2}{(x^2+y^2+z^2)^2},\quad \frac{\partial^2 u}{\partial z^2}=\frac{x^2+y^2-z^2}{(x^2+y^2+z^2)^2}.$$

$$\therefore\ \Delta u=\frac{\partial^2 u}{\partial x^2}+\frac{\partial^2 u}{\partial y^2}+\frac{\partial^2 u}{\partial z^2}=\frac{1}{x^2+y^2+z^2}.$$

(2) $\dfrac{\partial u}{\partial x}=-\dfrac{x}{(x^2+y^2+z^2)^{3/2}}$, $\dfrac{\partial^2 u}{\partial x^2}=\dfrac{2x^2-y^2-z^2}{(x^2+y^2+z^2)^{5/2}}$.

他の変数に関しても同様に計算でき, $\Delta u=0$ を得る.

13 $\Delta u=\dfrac{\partial^2 u}{\partial x^2}+\dfrac{\partial^2 u}{\partial y^2}=\dfrac{\partial}{\partial x}\left(\dfrac{\partial u}{\partial x}\right)+\dfrac{\partial}{\partial y}\left(\dfrac{\partial u}{\partial y}\right)=\dfrac{\partial}{\partial x}\left(\dfrac{\partial v}{\partial y}\right)-\dfrac{\partial}{\partial y}\left(\dfrac{\partial v}{\partial x}\right)=0$,

$$\Delta v=\frac{\partial^2 v}{\partial x^2}+\frac{\partial^2 v}{\partial y^2}=\frac{\partial}{\partial x}\left(\frac{\partial v}{\partial x}\right)+\frac{\partial}{\partial y}\left(\frac{\partial v}{\partial y}\right)=-\frac{\partial}{\partial x}\left(\frac{\partial u}{\partial y}\right)+\frac{\partial}{\partial y}\left(\frac{\partial u}{\partial x}\right)=0.$$

―― B ――

14 (1) $\varphi(x, y)=\dfrac{x^3}{3}+x^2y+xy^2$, $\dfrac{\partial\varphi}{\partial y}=x^2+2xy$.

(2) $\varphi(x, y)=\dfrac{x^3y^3}{3}$, $\dfrac{\partial\varphi}{\partial y}=x^3y^2$.

(3) $\varphi(x, y)=\dfrac{1}{y}(e^{xy}-1)$, $\dfrac{\partial\varphi}{\partial y}=\dfrac{1}{y^2}(xye^{xy}-e^{xy}+1)$.

15 $u=0$ より, $\dfrac{\partial u}{\partial x}dx+\dfrac{\partial u}{\partial y}dy=0$. $\therefore\ \dfrac{dy}{dx}=-\dfrac{\partial u}{\partial x}\Big/\dfrac{\partial u}{\partial y}$.

16 (1) $\dfrac{dy}{dx}=-\dfrac{3x+2y}{2(x+y)}$, $\dfrac{d^2y}{dx^2}=-\dfrac{1}{4(x+y)^3}$.

(2) $\dfrac{dy}{dx}=\dfrac{y}{x(1-y)}$, $\dfrac{d^2y}{dx^2}=\dfrac{y^2(2-y)}{x^2(1-y)^3}$.

17 $\dfrac{\partial u}{\partial x}=\dfrac{1}{2\sqrt{x}}$, $\dfrac{\partial u}{\partial y}=\dfrac{1}{2\sqrt{y}}$. $\therefore\ \dfrac{dy}{dx}=-\sqrt{\dfrac{y}{x}}$.

この曲線上の点 (x_0, y_0) における接線の方程式は,

$$y-y_0=-\sqrt{y/x}(x-x_0).$$

$\therefore$ x 切片は $x_0+\sqrt{x_0y_0}$, y 切片は $y_0+\sqrt{x_0y_0}$.

その和は, $x_0+y_0+2\sqrt{x_0y_0}=(\sqrt{x_0}+\sqrt{y_0})^2=a$ (一定).

18 $u=0$ の両辺を x および y で偏微分すれば,

$$\frac{\partial u}{\partial x}+\frac{\partial u}{\partial z}\frac{\partial z}{\partial x}=0,\quad \frac{\partial u}{\partial y}+\frac{\partial u}{\partial z}\frac{\partial z}{\partial y}=0.$$

§13. 合成微分律

―― A ――

1 $\dfrac{\partial u}{\partial t}=\dfrac{\partial u}{\partial x}\dfrac{\partial x}{\partial t}+\dfrac{\partial u}{\partial y}\dfrac{\partial y}{\partial t}=\dfrac{2(1+y^2)\cos 2t-3(1+x^2)\sin(3t-s)}{(1-xy)^2}$

$\dfrac{\partial u}{\partial s}=\dfrac{\partial u}{\partial x}\dfrac{\partial x}{\partial s}+\dfrac{\partial u}{\partial y}\dfrac{\partial y}{\partial s}=\dfrac{(1+x^2)\sin(3t-s)}{(1-xy)^2}$

2 (1) $\dfrac{\partial u}{\partial r}=\dfrac{\partial u}{\partial x}\cos\theta+\dfrac{\partial u}{\partial y}\sin\theta$, $\dfrac{\partial u}{\partial\theta}=-\dfrac{\partial u}{\partial x}r\sin\theta+\dfrac{\partial u}{\partial y}r\cos\theta$.

(2) (1)の二つの式の両辺を平方して加えればよい.

3 $\dfrac{\partial u}{\partial r}=\dfrac{\partial u}{\partial x}\cos\theta+\dfrac{\partial u}{\partial y}\sin\theta=2(x+y)\cos\theta+2x\sin\theta=2r\cos^2\theta+4r\sin\theta\cos\theta$,

$\dfrac{\partial u}{\partial\theta}=-\dfrac{\partial u}{\partial x}y+\dfrac{\partial u}{\partial y}x=-2(x+y)y+2x^2=2(x^2-xy-y^2)$

$=2r^2(\cos^2\theta-\cos\theta\sin\theta-\sin^2\theta)$.

4 (1) $t=2x+7y$ と置けば，合成微分律により，

$$\frac{\partial u}{\partial x}=\frac{\partial u}{\partial t}\frac{\partial t}{\partial x}=2\frac{\partial u}{\partial t},\quad \frac{\partial u}{\partial y}=\frac{\partial u}{\partial t}\frac{\partial t}{\partial y}=7\frac{\partial u}{\partial t}.$$

両辺から $\partial u/\partial t$ を消去すればよい．

(2) $t=x^2y$ と置けば，合成微分律により，

$$\frac{\partial u}{\partial x}=\frac{\partial u}{\partial t}\frac{\partial t}{\partial x}=2xy\frac{\partial u}{\partial t},\quad \frac{\partial u}{\partial y}=\frac{\partial u}{\partial t}\frac{\partial t}{\partial y}=x^2\frac{\partial u}{\partial t}.$$

両辺から $\partial u/\partial t$ を消去すればよい．

5 $t=x+ay$，$s=x-ay$ と置けば，$u=f(t)+g(s)$ となり，

$$\frac{\partial u}{\partial x}=\frac{\partial u}{\partial t}\frac{\partial t}{\partial x}+\frac{\partial u}{\partial s}\frac{\partial s}{\partial x}=f'(t)+g'(s),$$

$$\frac{\partial u}{\partial y}=\frac{\partial u}{\partial t}\frac{\partial t}{\partial y}+\frac{\partial u}{\partial s}\frac{\partial s}{\partial y}=af'(t)-ag'(s).$$

$$\frac{\partial^2 u}{\partial x^2}=\frac{\partial}{\partial x}\left(\frac{\partial u}{\partial x}\right)=\frac{\partial}{\partial t}\left(\frac{\partial u}{\partial x}\right)\frac{\partial t}{\partial x}+\frac{\partial}{\partial s}\left(\frac{\partial u}{\partial x}\right)\frac{\partial s}{\partial x}$$

$$=\frac{\partial}{\partial t}\{f'(t)+g'(s)\}+\frac{\partial}{\partial s}\{f'(t)+g'(s)\}=f''(t)+g''(s),$$

$$\frac{\partial^2 u}{\partial y^2}=\frac{\partial}{\partial y}\left(\frac{\partial u}{\partial y}\right)=\frac{\partial}{\partial t}\left(\frac{\partial u}{\partial y}\right)\frac{\partial t}{\partial y}+\frac{\partial}{\partial s}\left(\frac{\partial u}{\partial x}\right)\frac{\partial s}{\partial y}=a\frac{\partial}{\partial t}\{af'(t)-ag'(s)\}$$

$$-a\frac{\partial}{\partial s}\{af'(t)-ag'(s)\}=a^2f''(t)+a^2g''(s).$$

$$\therefore\ \frac{\partial^2 u}{\partial y^2}-a^2\frac{\partial^2 u}{\partial x^2}=0.$$

6 $t=x-y$，$s=y-x$ と置けば，

$$\frac{\partial u}{\partial x}+\frac{\partial u}{\partial y}=\frac{\partial u}{\partial t}\frac{\partial t}{\partial x}+\frac{\partial u}{\partial s}\frac{\partial s}{\partial x}+\frac{\partial u}{\partial t}\frac{\partial t}{\partial y}+\frac{\partial u}{\partial s}\frac{\partial s}{\partial y}=\frac{\partial u}{\partial t}-\frac{\partial u}{\partial s}-\frac{\partial u}{\partial t}+\frac{\partial u}{\partial s}=0.$$

7 (1) $u=g(x)+h(y)$ とすれば，$\dfrac{\partial u}{\partial y}=h'(y)$．　$\therefore\ \dfrac{\partial^2 u}{\partial x\partial y}=0$.

逆に，$\dfrac{\partial^2 u}{\partial x\partial y}=\dfrac{\partial}{\partial x}\left(\dfrac{\partial u}{\partial y}\right)=0$ とすれば，$\dfrac{\partial u}{\partial y}$ は y のみの関数となり，$\dfrac{\partial u}{\partial y}=h'(y)$ と書ける．$\therefore\ u=g(x)+h(y)$ と書ける．

(2) $u=g(x)h(y)$ とすれば，$\dfrac{\partial u}{\partial x}=g'(x)h(x)$，$\dfrac{\partial u}{\partial y}=g(x)h'(x)$.

$\dfrac{\partial^2 u}{\partial x\partial y}=g'(x)h'(x)$．　$\therefore\ u\dfrac{\partial^2 u}{\partial x\partial y}=\dfrac{\partial u}{\partial x}\dfrac{\partial u}{\partial y}$．逆に，$u\dfrac{\partial^2 u}{\partial x\partial y}=\dfrac{\partial u}{\partial x}\dfrac{\partial u}{\partial y}$ とすれば，

$\dfrac{\partial}{\partial x}\left(\dfrac{1}{u}\dfrac{\partial u}{\partial y}\right)=\dfrac{1}{u}\dfrac{\partial^2 u}{\partial x\partial y}-\dfrac{1}{u^2}\dfrac{\partial u}{\partial x}\dfrac{\partial u}{\partial y}=0$ であるから，$\dfrac{1}{u}\dfrac{\partial u}{\partial y}$ は y のみの関数となり，

$\dfrac{1}{u}\dfrac{\partial u}{\partial y}=h'(y)$ と書ける．

$$\therefore\ \log u=g(x)+h(x),\ \text{あるいは},\ u=e^{g(x)}e^{h(x)}\ \text{と書ける．}$$

従って，u は x のみの関数と y のみの関数の積となる．

8　両式を x について偏微分して，

$$2u\frac{\partial u}{\partial x}-\frac{\partial v}{\partial x}=3,\quad \frac{\partial u}{\partial x}-4v\frac{\partial v}{\partial x}=1.$$

これを解いて，

$$\frac{\partial u}{\partial x}=\frac{12v-1}{8uv-1},\quad \frac{\partial v}{\partial x}=\frac{3-2u}{8uv-1}.$$

同様にして，両式を y について偏微分して，

$$2u\frac{\partial u}{\partial y}-\frac{\partial v}{\partial y}=1,\quad \frac{\partial u}{\partial y}-4v\frac{\partial v}{\partial y}=-2.$$

これを解いて，

$$\frac{\partial u}{\partial y}=\frac{4v+1}{8uv-1},\quad \frac{\partial v}{\partial y}=\frac{4u+1}{8uv-1}.$$

9　$x_1=ts_1, x_2=ts_2, \cdots, x_n=ts_n$ と置き，$s_1, s_2, \cdots, s_n$ を一定にして，

$$u=f(x_1, x_2, \cdots, x_n)=t^m f(s_1, s_2, \cdots s_n)$$

を t の関数とみなし，両辺を t で微分すれば，

$$\frac{du}{dt}=\frac{\partial u}{\partial x_1}\frac{\partial x_1}{\partial t}+\frac{\partial u}{\partial x_2}\frac{\partial x_2}{\partial t}+\cdots+\frac{\partial u}{\partial x_n}\frac{\partial x_n}{\partial t}$$

$$=\left(s_1\frac{\partial}{\partial x_1}+s_2\frac{\partial}{\partial x_2}+\cdots+s_n\frac{\partial}{\partial x_n}\right)u=mt^{m-1}f(s_1, s_2, \cdots, s_n),$$

$$\frac{d^2u}{dt^2}=\frac{d}{dt}\left(\frac{du}{dt}\right)=\left(s_1\frac{\partial}{\partial x_1}+s_2\frac{\partial}{\partial x_2}+\cdots+s_n\frac{\partial}{\partial x_n}\right)^2 u$$

$$=m(m-1)t^{m-2}f(s_1, s_2, \cdots, s_n).$$

帰納法的に，

$$\frac{d^ku}{dt^k}=\left(s_1\frac{\partial}{\partial x_1}+s_2\frac{\partial}{\partial x_2}+\cdots+s_n\frac{\partial}{\partial x_n}\right)^k u$$

$$=m(m-1)\cdots(m-k+1)t^{m-k}f(s_1, s_2, \cdots, s_n).$$

ここで，特に $t=1$ とすれば，

$$\left(x_1\frac{\partial}{\partial x_1}+x_2\frac{\partial}{\partial x_2}+\cdots+x_n\frac{\partial}{\partial x_n}\right)^k u=m(m-1)\cdots(m-k+1)u$$

を得る．

10　$u=x^4+2xy^3-5y^4$ は2文字 x, y に関する4次の同次関数であるから，Eulerの定

理により，直ちに，

$$x\frac{\partial u}{\partial x}+y\frac{\partial u}{\partial y}=4u.$$

11 $\dfrac{\partial(u,v)}{\partial(x,y)}=\begin{vmatrix} u_x & u_y \\ v_x & v_y \end{vmatrix}=\begin{vmatrix} 2x & 2y \\ ye^{xy} & xe^{xy} \end{vmatrix}=2e^{xy}(x^2-y^2).$

次に，$2e^{xy}(x^2-y^2)=0$ と置けば，$y=\pm x$ を得る．

12 $\dfrac{\partial(x,y)}{\partial(r,\theta)}=\begin{vmatrix} x_r & x_\theta \\ y_r & y_\theta \end{vmatrix}=\begin{vmatrix} \cos\theta & -r\sin\theta \\ \sin\theta & r\cos\theta \end{vmatrix}=r.$

13 左辺$=\begin{vmatrix} u_r & u_s \\ v_r & v_s \end{vmatrix}=\begin{vmatrix} u_xx_r+u_yy_r & u_xx_s+u_yy_s \\ v_xx_r+v_yy_r & v_xx_s+v_yy_s \end{vmatrix}=\begin{vmatrix} u_x & u_y \\ v_x & v_y \end{vmatrix}\begin{vmatrix} x_r & x_s \\ y_r & y_s \end{vmatrix}=$右辺.

14 面積 $S=4$，面積 $R=8$．また，

$$\frac{\partial(u,v)}{\partial(x,y)}=\begin{vmatrix} u_x & u_y \\ v_x & v_y \end{vmatrix}=\begin{vmatrix} 1 & -1 \\ 1 & 1 \end{vmatrix}=2.$$

—— **B** ——

15 合成微分律により，

$$\frac{d}{dt}u=\frac{\partial u}{\partial x}\frac{dx}{dt}+\frac{\partial u}{\partial y}\frac{dy}{dt}=h\frac{\partial u}{\partial t}+k\frac{\partial u}{\partial t}=\left(h\frac{\partial}{\partial t}+k\frac{\partial}{\partial t}\right)u.$$

16 $g(t)=f(x_0+th,y_0+tk)$ と置き，これに1変数 t の関数に関する Maclaurin の展開公式を適用すれば，

$$g(t)=g(0)+g'(0)t+\frac{1}{2!}g''(0)t^2+\cdots+\frac{1}{(n-1)!}g^{(n-1)}(0)t^{n-1}+R_n.$$

ここで，両辺において，$t=1$，および

$$\left(\frac{d}{dt}\right)^m g(0)=\left(h\frac{\partial}{\partial x}+k\frac{\partial}{\partial y}\right)^m f(x_0,y_0)\quad(m=0,1,\cdots n-1)$$

を代入すればよい．

17 前問において，特に $n=1$ の場合に他ならない．

§14. 臨界点と極値

—— **A** ——

1 (1) これは，z 軸を回転軸とする回転放物面である．等位線は $x^2+y^2=c$，すなわち，原点を中心とする xy 平面上の同心円となる．

(2) これは双曲放物面である．等位線は $x^2-y^2=c$，すなわち，$y=\pm x$ を漸近線とする直角双曲線で，$c=0$ のときは $y=\pm x$ 自身になる．

(3) これも双曲放物面である．等位線は $xy=c$，すなわち，x 軸，y 軸を漸近線とする直角双曲線で，$c=0$ のときは両軸自身になる．

2 (1) $x=(2n+1)\pi$，$y=1$；および，$x=2n\pi$，$y=-1$．

(2) $x=0$，$y=n\pi$．

3 f が点 $\mathrm{P}(x_0, y_0)$ において極値をとるならば，$f(x, y_0)$，$f(x_0, y)$ はそれぞれ $x=x_0$，$y=y_0$ において極値をとるから，

$$f_x(x_0, y_0)=0,\quad f_y(x_0, y_0)=0.$$

4 Taylor の公式により，関数 f は臨界点 $\mathrm{P}(x_0, y_0)$ の近傍で，

$$f(x, y)-f(x_0, y_0)=\frac{1}{2}\left\{h^2\frac{\partial^2 z}{\partial x^2}+2hk\frac{\partial^2 z}{\partial x\partial y}+k^2\frac{\partial^2 z}{\partial y^2}\right\}+R_3$$

と書け，左辺の符号は右辺の 2 次形式

$$h^2\frac{\partial^2 z}{\partial x^2}+2hk\frac{\partial^2 z}{\partial x\partial y}+k^2\frac{\partial^2 z}{\partial y^2}$$

の符号に従がう．これは $\Delta>0$ なら，$h=k=0$ でない限り，$\partial^2 z/\partial x^2$ と同符号になり，また，$\Delta<0$ なら正にも負にもなりうる．

5 $\dfrac{\partial z}{\partial x}=2ax+2by$，$\dfrac{\partial z}{\partial y}=2bx+2cy$．∴ 原点は臨界点である．

$$\frac{\partial^2 z}{\partial x^2}=2a,\quad \frac{\partial^2 z}{\partial y^2}=2c,\quad \frac{\partial^2 z}{\partial x\partial y}=2b,\quad \Delta=4(ac-b^2)>0$$

より，$a>0$ ならば原点を極大点とし，$a<0$ ならば原点を極小点とする．

6 (1) 極小点 $(1, 1)$，極小値 -1．

(2) 極小点 $(1, 1/2)$，極小値 $7/4$．

7 $x=y=\pi/6$ または $x=y=5\pi/6$ のとき極大値 $3/2$ をとる．

8 $f(x, y)=x^2(x-a)-y^2$ と置けば，

$$\frac{\partial f}{\partial x}=3x^2-2ax,\quad \frac{\partial f}{\partial y}=-2y.\quad ∴ \text{原点は特異点である．}$$

$$\frac{\partial^2 f}{\partial x^2}=6x-2a,\quad \frac{\partial^2 f}{\partial y^2}=-2,\quad \frac{\partial^2 f}{\partial x\partial y}=0,\quad \Delta=4a-12x.$$

従って，原点における Δ の値は $4a$ になり，その符号の正，負，0 であるに応じて，原点は孤立点，結節点，尖点になる．

9 $\varphi(x, y)=0$ であるから，y は x の関数である．そこで，φ を x で微分し，また，f を x で微分して 0 と置けば，

$$\frac{\partial f}{\partial x}+\frac{\partial f}{\partial y}\frac{\partial y}{\partial x}=0,\quad \frac{\partial \varphi}{\partial x}+\frac{\partial \varphi}{\partial y}\frac{\partial y}{\partial x}=0$$

を得る．第1式に $\partial\varphi/\partial y$ を，また第2式に $\partial f/\partial y$ を掛けて，両式の差をとれば，

$$\frac{\partial f}{\partial x}\frac{\partial\varphi}{\partial y}=\frac{\partial f}{\partial y}\frac{\partial\varphi}{\partial x} \quad \text{あるいは} \quad \frac{f_x}{\varphi_x}=\frac{f_y}{\varphi_y} \quad (=\lambda \text{ と置く}).$$

この方程式の解は，$g(x,y)=f(x,y)-\lambda\varphi(x,y)$ の臨界点となる．

10 $\varphi(x,y)=x^2+y^2-1$ と置き，Lagrange の未定乗数法を用いる．

$$\frac{f_x}{\varphi_x}=\frac{f_y}{\varphi_y}, \quad \text{すなわち，} \quad \frac{1}{2x}=\frac{1}{2y}$$

を解く．$x=y=\dfrac{1}{\sqrt{2}}$ のとき，極大値$\sqrt{2}$；$x=y=-\dfrac{1}{\sqrt{2}}$のとき，極小値 $-\sqrt{2}$.

11 $\varphi(x,y,z)=x+y+z-1$ と置き，

$$\frac{f_x}{\varphi_x}=\frac{f_y}{\varphi_y}=\frac{f_z}{\varphi_z}, \quad \text{すなわち，} \quad yz=zx=xy$$

を解く．これより，$x=y=z=1/3$ のとき，極大値$1/27$をとる．

12 $x=y=\pm 1/\sqrt{2}$ のとき最小値1，$x=-y=\pm 3/\sqrt{2}$ のとき最大値3.

13 $x=y=z=\sqrt{\dfrac{2}{3}}$ のとき，最大値 $\left(\dfrac{2}{3}\right)^{3/2}$.

14 $z=\overline{\mathrm{PA}}^2+\overline{\mathrm{PB}}^2+\overline{\mathrm{PC}}^2$

$$=(x-x_1)^2+(y-y_1)^2+(x-x_2)^2+(y-y_2)^2+(x-x_3)^2+(y-y_3)^2$$

と置き，

$$\frac{\partial z}{\partial x}=0, \quad \frac{\partial z}{\partial y}=0$$

より極値を求める．これより，P が △ABC の重心，すなわち，

$$x=\frac{x_1+x_2+x_3}{3}, \quad y=\frac{y_1+y_2+y_3}{3}$$

であるとき，zは最小値をとる．

15 三角形の各辺の長さを x, y, z とし，$x+y+z=2s$（一定）とすれば，面積 S は，

$$S=\sqrt{s(s-x)(s-y)(s-z)} \quad \text{(Heron の公式)}.$$

ところで，$(s-x)+(s-y)+(s-z)=3s-2s=s$（一定）であるから，

$(s-x)(s-y)(s-z)$ の最大値は問11により，

$$s-x=s-y=s-z=s/3$$

のとき，$s^3/27$ をとる．従って，面積 S は，$x=y=z=2s/3$ のとき最大値 $s^2/3\sqrt{3}$ をとる．

16 (1) $x=1$, $y=-1$ のとき最大値 2；$x=-1$, $y=1$ のとき最小値 -2.

(2) $x=y=\pm\sqrt{2}/2$ のとき最大値 $1/2$；$x=y=0$ のとき最小値 -1.

17 (1) $x=y$ のとき最小値 0，最大値はなし．

(2),(3) 最大値も最小値もなし．

(4) $x=1/2$，$y=0$ のとき最小値 $-1/4$．最大値はなし．

18 最大値 5，最小値 -5．

―― **B** ――

19 $u_x=2x-3yz$，$u_y=2y-3xz$，$u_z=2z-3xy$．

従って，原点は u の臨界点である．原点において，$\Delta_1=u_{xx}=2>0$，また，

$$\Delta_2=\begin{vmatrix} u_{xx} & u_{xy} \\ u_{yx} & u_{yy} \end{vmatrix}=\begin{vmatrix} 2 & 0 \\ 0 & 2 \end{vmatrix}=4,\quad \Delta_3=\begin{vmatrix} u_{xx} & u_{xy} & u_{xz} \\ u_{yx} & u_{yy} & u_{yz} \\ u_{zx} & u_{zy} & u_{zz} \end{vmatrix}=\begin{vmatrix} 2 & 0 & 0 \\ 0 & 2 & 0 \\ 0 & 0 & 2 \end{vmatrix}=8>0.$$

従って，原点は極小点である．

20 (1) 包絡線の方程式 が $x=\varphi(\alpha)$，$y=\psi(\alpha)$ と媒介変数表示されるとすれば，$f(x,y,\alpha)=0$ の両辺を α で微分することにより，

$$\frac{\partial f}{\partial x}\frac{d\varphi}{d\alpha}+\frac{\partial f}{\partial y}\frac{d\psi}{d\alpha}+\frac{\partial f}{\partial \alpha}=0.$$

次に，点 (x,y) における包絡線の勾配は，

$$\frac{dy}{dx}=\frac{dy/d\alpha}{dx/d\alpha}=\frac{d\psi/d\alpha}{d\varphi/d\alpha}.$$

また，曲線 $f(x,y,\alpha)=0$ の点 (x,y) における勾配は，

$$\frac{dy}{dx}=-\frac{\partial f/\partial x}{\partial f/\partial y}.$$

以上の 3 式より，$f_\alpha=0$ を得る．　(2) $x^2+y^2=1$．

21 $u\alpha^2+2v\alpha+w=0$ を α で微分して，$2u\alpha+2v=0$．両式から α を消去すれば，$uw-v^2=0$ を得る．

22 与式を α について整頓して，$\alpha^2+(x-2)\alpha+(1-y)=0$．前問より，包絡線は，$4(1-y)-(x-2)^2=0$，すなわち，$4y+x^2-4x=0$．

§15. ベクトル解析

―― **A** ――

1 **スカラー関数** f は領域 S の各点 $\boldsymbol{r}$ にスカラー $f(\boldsymbol{r})$ を対応させる．物体の各点に分布している密度，温度，定点 O からの距離などは〝スカラー場〟を作る．**ベクトル関数** $\boldsymbol{u}$ は領域 S の各点 $\boldsymbol{r}$ にベクトル $\boldsymbol{u}(\boldsymbol{r})$ を対応させる．回転体や流体の各点に分布している

速度場，あるいは，重力場，電場，磁場などは〝ベクトル場〟の例である．

注　t を媒介変数とする位置ベクトル $\boldsymbol{r}(t)=\boldsymbol{i}x(t)+\boldsymbol{j}y(t)+\boldsymbol{k}z(t)$ は，スカラー変数 t のベクトル関数である．また，ベクトル関数

$$\boldsymbol{u}(x,y,z)=\boldsymbol{i}u_1(x,y,z)+\boldsymbol{j}u_2(x,y,z)+\boldsymbol{k}u_3(x,y,z)$$

において，x,y,z が t の関数ならば，$\boldsymbol{u}(\boldsymbol{r})=\boldsymbol{u}(x,y,z)$ は，変数 t のベクトル関数に帰着する．

2　二つのベクトル $\boldsymbol{a},\boldsymbol{b}$ の和は，これらを隣接辺とする平行四辺形の対角線に等しい（平行四辺形の法則）．これは，ベクトルの加法の定義から証明できる．

3　$\boldsymbol{r}=\boldsymbol{i}x+\boldsymbol{j}y+\boldsymbol{k}z$ とすれば，$\boldsymbol{r}$ 方向の単位ベクトルは，

$$\frac{1}{|\boldsymbol{r}|}\boldsymbol{r}=\boldsymbol{i}\frac{x}{\sqrt{x^2+y^2+z^2}}+\boldsymbol{j}\frac{y}{\sqrt{x^2+y^2+z^2}}+\boldsymbol{k}\frac{z}{\sqrt{x^2+y^2+z^2}}$$

である．他方，

$$\cos\alpha=\frac{\boldsymbol{r}\cdot\boldsymbol{i}}{|\boldsymbol{r}|\cdot|\boldsymbol{i}|}=\frac{x}{|\boldsymbol{r}|}=\frac{x}{\sqrt{x^2+y^2+z^2}},\ \cos\beta=\frac{y}{\sqrt{x^2+y^2+z^2}},\ \cos\gamma=\frac{z}{\sqrt{x^2+y^2+z^2}}$$

であるから，

$$\frac{1}{|\boldsymbol{r}|}\boldsymbol{r}=\boldsymbol{i}\cos\alpha+\boldsymbol{j}\cos\beta+\boldsymbol{k}\cos\gamma.$$

4　平面 S 上の任意の点を R とし，$\overrightarrow{\mathrm{OR}}=\boldsymbol{r}$ とすれば，

$$\overrightarrow{\mathrm{OP}}=\boldsymbol{n}p,\ \overrightarrow{\mathrm{PR}}=\overrightarrow{\mathrm{OR}}-\overrightarrow{\mathrm{OP}}=\boldsymbol{r}-\boldsymbol{n}p$$

であり，これらのベクトルは直交するから，

$$\boldsymbol{n}\cdot(\boldsymbol{r}-\boldsymbol{n}p)=\boldsymbol{n}\cdot\boldsymbol{r}-p=0.\quad\therefore\ \boldsymbol{n}\cdot\boldsymbol{r}=p.$$

5　$\boldsymbol{a}=\boldsymbol{i}a_1+\boldsymbol{j}a_2+\boldsymbol{k}a_3$，$\boldsymbol{b}=\boldsymbol{i}b_1+\boldsymbol{j}b_2+\boldsymbol{k}b_3$ と置き，公式の両辺を計算すれば，容易に等号が証明できる．

6　$\boldsymbol{a}\times\boldsymbol{b}=\begin{vmatrix}\boldsymbol{i}&\boldsymbol{j}&\boldsymbol{k}\\a_1&a_2&a_3\\b_1&b_2&b_3\end{vmatrix}$ について，行列式の性質を用いれば，容易である．

7　(1)　$\boldsymbol{a},\boldsymbol{b}$ を隣接辺とする平行四辺形の底辺を $|\boldsymbol{b}|$ とすれば，高さは $|\boldsymbol{a}|\sin\theta$ である．従って，その面積は，$|\boldsymbol{a}\times\boldsymbol{b}|=|\boldsymbol{a}|\cdot|\boldsymbol{b}|\sin\theta$ である．

(2)　$|\boldsymbol{a}\times\boldsymbol{b}|^2=|\boldsymbol{a}|^2|\boldsymbol{b}|^2\sin^2\theta=|\boldsymbol{a}|^2|\boldsymbol{b}|^2(1-\cos^2\theta)=|\boldsymbol{a}|^2|\boldsymbol{b}|^2-|\boldsymbol{a}|^2|\boldsymbol{b}|^2\cos^2\theta$

$$=(\boldsymbol{a}\cdot\boldsymbol{a})(\boldsymbol{b}\cdot\boldsymbol{b})-(\boldsymbol{a}\cdot\boldsymbol{b})^2.$$

8　定義から，$\boldsymbol{a}\times\boldsymbol{b}$ は $\boldsymbol{a}$ および $\boldsymbol{b}$ と直交する．従って，それらの内積は 0 となる．

9　$\boldsymbol{a}$ と $\boldsymbol{b}$ が平行ならば，交角 $\theta=0$．　$\therefore\ \sin\theta=\sin 0=0$．　$\therefore\ \boldsymbol{a}\times\boldsymbol{b}=\boldsymbol{o}$．逆も明らか．

10　(1)　行列式の性質から明らか．

(2)　$\boldsymbol{a},\boldsymbol{b},\boldsymbol{c}$ を隣接辺とする平行六面体において，底面の平行四辺形の面積を $|\boldsymbol{b}\times\boldsymbol{c}|$

とすれば，その高さは，$\boldsymbol{b}\times\boldsymbol{c}$ 方向の単位ベクトルを $\boldsymbol{n}$，また，$\boldsymbol{a}$ と $\boldsymbol{n}$ との交角を θ とすれば，

$|\boldsymbol{a}|\cos\theta=|\boldsymbol{a}|\cdot|\boldsymbol{n}|\cos\theta=\boldsymbol{a}\cdot\boldsymbol{n}$ （$\boldsymbol{a},\boldsymbol{b},\boldsymbol{c}$ が右手系をなすとき正）.

∴ 体積＝(高さ)・(底面積)＝$(\boldsymbol{a}\cdot\boldsymbol{n})|\boldsymbol{b}\times\boldsymbol{c}|=\boldsymbol{a}\cdot(\boldsymbol{b}\times\boldsymbol{c})=[\boldsymbol{abc}]$.

(3) 四面体の体積＝$\frac{1}{3}$(高さ)・(底面積)＝$\frac{1}{3}(\boldsymbol{a}\cdot\boldsymbol{n})\left(\frac{1}{2}|\boldsymbol{b}\times\boldsymbol{c}|\right)=\frac{1}{6}\boldsymbol{a}\cdot\boldsymbol{n}|\boldsymbol{b}\times\boldsymbol{c}|$

$=\frac{1}{6}\boldsymbol{a}\cdot(\boldsymbol{b}\times\boldsymbol{c})=\frac{1}{6}[\boldsymbol{abc}]$.

11 $\boldsymbol{a},\boldsymbol{b},\boldsymbol{c}$ が共面であれば，それらを隣接辺とする平行六面体の体積は 0 となり，従って，$[\boldsymbol{abc}]=0$ となる．逆も明らかである．

12 (1) $(\boldsymbol{i}\cdot\boldsymbol{i})\boldsymbol{k}=1\boldsymbol{k}=\boldsymbol{k}$, $\boldsymbol{i}(\boldsymbol{i}\cdot\boldsymbol{k})=\boldsymbol{i}0=\boldsymbol{o}$.　∴ $(\boldsymbol{a}\cdot\boldsymbol{b})\boldsymbol{c}\neq\boldsymbol{a}(\boldsymbol{b}\cdot\boldsymbol{c})$.

(2) $\boldsymbol{i}\times(\boldsymbol{i}\times\boldsymbol{k})=\boldsymbol{i}\times(-\boldsymbol{j})=-\boldsymbol{i}\times\boldsymbol{j}=-\boldsymbol{k}$, $(\boldsymbol{i}\times\boldsymbol{i})\times\boldsymbol{k}=\boldsymbol{o}\times\boldsymbol{k}=\boldsymbol{o}$.

∴ $\boldsymbol{a}\times(\boldsymbol{b}\times\boldsymbol{c})\neq(\boldsymbol{a}\times\boldsymbol{b})\times\boldsymbol{c}$.

13 (1) ベクトル三重積の定義により，$\boldsymbol{b}\times(\boldsymbol{c}\times\boldsymbol{d})=(\boldsymbol{b}\cdot\boldsymbol{d})\boldsymbol{c}-(\boldsymbol{b}\cdot\boldsymbol{c})\boldsymbol{d}$. 両辺と $\boldsymbol{a}$ との内積をとれば，$\boldsymbol{a}\cdot\{\boldsymbol{b}\times(\boldsymbol{c}\times\boldsymbol{d})\}=(\boldsymbol{a}\cdot\boldsymbol{c})(\boldsymbol{b}\cdot\boldsymbol{d})-(\boldsymbol{a}\cdot\boldsymbol{d})(\boldsymbol{b}\cdot\boldsymbol{c})$. 他方，この左辺は，スカラー三重積の性質により，$(\boldsymbol{a}\times\boldsymbol{b})\cdot(\boldsymbol{c}\times\boldsymbol{d})$ に等しい．

(2) $\boldsymbol{x}\times(\boldsymbol{c}\times\boldsymbol{d})=(\boldsymbol{x}\times\boldsymbol{d})\boldsymbol{c}-(\boldsymbol{x}\cdot\boldsymbol{c})\boldsymbol{d}$ において，$\boldsymbol{x}=\boldsymbol{a}\times\boldsymbol{b}$ を代入すれば，$(\boldsymbol{a}\times\boldsymbol{b})\times(\boldsymbol{c}\times\boldsymbol{d})=\{(\boldsymbol{a}\times\boldsymbol{b})\cdot\boldsymbol{d}\}\boldsymbol{c}-\{(\boldsymbol{a}\times\boldsymbol{b})\cdot\boldsymbol{c}\}\boldsymbol{d}=[\boldsymbol{abd}]\boldsymbol{c}-[\boldsymbol{abc}]\boldsymbol{d}$.

14 (1) $\lim_{\Delta t\to0}|\Delta\boldsymbol{r}(t)|=\lim_{\Delta t\to0}|\boldsymbol{i}\Delta x(t)+\boldsymbol{j}\Delta y(t)+\boldsymbol{k}\Delta z(t)|$

$=\lim_{\Delta t\to0}\sqrt{(\Delta x(t))^2+(\Delta y(t))^2+(\Delta z(t))^2}$. 従って，$\lim_{\Delta t\to0}|\Delta\boldsymbol{r}(t)|=0$ であるための必要十分条件は，$\lim_{\Delta t\to0}\Delta x(t)=0$, $\lim_{\Delta t\to0}\Delta y(t)=0$, $\lim_{\Delta t\to0}\Delta z(t)=0$ である．

(2) 長さの増分は $|\boldsymbol{r}(t+\Delta t)|-|\boldsymbol{r}(t)|\leqq|\boldsymbol{r}(t+\Delta t)-\boldsymbol{r}(t)|=|\Delta\boldsymbol{r}(t)|$ であるから，$\lim_{\Delta t\to0}|\Delta\boldsymbol{r}(t)|=0$ ならば，$\lim||\boldsymbol{r}(t+\Delta t)|-|\boldsymbol{r}(t)||=0$.

15 (1) $(\boldsymbol{u}\cdot\boldsymbol{v})'=(u_1v_1+u_2v_2+u_3v_3)'=u_1'v_1+u_1v_1'+u_2'v_2+u_2v_2'+u_3'v_3+u_3v_3'$

$=(u_1'v_1+u_2'v_2+u_3'v_3)+(u_1v_1'+u_2v_2'+u_3v_3')=\boldsymbol{u}'\cdot\boldsymbol{v}+\boldsymbol{u}\cdot\boldsymbol{v}'$.

(2), (3) は次の行列式の微分演算を利用すれば直ちに証明される：

$$\begin{vmatrix}a_{11}&a_{12}&a_{13}\\a_{21}&a_{22}&a_{23}\\a_{31}&a_{32}&a_{33}\end{vmatrix}'=\begin{vmatrix}a'_{11}&a'_{12}&a'_{13}\\a_{21}&a_{22}&a_{23}\\a_{31}&a_{32}&a_{33}\end{vmatrix}+\begin{vmatrix}a_{11}&a_{12}&a_{13}\\a'_{21}&a'_{22}&a'_{23}\\a_{31}&a_{32}&a_{33}\end{vmatrix}+\begin{vmatrix}a_{11}&a_{12}&a_{13}\\a_{21}&a_{22}&a_{23}\\a'_{31}&a'_{32}&a'_{33}\end{vmatrix}.$$

16 (1) 微分演算の定義から，

$$\frac{d\boldsymbol{r}}{dt}=\lim_{\Delta t\to0}\frac{\Delta\boldsymbol{r}(t)}{\Delta t}.$$

しかるに，ベクトルの増分 $\Delta \boldsymbol{r}$ は点 P とその近傍の点 Q を結ぶ曲線 C の割線 $\overrightarrow{\mathrm{PQ}}$ であるから，$\Delta t \to 0$ のとき C に接する方向 $\boldsymbol{t}$ を持つ．また，

$$\left|\frac{d\boldsymbol{r}}{ds}\right|=\frac{|d\boldsymbol{r}|}{ds}=\frac{ds}{ds}=1. \quad \therefore \ \frac{d\boldsymbol{r}}{ds}=\boldsymbol{t}.$$

(2) 合成微分律により，$\boldsymbol{v}=\dfrac{d\boldsymbol{r}}{dt}=\dfrac{d\boldsymbol{r}}{ds}\dfrac{ds}{dt}=\boldsymbol{t}\dfrac{ds}{dt}$.

(3) $\boldsymbol{a}=\dfrac{d\boldsymbol{v}}{dt}=\dfrac{d}{dt}\left(\dfrac{d\boldsymbol{r}}{ds}\dfrac{ds}{dt}\right)=\left\{\dfrac{d}{dt}\left(\dfrac{d\boldsymbol{r}}{ds}\right)\right\}\dfrac{ds}{dt}+\dfrac{d\boldsymbol{r}}{ds}\dfrac{d^2s}{dt^2}=\dfrac{d^2\boldsymbol{r}}{ds^2}\left(\dfrac{ds}{dt}\right)^2+\dfrac{d\boldsymbol{r}}{ds}\dfrac{d^2s}{dt^2}$.

この右辺の第１項（非接線成分）は $\boldsymbol{o}$ とは限らないから，$\boldsymbol{a}$ は曲線Cに接するとは限らない．

注 $\dfrac{d^2\boldsymbol{r}}{ds^2}$ は $\boldsymbol{t}=\dfrac{d\boldsymbol{r}}{ds}$ に直交し，従って，上式は点 P における $\boldsymbol{a}$ の垂直成分と接線成分への分解を与えている．

17 速度 $\boldsymbol{r}'(t)=\boldsymbol{b}$（一定），加速度 $\boldsymbol{r}''(t)=\boldsymbol{o}$. ∴ 等速直線運動である．

18 (1) $(a\boldsymbol{r}(t))'=(a\boldsymbol{i}x(t)+a\boldsymbol{j}y(t)+a\boldsymbol{k}z(t))'=a\boldsymbol{i}x'(t)+a\boldsymbol{j}y'(t)+a\boldsymbol{k}z'(t)$
$=a(\boldsymbol{i}x'(t)+\boldsymbol{j}y'(t)+\boldsymbol{k}z'(t))=a\boldsymbol{r}'(t)$.

(2) $\boldsymbol{a}=a_1\boldsymbol{i}+a_2\boldsymbol{j}+a_3\boldsymbol{k}$ とすれば，$\boldsymbol{a}f(t)=a_1\boldsymbol{i}f(t)+a_2\boldsymbol{j}f(t)+a_3\boldsymbol{k}f(t)$ は t のベクトル関数である．従って，ベクトル関数の微分法によって，

$$(\boldsymbol{a}f(t))'=a_1\boldsymbol{i}f'(t)+a_2\boldsymbol{j}f'(t)+a_3\boldsymbol{k}f'(t)=\boldsymbol{a}f'(t).$$

(3) $(\boldsymbol{a}\cdot\boldsymbol{r}(t))'=\boldsymbol{a}'\cdot\boldsymbol{r}(t)+\boldsymbol{a}\cdot\boldsymbol{r}'(t)=\boldsymbol{a}\cdot\boldsymbol{r}'(t)$.

(4) $(\boldsymbol{a}\times\boldsymbol{r}(t))'=\boldsymbol{a}'\times\boldsymbol{r}(t)+\boldsymbol{a}\times\boldsymbol{r}'(t)=\boldsymbol{a}\times\boldsymbol{r}'(t)$.

19 (1) $\boldsymbol{r}'(t)=2(\boldsymbol{i}-\boldsymbol{j})\sin t\cos t-3\boldsymbol{k}$，$\boldsymbol{r}''(t)=2(\boldsymbol{i}-\boldsymbol{j})(\cos^2 t-\sin^2 t)$.

(2) $\boldsymbol{r}'(t)=\boldsymbol{a}+2\boldsymbol{b}t$，$\boldsymbol{r}''(t)=2\boldsymbol{b}$.

20 $\boldsymbol{r}=\overrightarrow{\mathrm{OP}}$ とすれば，質点 P は球面上にあるから，$\boldsymbol{r}\cdot\boldsymbol{r}=|\boldsymbol{r}|^2=c$（一定）．両辺を t で微分して，$\boldsymbol{r}'\cdot\boldsymbol{r}+\boldsymbol{r}\cdot\boldsymbol{r}'=2\boldsymbol{r}\cdot\boldsymbol{r}'=0$. ∴ $\boldsymbol{r}\cdot\boldsymbol{r}'=0$. 従って，$\boldsymbol{r}$ と $\boldsymbol{r}'$ は直交する．

21 (1) $\overrightarrow{\mathrm{AP}}$ 方向，$\overrightarrow{\mathrm{OA}}$ 方向の単位ベクトルをそれぞれ $\boldsymbol{n},\boldsymbol{u}$ とすれば，.前問から，$\boldsymbol{n}\perp\boldsymbol{t}$（$\boldsymbol{t}$ は単位接線ベクトル）であり，$\boldsymbol{n},\boldsymbol{t},\boldsymbol{u}$ は互いに直交する右手系をなす．定義から，$\boldsymbol{w}=\omega\boldsymbol{u}$，$\boldsymbol{v}=a\omega\boldsymbol{t}$ であり，

$$\boldsymbol{w}\times\boldsymbol{r}=\omega\boldsymbol{u}\times(|\overrightarrow{\mathrm{OA}}|\boldsymbol{u}+a\boldsymbol{n})=a\omega\boldsymbol{u}\times\boldsymbol{n}=a\omega\boldsymbol{t}=\boldsymbol{v}.$$

(2) $\dfrac{1}{a}\dfrac{ds}{dt}=\omega$（一定）とすれば，両辺を積分して，$s=a\omega t$. 従って，単位時間当りに質点 P の回る弧長は $a\omega$，回転角は ω である．また，回転角 2π を回る（一周する）のに要する時間は，$s=2\pi a$ と置いて，$t=2\pi/\omega$ を得る．

(3)　(1) より，$\boldsymbol{v}=a\omega\boldsymbol{t}=\boldsymbol{w}\times\boldsymbol{r}$，$\boldsymbol{w}=\omega\boldsymbol{u}$（一定）であるから，

$$\boldsymbol{a}=\frac{d\boldsymbol{v}}{dt}=\boldsymbol{w}\times\frac{d\boldsymbol{r}}{dt}=\boldsymbol{w}\times\boldsymbol{v}=(\omega\boldsymbol{u})\times(a\omega\boldsymbol{t})=a\omega^2\boldsymbol{u}\times\boldsymbol{t}=-a\omega^2\boldsymbol{n}.$$

∴ 向心加速度 $\boldsymbol{a}=-a\omega^2\boldsymbol{n}$　($\boldsymbol{n}$ は単位法線ベクトル).

これは，長さは $a\omega^2$ に等しく，常に円の中心Aに向かう方向を持つベクトルである．

22　与えられた等速円運動は，z 軸を回転軸とする平面 $z=a$ 上の円運動であるから，角速度ベクトルの方向は $\boldsymbol{k}$ に等しい．また，その大きさは，

$$\omega=\frac{1}{a}|\boldsymbol{v}(t)|=\frac{1}{a}|\boldsymbol{r}'(t)|=\frac{1}{a}|-ab\boldsymbol{i}\sin bt+ab\boldsymbol{j}\cos bt|=b.$$

∴ 角速度ベクトルは $b\boldsymbol{k}$.

23　問21により，向心加速度 $\boldsymbol{a}=-a\omega^2\boldsymbol{n}$ であるから，運動方程式により，

$$\boldsymbol{F}=m\boldsymbol{a}=-ma\omega^2\boldsymbol{n}\quad(\boldsymbol{n}\text{ は単位法線ベクトル}).$$

注　この力 $\boldsymbol{F}$ を向心力，$-\boldsymbol{F}$ を遠心力という．

—— B ——

24　(1)　$\Delta\boldsymbol{r}=\boldsymbol{i}\Delta x+\boldsymbol{j}\Delta y+\boldsymbol{k}\Delta z$，$\Delta\boldsymbol{r}=\boldsymbol{t}\Delta s$.

∴ $\Delta x=l\Delta s$，$\Delta y=m\Delta s$，$\Delta z=n\Delta s$.

従って，$u=f(x,y,z)$ が全微分可能ならば，

$$\Delta u=\frac{\partial u}{\partial x}\Delta x+\frac{\partial u}{\partial y}\Delta y+\frac{\partial u}{\partial z}\Delta z=\left(l\frac{\partial u}{\partial x}+m\frac{\partial u}{\partial y}+n\frac{\partial u}{\partial z}\right)\Delta s.$$

$$\therefore\ \frac{\partial u}{\partial s}=\lim_{\Delta s\to 0}\frac{\Delta u}{\Delta s}=l\frac{\partial u}{\partial x}+m\frac{\partial u}{\partial y}+n\frac{\partial u}{\partial z}.$$

(2)　座標軸方向の単位ベクトルは $\boldsymbol{i},\boldsymbol{j},\boldsymbol{k}$ であるから，(1) より明らか．

25　$2\boldsymbol{i}-\boldsymbol{j}$ 方向の単位ベクトルを $\boldsymbol{t}$ とすれば，

$$\boldsymbol{t}=\frac{2}{\sqrt{5}}\boldsymbol{i}-\frac{1}{\sqrt{5}}\boldsymbol{j}.\quad\frac{\partial u}{\partial x}=2x,\quad\frac{\partial u}{\partial y}=2y,\quad\frac{\partial u}{\partial z}=2z.$$

$$\therefore\ \frac{\partial u}{\partial s}=\frac{4x}{\sqrt{5}}-\frac{2y}{\sqrt{5}}.$$　∴ $(2,0,3)$ を代入して，方向微分係数 $=\dfrac{8}{\sqrt{5}}$.

§16.　勾配，発散，回転

—— A ——

1　(1)　$2\boldsymbol{i}xz-2\boldsymbol{j}yz+\boldsymbol{k}(x^2-y^2)$　　(2)　$\boldsymbol{i}yz+\boldsymbol{j}xz+\boldsymbol{k}xy$

(3)　$2(\boldsymbol{i}x+\boldsymbol{j}y+\boldsymbol{k}z)\cos(x^2+y^2+z^2)$

2　単位ベクトル $\boldsymbol{t}$ 方向の $u=f(\boldsymbol{r})$ の方向微分係数は，

$$\frac{\partial u}{\partial s}=\boldsymbol{t}\cdot\nabla u=|\boldsymbol{t}|\,|\nabla u|\cos\theta=|\nabla u|\cos\theta \quad (\theta \text{ は } \boldsymbol{t} \text{ と } \nabla u \text{ の交角})$$

で与えられる．関数値の最大の増加の方向を $\boldsymbol{t}$ とすれば，$\boldsymbol{t}$ は $\partial u/\partial s$ が最大値をとる方向であるから，$\cos\theta=1$，$\theta=0$ を得る．

3 前問の解答により，$\cos\theta=-1$，すなわち，$-\nabla u$ の方向に関数値は最も早く減少する．

4 $\nabla u=\boldsymbol{i}e^x\sin y+\boldsymbol{j}e^x\cos y+\boldsymbol{k}$，$(0,0,0)$ を代入して，原点における勾配 $\boldsymbol{j}$ を得る．従って，原点における方向微分係数は $\boldsymbol{j}$ 方向に最大値 1，$-\boldsymbol{j}$ 方向に最小値 -1 をとる．

5 曲面 $f(\boldsymbol{r})=c$ 上の滑らかな曲線を媒介変数 t によって $\boldsymbol{r}(t)$ で表わせば，$f(\boldsymbol{r}(t))=c$ である．両辺を微分すれば，合成微分律により，

$$\nabla f(\boldsymbol{r})\cdot\frac{d\boldsymbol{r}}{dt}=0. \quad \therefore\ \nabla f(\boldsymbol{r}) \text{ は接線ベクトル } \frac{d\boldsymbol{r}}{dt} \text{ に直交する．}$$

このことは，点 $\boldsymbol{r}$ を通る任意の滑らかな曲線に対して成立つから，$\nabla f(\boldsymbol{r})$ は，$\boldsymbol{r}$ において曲面 S と直交する．

6 平面はスカラー関数 $u=ax+by+cz$ を一定値 d に等しいと置いて得られる等位面である．そして，$\nabla u=\boldsymbol{i}a+\boldsymbol{j}b+\boldsymbol{k}c$（定ベクトル）は，この平面に直交する．従って，この平面の任意の点における単位法線ベクトルは，

$$\frac{\nabla u}{|\nabla u|}=\boldsymbol{i}\frac{a}{\sqrt{a^2+b^2+c^2}}+\boldsymbol{j}\frac{b}{\sqrt{a^2+b^2+c^2}}+\boldsymbol{k}\frac{c}{\sqrt{a^2+b^2+c^2}}.$$

7 円錐をスカラー関数 $u=x^2+y^2-z^2$ の $u=0$ なる等位面とみなす．しからば，$\nabla u=2\boldsymbol{i}x+2\boldsymbol{j}y-2\boldsymbol{k}z$ は，点 (x,y,z) においてこの円錐に直交する．従って，求める単位法線ベクトルは，点 $(0,1,1)$ を代入して，$\nabla u=2\boldsymbol{j}-2\boldsymbol{k}$ より，

$$\frac{\nabla u}{|\nabla u|}=\frac{1}{\sqrt{2}}\boldsymbol{j}-\frac{1}{\sqrt{2}}\boldsymbol{k}.$$

8 接平面 $6x+2y+3z=49$．法線 $x=6t$，$y=2t$，$z=3t$（t は媒介変数）．

9 $u=x^2+y^2-z$ の勾配 $\nabla u=2\boldsymbol{i}x_0+2\boldsymbol{j}y_0-\boldsymbol{k}$ は，点 (x_0,y_0,z_0) において，曲面 $z=x^2+y^2$ に直交する．従って，この点における接平面は，$2x_0x+2y_0y-z=z_0$ と表わされる．ここで，$x_0=1$，$y_0=2$，$z_0=5$ と置けば，一つの接平面 $2x+4y-z=5$ を得る．

10 (1) $\nabla(f+g)=\boldsymbol{i}\dfrac{\partial}{\partial x}(f+g)+\boldsymbol{j}\dfrac{\partial}{\partial y}(f+g)+\boldsymbol{k}\dfrac{\partial}{\partial z}(f+g)$

$$=\boldsymbol{i}\frac{\partial f}{\partial x}+\boldsymbol{j}\frac{\partial f}{\partial y}+\boldsymbol{k}\frac{\partial f}{\partial z}+\boldsymbol{i}\frac{\partial g}{\partial x}+\boldsymbol{j}\frac{\partial g}{\partial y}+\boldsymbol{k}\frac{\partial g}{\partial z}=\nabla f+\nabla g.$$

(2) $\nabla(fg)=\boldsymbol{i}\dfrac{\partial(fg)}{\partial x}+\boldsymbol{j}\dfrac{\partial(fg)}{\partial y}+\boldsymbol{k}\dfrac{\partial(fg)}{\partial z}=\boldsymbol{i}\left(\dfrac{\partial f}{\partial x}g+f\dfrac{\partial g}{\partial x}\right)+\boldsymbol{j}\left(\dfrac{\partial f}{\partial y}g+f\dfrac{\partial g}{\partial y}\right)$

$+\boldsymbol{k}\left(\dfrac{\partial f}{\partial z}g+f\dfrac{\partial g}{\partial z}\right)=g\nabla f+f\nabla g$. 他も同様にして証明できる.

11 (1) $\mathrm{div}(\mathrm{grad}\, f)=\nabla\cdot(\nabla f)=\nabla\cdot\nabla f=\nabla^2 f$. なお, §12, 問12参照.

(2) $\nabla^2(fg)=\nabla\cdot\nabla(fg)=\nabla\cdot(g\nabla f+f\nabla g)=\nabla\cdot(g\nabla f)+\nabla\cdot(f\nabla g)=\nabla g\cdot\nabla f+g\nabla^2 f$
$+\nabla f\cdot\nabla g+f\nabla^2 g=g\nabla^2 f+2\nabla f\cdot\nabla g+f\nabla^2 g$.

12 $d\boldsymbol{u}=\boldsymbol{i}\,du_1+\boldsymbol{j}\,du_2+\boldsymbol{k}\,du_3=\boldsymbol{i}\left(\dfrac{\partial u_1}{\partial x}dx+\dfrac{\partial u_1}{\partial y}dy+\dfrac{\partial u_1}{\partial z}dz\right)$

$+\boldsymbol{j}\left(\dfrac{\partial u_2}{\partial x}dx+\dfrac{\partial u_2}{\partial y}dy+\dfrac{\partial u_2}{\partial z}dz\right)+\boldsymbol{k}\left(\dfrac{\partial u_3}{\partial x}dx+\dfrac{\partial u_3}{\partial y}dy+\dfrac{\partial u_3}{\partial z}dz\right)$

$=\left(\boldsymbol{i}\dfrac{\partial u_1}{\partial x}+\boldsymbol{j}\dfrac{\partial u_2}{\partial x}+\boldsymbol{k}\dfrac{\partial u_3}{\partial x}\right)dx+\boldsymbol{i}\left(\dfrac{\partial u_1}{\partial y}+\boldsymbol{j}\dfrac{\partial u_2}{\partial y}+\boldsymbol{k}\dfrac{\partial u_3}{\partial y}\right)dy$

$+\left(\boldsymbol{i}\dfrac{\partial u_1}{\partial z}+\boldsymbol{j}\dfrac{\partial u_2}{\partial z}+\boldsymbol{k}\dfrac{\partial u_3}{\partial z}\right)dz=\dfrac{\partial \boldsymbol{u}}{\partial x}dx+\dfrac{\partial \boldsymbol{u}}{\partial y}dy+\dfrac{\partial \boldsymbol{u}}{\partial z}dz$.

13 $d\boldsymbol{u}=\boldsymbol{i}(2x\sin y\,dx+x^2\cos y\,dy)+\boldsymbol{j}(2z\cos y\,dz-z^2\sin y\,dy)$.

14 (1) $\mathrm{div}\,\boldsymbol{u}=0$, $\mathrm{rot}\,\boldsymbol{u}=\boldsymbol{o}$.

(2) $\mathrm{div}\,\boldsymbol{u}=yz+zx+xy$, $\mathrm{rot}\,\boldsymbol{u}=\boldsymbol{i}x(z-y)+\boldsymbol{j}y(x-z)+\boldsymbol{k}z(y-x)$.

15 (1) $\mathrm{grad}\, f=\nabla f=\boldsymbol{i}\dfrac{\partial f}{\partial x}+\boldsymbol{j}\dfrac{\partial f}{\partial y}+\boldsymbol{k}\dfrac{\partial f}{\partial z}$, $\mathrm{rot}(\mathrm{grad}\, f)=\nabla\times(\nabla f)$

$=\boldsymbol{i}\left(\dfrac{\partial^2 f}{\partial y\partial z}-\dfrac{\partial^2 f}{\partial y\partial z}\right)+\boldsymbol{j}\left(\dfrac{\partial^2 f}{\partial z\partial x}-\dfrac{\partial^2 f}{\partial z\partial x}\right)+\boldsymbol{k}\left(\dfrac{\partial^2 f}{\partial x\partial y}-\dfrac{\partial^2 f}{\partial x\partial y}\right)=\boldsymbol{o}$.

(2) $\mathrm{rot}\,\boldsymbol{u}=\nabla\times\boldsymbol{u}=\boldsymbol{i}\left(\dfrac{\partial u_3}{\partial y}-\dfrac{\partial u_2}{\partial z}\right)+\boldsymbol{j}\left(\dfrac{\partial u_1}{\partial z}-\dfrac{\partial u_3}{\partial x}\right)+\boldsymbol{k}\left(\dfrac{\partial u_2}{\partial x}-\dfrac{\partial u_1}{\partial y}\right)$,

$\mathrm{div}(\mathrm{rot}\,\boldsymbol{u})=\nabla\cdot(\nabla\times\boldsymbol{u})=\dfrac{\partial}{\partial x}\left(\dfrac{\partial u_3}{\partial y}-\dfrac{\partial u_2}{\partial z}\right)+\dfrac{\partial}{\partial y}\left(\dfrac{\partial u_1}{\partial z}-\dfrac{\partial u_3}{\partial x}\right)+\dfrac{\partial}{\partial z}\left(\dfrac{\partial u_2}{\partial x}-\dfrac{\partial u_1}{\partial y}\right)$

$=\dfrac{\partial^2 u_3}{\partial x\partial y}-\dfrac{\partial^2 u_2}{\partial x\partial z}+\dfrac{\partial^2 u_1}{\partial y\partial z}-\dfrac{\partial^2 u_3}{\partial y\partial x}+\dfrac{\partial^2 u_2}{\partial z\partial x}-\dfrac{\partial^2 u_1}{\partial z\partial y}=0$.

16 ベクトル線の定義より，ベクトル $\boldsymbol{u}(\boldsymbol{r})$ と $d\boldsymbol{r}$ は共線であるから，

$d\boldsymbol{r}=\boldsymbol{u}\,dt$. $\therefore\ dx=u_1\,dt$, $dy=u_2\,dt$, $dz=u_3\,dt$.

17 (1) $\dfrac{dx}{x}=\dfrac{dy}{y}=\dfrac{dz}{0}$ を解く. $\therefore\ y=C_1x$, $z=C_2$ (C_1, C_2 は定数).

(2) $\dfrac{dx}{y}=\dfrac{dy}{-x}=\dfrac{dz}{0}$ を解く. $\therefore\ x^2+y^2=C_1$, $z=C_2$ (C_1, C_2 は定数).

18 (1) $\mathrm{div}\,\boldsymbol{u}=\nabla\cdot\boldsymbol{u}=\dfrac{\partial x}{\partial x}+\dfrac{\partial y}{\partial y}+\dfrac{\partial z}{\partial z}=3$. $\therefore$ 管状ではない.

(2) $\mathrm{div}\,\boldsymbol{u}=\nabla\cdot\boldsymbol{u}=e^x\sin y-e^x\sin y=0$. $\therefore$ 管状である.

19 (1), (2) $\mathrm{rot}\,\boldsymbol{u}=\nabla\times\boldsymbol{u}=\boldsymbol{o}$. $\therefore$ 層状である.

20 磁力線 $x^2+y^2=C_1$, $z=C_2$ (C_1, C_2 は定数). $\mathrm{div}\,\boldsymbol{H}=0$, $\mathrm{rot}\,\boldsymbol{H}=-4I/\rho^2$.

―― **B** ――

21 (1) $x+y+z$ (2) xyz

22 $\boldsymbol{r}(t)$ $(0\leqq t\leqq 1)$ を, S の定点 $\boldsymbol{a}$ と動点 $\boldsymbol{r}$ を結ぶ滑らかな曲線とする. $h=f-g$ と置けば, $\mathrm{grad}\,h=\mathrm{grad}(f-g)=\mathrm{grad}\,f-\mathrm{grad}\,g=\boldsymbol{o}$. 合成微分律により,

$$\frac{d}{dt}h(\boldsymbol{r}(t))=\mathrm{grad}\,h(\boldsymbol{r}(t))\cdot\frac{d}{dt}\boldsymbol{r}(t)=\boldsymbol{o}\cdot\frac{d}{dt}\boldsymbol{r}(t)=0.$$

従って, 関数 h はこの曲線上で定数値をとる. $\therefore\ h(\boldsymbol{r})=f(\boldsymbol{r})-g(\boldsymbol{r})=c$ (定数).

23 $du=u_1\,dx+u_2\,dy+u_3\,dz$ とすれば,

$$\mathrm{grad}\,u=\boldsymbol{i}\frac{\partial u}{\partial x}+\boldsymbol{j}\frac{\partial u}{\partial y}+\boldsymbol{k}\frac{\partial u}{\partial z}=\boldsymbol{i}u_1+\boldsymbol{j}u_2+\boldsymbol{k}u_3=\boldsymbol{u}.$$

$$\therefore\ \mathrm{rot}\,\boldsymbol{u}=\mathrm{rot}(\mathrm{grad}\,u)=\boldsymbol{o}.$$

24 $\boldsymbol{u}=\mathrm{grad}\,f$, $\nabla^2 f=0$ とすれば, $\mathrm{div}\,\boldsymbol{u}=\mathrm{div}(\mathrm{grad}\,f)=\nabla^2 f=0$, $\mathrm{rot}\,\boldsymbol{u}=\mathrm{rot}(\mathrm{grad}\,f)=0$.

25 (1) $r=\sqrt{x^2+y^2+z^2}$ であるから,

$$\frac{\partial r}{\partial x}=\frac{x}{\sqrt{x^2+y^2+z^2}}=\frac{x}{r},\quad \frac{\partial r}{\partial y}=\frac{y}{r},\quad \frac{\partial r}{\partial z}=\frac{z}{r}.\qquad \therefore\ \nabla r=\frac{\boldsymbol{r}}{r}.$$

(2) $\mathrm{div}\,\boldsymbol{r}=\nabla\cdot\boldsymbol{r}=\dfrac{\partial x}{\partial x}+\dfrac{\partial y}{\partial y}+\dfrac{\partial z}{\partial z}=3$, $\therefore$ 管状ではない.

$\mathrm{rot}\,\boldsymbol{r}=\nabla\times\boldsymbol{r}=\boldsymbol{o}$, $\therefore$ 層状である.

26 $\nabla\dfrac{1}{r}=-\boldsymbol{i}\dfrac{x}{r^3}-\boldsymbol{j}\dfrac{y}{r^3}-\boldsymbol{k}\dfrac{z}{r^3}=-\dfrac{\boldsymbol{r}}{r^3}$. $\nabla^2\dfrac{1}{r}=\nabla\cdot\left(\nabla\dfrac{1}{r}\right)=-\nabla\cdot\dfrac{\boldsymbol{r}}{r^3}=\dfrac{-r^3+3rx^2}{r^6}$ $+\dfrac{-r^3+3ry^2}{r^6}+\dfrac{-r^3+3rz^2}{r^6}=0$. $\therefore\ \dfrac{1}{r}$ は調和関数である. 従って,

$$\boldsymbol{E}=-\frac{Q}{4\pi}\nabla\frac{1}{r}=-\nabla\left(\frac{Q}{4\pi}\frac{1}{r}\right)$$

は調和関数の勾配として表わされるから, 調和ベクトル場である.

§17. 重 積 分

―― **A** ――

1 (1) 2/3 (2) 1/3 (3) 12 (4) 1/10

2 (1) $\displaystyle\int_{-3}^{4}y\,dy\int_{1}^{2}x^2\,dx=\frac{7}{2}\cdot\frac{7}{3}=\frac{49}{6}$.

(2) $\displaystyle\int_{-3}^{4}\int_{1}^{2}e^x\,dx\,dy=\int_{-3}^{4}[e^2-e]\,dy=7e(e-1)$.

3 (1) $\int_0^1\int_{x^2}^x xy\,dy\,dx=\int_0^1 x\left[\frac{y^2}{2}\right]_{x^2}^x dx=\frac{1}{2}\int_0^1(x^3-x^5)\,dx=\frac{1}{24}.$

(2) $\int_0^1\int_{x^2}^x (x^2+y^2)\,dy\,dx=\int_0^1\left[x^2y+\frac{y^3}{3}\right]_{x^2}^x dx=\frac{3}{35}.$

4 $\int_0^1\int_{x^2}^1 x^2y^2\,dy\,dx$，$\int_0^1\int_0^{\sqrt{y}} x^2y^2\,dx\,dy$ を計算する．値は $\frac{2}{27}$.

5 (1) 1　　(2) $e^4/8-3e^2/4+e-3/8$　　(3) 4

6 $V=\int_0^1 dx\int_0^{1-x}dy\int_0^{1-x-y}dz=\frac{1}{6}.$

7 $V=8\int_0^a dx\int_0^{\sqrt{a^2-x^2}}dy\int_0^{\sqrt{a^2-x^2}}dz=\frac{16a^3}{3}.$

8 $V=\int_0^6 dx\int_0^{6-x}dy\int_0^{6-x-y}dz=36.$

9 $M=\rho\int_0^1 dx\int_0^{\sqrt{1-x^2}}dy=\rho\int_0^1\sqrt{1-x^2}\,dx=\rho\int_0^{\frac{\pi}{2}}\cos^2\theta\,d\theta=\frac{\rho\pi}{4}.$

但し，変数変換 $x=\sin\theta$ による．また，変数変換 $\sqrt{1-x^2}=t$ によって，

$$\bar{x}=\frac{4}{\rho\pi}\int_0^1 dx\int_0^{\sqrt{1-x^2}}x\,dy=\frac{4}{\rho\pi}\int_0^1 x\sqrt{1-x^2}\,dx=\frac{4}{\rho\pi}\int_0^1 t^2\,dt=\frac{4}{3\rho\pi}.$$

図形の対称性によって，$\bar{y}=\bar{x}$.

10 $I_x=\rho\int_0^1 dx\int_0^{\sqrt{1+x^2}}y^2\,dy=\frac{\rho}{3}\int_0^1(\sqrt{1-x^2})^3\,dx=\frac{\rho}{3}\int_0^{\frac{\pi}{2}}\cos^4\theta\,d\theta=\frac{\rho\pi}{16}.$

$I_y=\frac{\rho\pi}{16}$，$I_0=\frac{\rho\pi}{8}.$

11 図形の対称性によって，$\bar{x}=0$. また，$\bar{y}$ は，

分母$=\iint_S dx\,dy=\frac{1}{2}\pi ab$，分子$=\iint_S y\,dx\,dy=\int_{-a}^a dx\int_0^{b\sqrt{1-x^2/a^2}}y\,dy=\frac{2ab^2}{3}.$

$$\therefore\ \bar{x}=0,\ \bar{y}=\frac{4b}{3\pi}.$$

次に，Guldin-Pappusの定理（§10，問20）を用いる．この楕円の上半部分を x 軸のまわりに回転して出来る立体の体積および面積は，

$$V=\pi\int_{-a}^a y^2dx=2\pi\int_0^a\left(b^2-\frac{b^2}{a^2}x^2\right)dx=\frac{4}{3}\pi ab^2,\quad S=\frac{1}{2}\pi ab.$$

$\therefore\ 2\pi\bar{y}S=V$ より，$\bar{y}=4b/3\pi$.

12 図形の対称性によって，$\bar{x}=\bar{y}=0$. また，$\bar{z}$ は，

分母$=\iiint_S dx\,dy\,dz=\frac{2}{3}\pi a^3$，
分子$=\iiint_S z\,dx\,dy\,dz=\int_{-a}^a dx\int_{-\sqrt{a^2-x^2}}^{\sqrt{a^2-x^2}}dy\int_0^{\sqrt{a^2-x^2-y^2}}z\,dz=\frac{1}{4}\pi a^4$.　$\therefore\ \bar{z}=\frac{3a}{8}.$

—— B ——

13 (1) まず，内部の積分は，

$$\int_0^1 yx^{-1/2}\,dx=y\lim_{\varepsilon\to 0}\int_\varepsilon^1 x^{-1/2}\,dx=y\lim_{\varepsilon\to 0}(2-2\sqrt{\varepsilon})=2y.$$

$$\therefore\ \int_0^1\int_0^1 yx^{-1/2}\,dx\,dy=\int_0^1 2y\,dy=\Big[y^2\Big]_0^1=1.$$

(2) 内部の積分は，

$$\int_0^1 y^2x^{-2/3}\,dx=y^2\lim_{\varepsilon\to 0}\int_\varepsilon^1 x^{-2/3}\,dx=y^2\lim_{\varepsilon\to 0}(3-3\sqrt[3]{\varepsilon})=3y^2.$$

$$\therefore\ \int_0^1\int_0^1 y^2x^{-2/3}\,dx\,dy=\int_0^1 3y^2\,dy=\Big[y^3\Big]_0^1=1.$$

14 積分領域は，$x=0$，$y=x$，$y=a$ で囲まれる三角形であり，

$$\int_0^a\int_x^a \frac{e^y}{y}\,dy\,dx=\int_0^a\int_0^y \frac{e^y}{y}\,dx\,dy=\int_0^a e^y\,dy=e^a-1.$$

15 $\dfrac{\partial(x,y)}{\partial(u,v)}=\begin{vmatrix}1-v & -u\\ v & u\end{vmatrix}=u$．従って，

$$\int_0^1\int_0^a f(u-uv,\,uv)u\,du\,dv \qquad \text{または} \qquad \int_0^a\int_0^1 f(u-uv,\,uv)u\,dv\,du.$$

16 累次積分

$$\int_{-1}^1 dy\int_{-\sqrt{1-y^2}}^{\sqrt{1-y^2}} dx\int_0^1 du\int_0^{1-u} y^2z\,dz$$

を計算し，最後の積分で，$y=\sin(\theta/2)$ と変数変換すれば，次の結果を得る．

$$\frac{1}{3}\int_{-1}^1 y^2\sqrt{1-y^2}\,dy=\frac{1}{6}\int_{-\pi}^\pi \sin^2\theta\,d\theta=\frac{\pi}{24}.$$

17 求める体積 V は第1象限内の体積の8倍である．

$$V=8\int_0^a dx\int_0^{b\sqrt{1-x^2/a^2}} dy\int_0^{c\sqrt{1-x^2/a^2-y^2/b^2}} dz=\frac{4}{3}\pi abc.$$

18 $\dfrac{\partial(x,y,z)}{\partial(u,v,w)}=\begin{vmatrix}2au & 0 & 0\\ 0 & 2bv & 0\\ 0 & 0 & 2cw\end{vmatrix}=8abcuvw.$

$$\therefore\ T\text{の体積}=8abc\int_0^1 du\int_0^{1-u} dv\int_0^{1-u-v} uvw\,dw=\frac{1}{90}abc.$$

19 求める表面積 S は第1象限内の表面積の 8倍である． $z=\sqrt{a^2-x^2}$ より，$\dfrac{\partial z}{\partial x}=\dfrac{-x}{\sqrt{a^2-x^2}}$． $\therefore\ S=8\displaystyle\int_0^a dx\int_0^{\sqrt{a^2-x^2}}\sqrt{1+\left(\frac{\partial z}{\partial x}\right)^2+\left(\frac{\partial z}{\partial y}\right)^2}\,dy=8\int_0^a dx\int_0^{\sqrt{a^2-x^2}}\sqrt{1+\frac{x^2}{a^2-x^2}}\,dy$

$$=8a\int_0^a dx=8a^2.$$

20 積分領域 S を適当に分割するか，あるいは，変数変換

$$x=u+v,\quad y=u-v,\quad \frac{\partial(x,y)}{\partial(u,v)}=\begin{vmatrix}1 & 1\\ 1 & -1\end{vmatrix}=-2$$

により，S は uv 平面内の正方形 $0\leqq u\leqq 1$，$0\leqq v\leqq 1$ に対応し，

$$\iint_S(x^2+y^2)\,dx\,dy=4\int_0^1 du\int_0^1(u^2+v^2)\,dv=\frac{8}{3}.$$

注　関数行列式 $J=-2<0$ は，4頂点を回る順序が反時針方向から時針方向に変わることを意味する．

§18. 円柱座標，球面座標

—— A ——

1 円柱座標 $(2, \pi/3, 2)$，球面座標 $(2\sqrt{2}, \pi/4, \pi/3)$．

2 直交座標 $(0, 3, -3)$，球面座標 $(3\sqrt{2}, 3\pi/4, \pi/2)$．

3 (1) $\overline{\mathrm{P_1P_2}}^2=(x_1-x_2)^2+(y_1-y_2)^2+(z_1-z_2)^2=(x_1{}^2+y_1{}^2)+(x_2{}^2+y_2{}^2)$
$-2(x_1x_2+y_1y_2)+(z_1-z_2)^2=r_1{}^2+r_2{}^2-2r_1r_2\cos(\theta_1-\theta_2)+(z_1-z_2)^2$.

(2) (1)において，

$$r_i=\rho_i\sin\varphi_i,\quad z_i=\rho_i\cos\varphi_i\qquad(i=1,2)$$

を代入すれば，$\overline{\mathrm{P_1P_2}}^2=\rho_1{}^2\sin^2\varphi_1+\rho_2{}^2\sin^2\varphi_2-2\rho_1\rho_2\sin\varphi_1\sin\varphi_2\cos(\theta_1-\theta_2)$
$+(\rho_1\cos\varphi_1-\rho_2\cos\varphi_2)^2=\rho_1{}^2+\rho_2{}^2-2\rho_1\rho_2\{\cos\varphi_1\cos\varphi_2+\sin\varphi_1\sin\varphi_2\cos(\theta_1-\theta_2)\}$.

4 (1) z 軸を軸とする円柱面　(2) z 軸を通る半平面
(3) xy 平面と平行な平面　(4) z 軸を軸とする円錐面
(5) z 軸に平行な母線を持つ柱面　(6) z 軸を軸とする回転面

5 (1) 原点を中心とする球面　(2) z 軸を軸とする円錐面
(3) z 軸を軸とする回転面

6 (1) $\varphi=\pi/4$ または $\varphi=3\pi/4$．これは，z 軸を軸とする円錐を表わす．
(2) $\tan\theta=k$ (一定)．　これは，z 軸を通る平面を表わす．

7 (1) $\displaystyle\iint_S x\,dx\,dy=\int_0^{2\pi}d\theta\int_0^1 r^2\cos\theta\,dr=\frac{1}{3}\int_0^{2\pi}\cos\theta\,d\theta=0.$

(2) $\displaystyle\iint_S x^2\,dx\,dy=\int_0^{2\pi}d\theta\int_0^1 r^3\cos^2\theta\,dr=\frac{1}{4}\int_0^{2\pi}\cos^2\theta\,d\theta=\frac{\pi}{4}.$

8 $x=r\cos\theta$，$y=r\sin\theta$ と変換する．

(1) $\displaystyle\iint_S\cos(x^2+y^2)\,dx\,dy=\int_0^{2\pi}\int_0^1 r\cos r^2\,dr\,d\theta=\frac{1}{2}\int_0^{2\pi}\Big[\sin r^2\Big]_0^1 d\theta=\pi\sin 1.$

(2) $\iint_S e^{x^2+y^2}\,dx\,dy=\int_0^{2\pi}\int_0^1 e^{r^2}r\,dr\,d\theta=\frac{1}{2}\int_0^{2\pi}\Big[e^{r^2}\Big]_0^1 d\theta=\pi(e-1).$

9 直交座標による計算.

$$\iint_S\sqrt{x}\,dx\,dy=\int_0^1 dx\int_{-\sqrt{x-x^2}}^{\sqrt{x-x^2}}\sqrt{x}\,dy=2\int_0^1 x\sqrt{1-x}\,dx=4\int_0^1 t^2(1-t^2)\,dt=\frac{8}{15}$$

($\sqrt{1-x}=t$ と置く).

極座標による計算.

$$\iint_S\sqrt{x}\,dx\,dy=2\int_0^{\frac{\pi}{2}}d\theta\int_0^{\cos\theta}r\sqrt{r\cos\theta}\,dr=2\int_0^{\frac{\pi}{2}}d\theta\int_0^{\cos\theta}r^{3/2}\sqrt{\cos\theta}\,dr$$

$$=\frac{4}{5}\int_0^{\frac{\pi}{2}}\sqrt{\cos\theta}\Big[r^{5/2}\Big]_0^{\cos\theta}d\theta=\frac{4}{5}\int_0^{\frac{\pi}{2}}\cos^3\theta\,d\theta=\frac{4}{5}\times\frac{2}{3}=\frac{8}{15}.$$

10 半径 a の円の極方程式は $r=a$.

面積$=\iint_S r\,dr\,d\theta=\int_0^{2\pi}d\theta\int_0^a r\,dr=\frac{a^2}{2}\int_0^{2\pi}d\theta=\pi a^2.$

11 $3\int_0^{\frac{\pi}{3}}d\theta\int_0^{a\sin 3\theta}r\,dr=\frac{3a^2}{2}\int_0^{\frac{\pi}{3}}\sin^2 3\theta\,d\theta=\frac{\pi a^2}{4}.$

12 (1) $\pi^3/48$ (2) $\pi(a^2-b^2)/8$

13 (1) 変数変換 $x=r\cos\theta$, $y=r\sin\theta$ の関数行列式は,

$$\frac{\partial(x,y)}{\partial(r,\theta)}=\begin{vmatrix}\cos\theta & -r\sin\theta\\ \sin\theta & r\cos\theta\end{vmatrix}=r.\quad\therefore\ \text{面素 } dA=dx\,dy=r\,dr\,d\theta.$$

(2) 底面積 $\iint_S dx\,dy=\iint_S r\,dr\,d\theta$. 次に, 合成微分律により,

$$\frac{\partial z}{\partial r}=\frac{\partial z}{\partial x}\frac{\partial x}{\partial r}+\frac{\partial z}{\partial y}\frac{\partial y}{\partial r}=\frac{\partial z}{\partial x}\cos\theta+\frac{\partial z}{\partial y}\sin\theta,$$

$$\frac{\partial z}{\partial\theta}=\frac{\partial z}{\partial x}\frac{\partial x}{\partial\theta}+\frac{\partial z}{\partial y}\frac{\partial y}{\partial\theta}=-\frac{\partial z}{\partial x}r\sin\theta+\frac{\partial z}{\partial y}r\cos\theta.$$

$$\therefore\ \left(\frac{\partial z}{\partial r}\right)^2+\frac{1}{r^2}\left(\frac{\partial z}{\partial\theta}\right)^2=\left(\frac{\partial z}{\partial x}\right)^2+\left(\frac{\partial z}{\partial y}\right)^2.$$

$$\therefore\iint_S\sqrt{1+\left(\frac{\partial z}{\partial x}\right)^2+\left(\frac{\partial z}{\partial y}\right)^2}\,dx\,dy=\iint_S\sqrt{1+\left(\frac{\partial z}{\partial r}\right)^2+\frac{1}{r^2}\left(\frac{\partial z}{\partial\theta}\right)^2}\,r\,dr\,d\theta.$$

14 (1) $\iint_S r\,dr\,d\theta=\int_\alpha^\beta d\theta\int_0^{f(\theta)}r\,dr=\frac{1}{2}\int_\alpha^\beta f(\theta)^2\,d\theta.$

(2) この回転体の体積は, z 軸を回転軸とする球面座標（但し, 題意に合わせて, 動径をr, 天頂角をθ, 方位角を φ と書く）で考えれば,

$$V=\iiint_T r^2\sin\theta\,dr\,d\theta\,d\varphi=\int_0^{2\pi}d\varphi\int_\alpha^\beta d\theta\int_0^{f(\theta)}r^2\sin\theta\,dr=\frac{2\pi}{3}\int_\alpha^\beta f(\theta)^3\sin\theta\,d\theta.$$

15 円柱座標により球の上半面の方程式は, $z=\sqrt{a^2-r^2}$ $(0\leqq r\leqq a)$. 従って, 球の表面

積は，

$$2\iint_S \sqrt{1+\left(\frac{\partial z}{\partial r}\right)^2+\frac{1}{r^2}\left(\frac{\partial z}{\partial \theta}\right)^2}\, r\,dr\,d\theta=2\int_0^{2\pi}d\theta\int_0^a \frac{ar}{\sqrt{a^2-r^2}}dr.$$

ここで，$r=a\sin t$ と置けば，$dr=a\cos t\,dt$ より，

$$\int_0^a \frac{ar}{\sqrt{a^2-r^2}}dr=\int_0^{\frac{\pi}{2}}a^2\sin t\,dt=a^2. \quad \therefore \text{表面積}=2a^2\int_0^{2\pi}d\theta=4\pi a^2.$$

また，球の体積は，

$$2\iint_S \sqrt{a^2-r^2}\,r\,dr\,d\theta=2\int_0^{2\pi}d\theta\int_0^a\sqrt{a^2-r^2}\,r\,dr.$$

ここで，$\sqrt{a^2-r^2}=t$ と置けば，$r\,dr=-t\,dt$ より，

$$\int_0^a\sqrt{a^2-r^2}\,r\,dr=\int_0^a t^2\,dt=\frac{a^3}{3}. \quad \therefore \text{体積}=\frac{2a^3}{3}\int_0^{2\pi}d\theta=\frac{4}{3}\pi a^3.$$

注　半径 a の円の極方程式は $r=a$ であるから，球の体積は，前問(2)により次のようにして求めてもよい．

$$\frac{2\pi}{3}\int_0^{\pi}a^3\sin\theta\,d\theta=\frac{2\pi a^3}{3}\Big[\cos\theta\Big]_{\pi}^{0}=\frac{4}{3}\pi a^3.$$

16　$\text{面積}=\iint_S r\,dr\,d\theta=2\int_0^{\pi}d\theta\int_0^{a(1+\cos\theta)}r\,dr=a^2\int_0^{\pi}(1+\cos\theta)^2\,d\theta=\frac{3}{2}\pi a^2.$

$\text{体積}=\frac{2\pi}{3}\int_0^{\pi}a^3(1+\cos\theta)^3\sin\theta\,d\theta=\frac{2\pi a^3}{3}\int_0^2 t^3\,dt=\frac{8}{3}\pi a^3$（変数変換 $1+\cos\theta=t$）.

17　図形の対称性により，$\bar{y}=0$．また，$\bar{x}$ は，

$\text{分母}=\iint_S dx\,dy=\iint_S r\,dr\,d\theta=\frac{3}{2}\pi a^2$（前問による）.

$$\text{分子}=\iint_S x\,dx\,dy=\iint_S r^2\,dr\,d\theta=2\int_0^{\pi}d\theta\int_0^{a(1+\cos\theta)}r^2\cos\theta\,dr$$

$$=\frac{2a^3}{3}\int_0^{\pi}(1+\cos\theta)^3\cos\theta\,d\theta=\frac{2a^3}{3}\cdot\frac{15\pi}{8}=\frac{5}{4}\pi a^3.$$

$$\therefore\ \bar{x}=\frac{5}{4}\pi a^3\Big/\frac{3}{2}\pi a^2=\frac{5}{6}a. \quad \therefore \text{重心の } xy \text{ 座標は } \left(\frac{5}{6}a,\ 0\right).$$

—— **B** ——

18　(1)　極座標に変換すれば，S は円 $r=a$ が囲む領域であるから，

$\iint_S e^{-(x^2+y^2)}\,dx\,dy=\int_0^{2\pi}d\theta\int_0^a e^{-r^2}r\,dr=\frac{1}{2}\int_0^{2\pi}d\theta\int_{-a^2}^0 e^t\,dt=\pi(1-e^{-a^2})$，（$-r^2=t$ と置く）.

(2)　第1象限において，原点 O，$(a,0)$，(a,a)，$(0,a)$ を頂点とする正方形領域を R とすれば，

$$\iint_R e^{-(x^2+y^2)}\,dx\,dy=\int_0^a e^{-x^2}\,dx\int_0^a e^{-y^2}\,dy=\left\{\int_0^a e^{-x^2}\,dx\right\}^2.$$

次に，原点を中心とする半径 a の四分円領域を A，半径 $\sqrt{2}a$ の四分円領域を B とすれば，$A\subset R\subset B$ であるから，

$$\iint_A e^{-(x^2+y^2)}\,dx\,dy<\left\{\int_0^a e^{-x^2}\,dx\right\}^2<\iint_B e^{-(x^2+y^2)}\,dx\,dy.$$

(1)により，題意の不等式を得る．

(3) (2)の不等式で，$a\to\infty$ とすれば，

$$\left\{\int_0^\infty e^{-x^2}\,dx\right\}^2=\frac{\pi}{4}.$$

19 簡単のために，球面の半径を１とし，球面座標において，点Ａは北極 $(\varphi=0)$，点Ｂは基準子午線上 $(\theta=0)$ にあるとしても一般性を失なわない．ＡからＢへ到る曲線 C を，球面座標において，

$$\varphi=\varphi(t),\quad \theta=\theta(t)\quad (0\leqq t\leqq 1)$$

とすれば，ＡとＢを結ぶ弧長 l は，$\rho=1$ であるから，

$$l=\int_C ds=\int_C\sqrt{d\varphi^2+\sin^2\varphi\,d\theta^2}=\int_0^1\sqrt{\left(\frac{d\varphi}{dt}\right)^2+\sin^2\varphi\left(\frac{d\theta}{dt}\right)^2}\,dt.$$

従って，l が最小になるのは，$\theta=0$（一定）の場合である．これは，C が大円の劣弧であることを意味する．

20 地球の半径を a とすれば，北半球の表面積は $4\pi a^2/2=2\pi a^2$．経度が緯度より小さい部分の表面積は，$\theta\leqq\pi/2-\varphi$，$0\leqq\varphi\leqq\pi/2$ より，

$$S=a^2\int_0^{\frac{\pi}{2}}d\theta\int_0^{\frac{\pi}{2}-\theta}\sin\varphi\,d\varphi=a^2\int_0^{\frac{\pi}{2}}(1-\sin\theta)\,d\theta=\frac{1}{2}(\pi-2)a^2.$$

$$\therefore\ S/2\pi a^2=\frac{\pi-2}{4\pi}\fallingdotseq 0.09\quad\therefore\ 約9\,\%$$

21 球面座標によれば，この球面の方程式は $\rho=\cos\varphi$，円錐面の方程式は $\varphi=\pi/4$ で表わされる．従って，積分領域は，不等式

$$0\leqq\theta\leqq 2\pi,\ 0\leqq\varphi\leqq\pi/4,\ 0\leqq\rho\leqq\cos\varphi$$

で表わされ，求める体積は，

$$\iiint_T\rho^2\sin\varphi\,d\rho\,d\varphi\,d\theta=\int_0^{2\pi}d\theta\int_0^{\frac{\pi}{4}}d\varphi\int_0^{\cos\varphi}\rho^2\sin\varphi\,d\rho$$

$$=\frac{1}{3}\int_0^{2\pi}d\theta\int_0^{\frac{\pi}{4}}\cos^3\varphi\sin\varphi\,d\varphi=\frac{1}{16}\int_0^{2\pi}d\theta=\frac{\pi}{8}.$$

22 (1) まず，$\boldsymbol{e}_i=h_i\nabla u_i$ より，$h_i|\nabla u_i|=1$．$\therefore\ h_i=1/|\nabla u_i|$ $(i=1,2,3)$．次に，u_i の

$\boldsymbol{e}_i$ 方向の方向微分係数は，

$$\frac{\partial u_i}{\partial s}=\boldsymbol{e}_i\cdot\nabla u_i=h_i\nabla u_i\cdot\nabla u_i=h_i|\nabla u_i|^2=\frac{1}{h_i}.$$

他方，ds を u_i 曲線に沿う線素とすれば，$ds=|d\boldsymbol{r}|=|\partial\boldsymbol{r}/\partial u_i|du_i$ が成立つ．

$$\therefore\ h_i=\frac{1}{\partial u_i/\partial s}=\frac{ds}{du_i}=\left|\frac{\partial\boldsymbol{r}}{\partial u_i}\right|\quad(i=1,2,3).$$

(2)　$\boldsymbol{e}_i$ は u_i 曲線の単位接線ベクトルであるから，u_i 曲線に沿う線素を ds とすれば，(1) により，

$$\boldsymbol{e}_i=\frac{\partial\boldsymbol{r}}{\partial u_i}\frac{du_i}{ds}=\frac{\partial\boldsymbol{r}}{\partial u_i}\frac{1}{h_i}.\qquad\therefore\ \frac{\partial\boldsymbol{r}}{\partial u_i}=\boldsymbol{e}_i h_i.$$

$$\therefore\ d\boldsymbol{r}=\frac{\partial\boldsymbol{r}}{\partial u_1}du_1+\frac{\partial\boldsymbol{r}}{\partial u_2}du_2+\frac{\partial\boldsymbol{r}}{\partial u_3}du_3=\boldsymbol{e}_1h_1\,du_1+\boldsymbol{e}_2h_2\,du_2+\boldsymbol{e}_3h_3\,du_3.$$

(3)　$\boldsymbol{e}_1, \boldsymbol{e}_2, \boldsymbol{e}_3$ は互いに直交しているから，

$$d\boldsymbol{r}=\boldsymbol{e}_1h_1\,du_1+\boldsymbol{e}_2h_2\,du_2+\boldsymbol{e}_3h_3\,du_3$$

より，$ds=|d\boldsymbol{r}|$，$dV=$(縦・横・高さ) を求めればよい．

(4)　$dV=\left|\dfrac{\partial(x,y,z)}{\partial(u_1,u_2,u_3)}\right|du_1\,du_2\,du_3$ と (3) より直ちに出る．

23　円柱座標 (r,θ,z) において，

$$\frac{\partial\boldsymbol{r}}{\partial r}=\boldsymbol{i}\cos\theta+\boldsymbol{j}\sin\theta,\quad\frac{\partial\boldsymbol{r}}{\partial\theta}=-\boldsymbol{i}r\sin\theta+\boldsymbol{j}r\cos\theta,\quad\frac{\partial\boldsymbol{r}}{\partial z}=\boldsymbol{k}$$

$$\therefore\ h_1=1,\quad h_2=r,\quad h_3=1.$$

$$\therefore\ ds=\sqrt{(dr)^2+r^2(d\theta)^2+(dz)^2},\quad dV=r\,dr\,d\theta\,dz.$$

球面座標 (ρ,φ,θ) において，

$$\frac{\partial\boldsymbol{r}}{\partial\rho}=\boldsymbol{i}\sin\varphi\cos\theta+\boldsymbol{j}\sin\varphi\sin\theta+\boldsymbol{k}\cos\varphi,$$

$$\frac{\partial\boldsymbol{r}}{\partial\varphi}=\boldsymbol{i}\rho\cos\varphi\cos\theta+\boldsymbol{j}\rho\cos\varphi\sin\theta-\boldsymbol{k}\rho\sin\varphi,$$

$$\frac{\partial\boldsymbol{r}}{\partial\theta}=-\boldsymbol{i}\rho\sin\varphi\sin\theta+\boldsymbol{j}\rho\sin\varphi\cos\theta.$$

$$\therefore\ h_1=1,\quad h_2=\rho,\quad h_3=\rho\sin\varphi.$$

$$\therefore\ ds=\sqrt{(d\varphi)^2+\rho^2(d\varphi)^2+\rho^2\sin^2\varphi(d\theta)^2},$$

$$dV=\rho^2\sin\varphi\,d\rho\,d\varphi\,d\theta.$$

24　$\displaystyle\iint_S\sqrt{\rho^2\sin^2\varphi+\left(\frac{\partial\rho}{\partial\varphi}\right)^2\sin^2\varphi+\left(\frac{\partial\rho}{\partial\theta}\right)^2}\,\rho\,d\varphi\,d\theta.$

§19. 線 積 分

—— A ——

1　積分路は，$\boldsymbol{r}=\boldsymbol{i}t+\boldsymbol{j}t+\boldsymbol{k}t\ (0\leqq t\leqq 1)$ と媒介変数表示される．従って，$u\,ds=\sqrt{3}\,t^3dt$ となり，

$$\int_C u\,ds=\sqrt{3}\int_0^1 t^3\,dt=\frac{\sqrt{3}}{4}\Big[t^4\Big]_0^1=\frac{\sqrt{3}}{4}.$$

2　(1)　$\boldsymbol{r}=\boldsymbol{i}t+\boldsymbol{j}t\quad(0\leqq t\leqq 1),\quad u\,ds=\sqrt{2}\,t^2\,dt,$

$$\int_C u\,ds=\sqrt{2}\int_0^1 t^2\,dt=\frac{\sqrt{2}}{3}.$$

(2)　$\boldsymbol{r}=\boldsymbol{i}t^2+\boldsymbol{j}t\quad(0\leqq t\leqq 1),\quad u\,ds=t^3\sqrt{4t^2+1}\,dt,$

$$\int_C u\,ds=\int_0^1 t^3\sqrt{4t^2+1}\,dt=\frac{1}{16}\int_1^{\sqrt{5}} v^2(v^2-1)\,dv=\frac{1}{16}\int_1^{\sqrt{5}}(v^4-v^2)\,dv$$

$$=\frac{1}{16}\left[\frac{v^5}{5}-\frac{v^3}{3}\right]_1^{\sqrt{5}}=\frac{5\sqrt{5}}{24}+\frac{1}{120}\quad(v=\sqrt{4t^2+1}).$$

3　(1)　$\boldsymbol{r}=\boldsymbol{i}(1-t)+\boldsymbol{j}t\quad(0\leqq t\leqq 1)$

$$\int_C \boldsymbol{u}\cdot d\boldsymbol{r}=\int_0^1\{-t^2-(1-t)^2\}\,dt=-\int_0^1(2t^2-2t+1)\,dt=-\frac{2}{3}.$$

(2)　$\boldsymbol{r}=\boldsymbol{i}\cos t+\boldsymbol{j}\sin t\quad(0\leqq t\leqq \pi/2)$

$$\int_C \boldsymbol{u}\cdot d\boldsymbol{r}=\int_0^{\frac{\pi}{2}}(-\sin^3 t-\cos^3 t)dt=-\frac{4}{3}.$$

4　(1)　$\boldsymbol{r}=\boldsymbol{i}t+\boldsymbol{j}t+2\boldsymbol{k}\quad(0\leqq t\leqq 1)$

$$\int_C \boldsymbol{u}\cdot d\boldsymbol{r}=\int_0^1(t^3+t-2)\,dt=-\frac{5}{4}.$$

(2)　$\boldsymbol{r}=\boldsymbol{i}t+\boldsymbol{j}t^2+2\boldsymbol{k}\quad(0\leqq t\leqq 1)$

$$\int_C \boldsymbol{u}\cdot d\boldsymbol{r}=\int_0^1(t^4+2t^2-4t)\,dt=-\frac{17}{15}.$$

5　$C=C_1+C_2+C_3,$

$C_1:\boldsymbol{r}=\boldsymbol{i}t+\boldsymbol{j}t\quad(0\leqq t\leqq 1),\quad C_2:\boldsymbol{r}=\boldsymbol{i}+\boldsymbol{j}+\boldsymbol{k}t\quad(0\leqq t\leqq 1),$

$C_3:\boldsymbol{r}=\boldsymbol{i}(1-t)+\boldsymbol{j}(1-t)+\boldsymbol{k}(1-t)\quad(0\leqq t\leqq 1).$

$$\int_C \boldsymbol{u}\cdot d\boldsymbol{r}=\int_0^1 2t\,dt+\int_0^1 dt+\int_0^1(1-t)\,dt=\frac{5}{2}.$$

6　$C=C_1+C_2+C_3,$

$C_1:\boldsymbol{r}=\boldsymbol{i}\frac{s}{\sqrt{2}}+\boldsymbol{j}\frac{s}{\sqrt{2}}\ (0\leqq s\leqq\sqrt{2}),\quad \boldsymbol{t}=\frac{1}{\sqrt{2}}\boldsymbol{i}+\frac{1}{\sqrt{2}}\boldsymbol{j},$

C_2 : $\boldsymbol{r}=\boldsymbol{i}+\boldsymbol{j}+\boldsymbol{k}s$ $(0\leqq s\leqq 1)$, $\boldsymbol{t}=\boldsymbol{k}$,

C_3 : $\boldsymbol{r}=(\boldsymbol{i}+\boldsymbol{j}+\boldsymbol{k})\left(1-\dfrac{s}{\sqrt{3}}\right)$ $(0\leqq s\leqq\sqrt{3})$, $\boldsymbol{t}=-\dfrac{1}{\sqrt{3}}(\boldsymbol{i}+\boldsymbol{j}+\boldsymbol{k})$

により，線積分 5/2 を得る．

7 $\mathrm{rot}\,\boldsymbol{u}=\begin{vmatrix} \boldsymbol{i} & \boldsymbol{j} & \boldsymbol{k} \\ \dfrac{\partial}{\partial x} & \dfrac{\partial}{\partial y} & \dfrac{\partial}{\partial z} \\ z^2 & 2y & 2xz \end{vmatrix}=0.$

従って，端点 $\boldsymbol{a}, \boldsymbol{b}$ を結ぶ積分路 C には依存しない．

8 $W=\int_C \boldsymbol{u}\cdot d\boldsymbol{r}=\int_a^b m\dfrac{d\boldsymbol{v}}{dt}\cdot\boldsymbol{v}\,dt=\dfrac{m}{2}\int_a^b\dfrac{d}{dt}(\boldsymbol{v}\cdot\boldsymbol{v})\,dt=\dfrac{m}{2}\Big[|\boldsymbol{v}|^2\Big]_a^b=\dfrac{m}{2}\{v(b)^2-v(a)^2\}.$

9 $\int_C \boldsymbol{u}\cdot d\boldsymbol{r}=\int_C \dfrac{k}{r^3}\boldsymbol{r}\cdot d\boldsymbol{r}=\int_C\dfrac{2k}{r^3}d(\boldsymbol{r}\cdot\boldsymbol{r})=2k\int_C\dfrac{1}{r^3}\,dr^2=4k\int_C\dfrac{1}{r^2}\,dr=4k\left[\dfrac{-1}{r}\right]_b^a$

$=4k\left\{\dfrac{1}{r(\boldsymbol{a})}-\dfrac{1}{r(\boldsymbol{b})}\right\}=0.$

10 $\left|\int_C \boldsymbol{u}\cdot d\boldsymbol{r}\right|\leqq\int_C|\boldsymbol{u}\cdot d\boldsymbol{r}|\leqq\int_C|\boldsymbol{u}|\,|d\boldsymbol{r}|\leqq\int_C M\,ds=Ml.$

―― B ――

11 必要に応じて面分 S を細分することにより，S は不等式

$a\leqq x\leqq b$, $y_1(x)\leqq y\leqq y_2(x)$; $c\leqq y\leqq d$, $x_1(y)\leqq x\leqq x_2(y)$

で表わされる単連結領域であると仮定しても一般性を失なわない．このとき，

$$\iint_S\frac{\partial u_2}{\partial x}\,dx\,dy=\int_c^d\left\{\int_{x_1(y)}^{x_2(y)}\frac{\partial u_2}{\partial x}\,dx\right\}dy=\int_c^d\Big[u_2\Big]_{x_1(y)}^{x_2(y)}dy$$

$$=\int_c^d\{u_2(x_2(y), y)-u_2(x_1(y), y)\}\,dy=\int_c^d u_2(x_2(y), y)\,dy+\int_d^c u_2(x_1(y), y)\,dy$$

$$=\oint_{\partial S}u_2(x, y)\,dy.$$

同様にして，

$$-\iint_S\frac{\partial u_1}{\partial y}\,dx\,dy=\oint_{\partial S}u_1\,dx.$$

$$\therefore\ \oint_{\partial S}(u_1\,dx+u_2\,dy)=\iint_S\left(\frac{\partial u_2}{\partial x}-\frac{\partial u_1}{\partial y}\right)dx\,dy.$$

12 Green の定理において，$u_1=-y$, $u_2=x$ と置けば，

$$2\iint_S dx\,dy=\oint_{\partial S}(x\,dy-y\,dx).$$

13 $x=r\cos\theta$, $y=r\sin\theta$ と置けば，前問により，

$$A=\frac{1}{2}\oint_{\partial S}(x\,dy-y\,dx)=\frac{1}{2}\oint_{\partial S}r^2\,d\theta.$$

14 (1) $x=a\cos\theta$, $y=b\sin\theta$ と置けば,

$$A=\frac{1}{2}\oint_{\partial S}(ab\cos^2\theta+ab\sin^2\theta)\,d\theta=\frac{ab}{2}\int_0^{2\pi}d\theta=\pi\,ab.$$

(2) $A=\frac{1}{2}\oint_{\partial S}r^2\,d\theta=\frac{a^2}{2}\int_0^{2\pi}(1-\cos\theta)^2\,d\theta=\frac{3}{2}\pi a^2.$

15 (4) ⇨ (3) ⇨ (2) ⇨ (1) ⇨ (4) の順で証明する．このうち，(4) ⇨ (3) は §16, 問 23 で証明ずみである．

(3) ⇨ (2)： $\boldsymbol{u}=\nabla f(\boldsymbol{r})$（保存ベクトル場）とすれば,

$$\int_C\boldsymbol{u}\cdot d\boldsymbol{r}=\int_C\nabla f(\boldsymbol{r})\cdot d\boldsymbol{r}=\int_C df(\boldsymbol{r})=f(\boldsymbol{b})-f(\boldsymbol{a}).$$

Cが閉曲線ならば，$\boldsymbol{b}=\boldsymbol{a}$ であり，線積分の値は 0 になる．

(2) ⇨ (1)： $\boldsymbol{a}$ から $\boldsymbol{b}$ までの二つの積分路を C_1, C_2 とすれば，$C=C_1-C_2$ は閉曲線になるから，(2) によって,

$$\int_C\boldsymbol{u}\cdot d\boldsymbol{r}=\int_{C_1}\boldsymbol{u}\cdot d\boldsymbol{r}-\int_{C_2}\boldsymbol{u}\cdot d\boldsymbol{r}=0.$$

(1) ⇨ (4)： 定点 $\boldsymbol{a}$ から動点 $\boldsymbol{r}=\boldsymbol{i}x+\boldsymbol{j}y+\boldsymbol{k}z$ までの $\boldsymbol{u}$ の線積分は，(1) によって (x, y, z) だけの関数になる：

$$u=\int_{\boldsymbol{a}}^{\boldsymbol{r}}\boldsymbol{u}\cdot d\boldsymbol{r}.$$

いま，点 $\boldsymbol{b}=\boldsymbol{i}b+\boldsymbol{j}y+\boldsymbol{k}z$（$b$ は定数）を S 内にとれば，(1) により,

$$u=\int_{\boldsymbol{a}}^{\boldsymbol{b}}\boldsymbol{u}\cdot d\boldsymbol{r}+\int_{\boldsymbol{b}}^{\boldsymbol{r}}\boldsymbol{u}\cdot d\boldsymbol{r}$$

である．$\partial u/\partial x$ を求めれば，第 1 の積分は x に依存しないから 0 になり，第 2 の積分は，$\boldsymbol{b}$ から $\boldsymbol{r}$ までの線分上で y, z は一定だから,

$$\frac{\partial}{\partial x}\int_{\boldsymbol{b}}^{\boldsymbol{r}}\boldsymbol{u}\cdot d\boldsymbol{r}=\frac{\partial}{\partial x}\int_b^x u_1\,dx=u_1.\qquad\therefore\ \frac{\partial u}{\partial x}=u_1.$$

同様にして,

$$\frac{\partial u}{\partial y}=u_2,\quad\frac{\partial u}{\partial z}=u_3.$$

$$\therefore\ \boldsymbol{u}\cdot d\boldsymbol{r}=u_1\,dx+u_2\,dy+u_3\,dz=\frac{\partial u}{\partial x}dx+\frac{\partial u}{\partial y}dy+\frac{\partial u}{\partial z}dz=du.$$

16 $\boldsymbol{u}$ が保存ベクトル場であるとすれば，$\mathrm{rot}\,\boldsymbol{u}=\mathrm{rot}(\mathrm{grad}\,u)=\boldsymbol{o}$．逆に，$\mathrm{rot}\,\boldsymbol{u}=\boldsymbol{o}$ とする．Sを単連結とすれば，S 内の任意の単純閉曲線Cに対して，Cを境界とする面分

R が S 内に存在する．従って，次節の Stokes の定理により，

$$\oint_C \boldsymbol{u}\cdot d\boldsymbol{r}=\iint_R \mathrm{rot}\,\boldsymbol{u}\cdot d\boldsymbol{A}=\iint_R \boldsymbol{o}\cdot d\boldsymbol{A}=0.$$

C が重複点を持つ閉曲線の場合は，必要に応じて C をいくつかの単純閉曲線に分割すればよい．

17　$u_1=-\dfrac{\partial u}{\partial y}$，$u_2=\dfrac{\partial u}{\partial x}$ と置けば，$\dfrac{\partial u_2}{\partial x}-\dfrac{\partial u_1}{\partial y}=\dfrac{\partial^2 u}{\partial x^2}+\dfrac{\partial^2 u}{\partial y^2}=\nabla^2 u$．Green の定理により，

$$\iint_S \nabla^2 u\,dx\,dy=\iint_S\left(\frac{\partial u_2}{\partial x}-\frac{\partial u_1}{\partial y}\right)dx\,dy=\oint_{\partial S}(u_1\,dx+u_2\,dy)$$

$$=\oint_{\partial S}\left(-\frac{\partial u}{\partial y}dx+\frac{\partial u}{\partial x}dy\right)=\oint_{\partial S}\boldsymbol{n}\cdot\nabla u\,ds=\oint_{\partial S}\frac{\partial u}{\partial s}ds.$$

但し，$\dfrac{\partial u}{\partial s}$ は C 上の点 $\boldsymbol{r}$ における単位法線ベクトル $\boldsymbol{n}=\boldsymbol{i}\dfrac{dy}{ds}-\boldsymbol{j}\dfrac{dx}{ds}$ 方向の方向導関数である．

§20.　面　積　分

—— A ——

1　紙模型は二つに切断されず，ねじれの二つある幅半分の帯が得られる．

2　(1)　$\boldsymbol{r}=\boldsymbol{i}u+\boldsymbol{j}v+\boldsymbol{k}u$，$E=2$，$F=0$，$G=1$．

(2)　$\boldsymbol{r}=\boldsymbol{i}u\cos v+\boldsymbol{j}u\sin v+\boldsymbol{k}u$ $(u\geqq 0)$，

$$\frac{\partial \boldsymbol{r}}{\partial u}=\boldsymbol{i}\cos v+\boldsymbol{j}\sin v+\boldsymbol{k},\quad \frac{\partial \boldsymbol{r}}{\partial v}=-\boldsymbol{i}u\sin v+\boldsymbol{j}u\cos v.$$

$\therefore\ E=2,\ F=0,\ G=u^2.$

3　(1)　$\nabla f(\boldsymbol{r})$ が $\boldsymbol{r}$ における法線ベクトルであることは，§16，問5で証明ずみである．

(2)　u＝一定，v＝一定という曲線の族は S 上に**座標曲線**と呼ばれる網目を作る．このとき，$\boldsymbol{r}_u, \boldsymbol{r}_v$ は S 上の点 $\boldsymbol{r}$ における座標曲線の接線ベクトルであり，点 $\boldsymbol{r}$ における S の接平面を決定する．従って，$\boldsymbol{r}_u\times\boldsymbol{r}_v$ は接平面に垂直であるから，点 $\boldsymbol{r}$ における S の法線ベクトルになる．

次に，Gramm の行列式により，

$$|\boldsymbol{r}_u\times\boldsymbol{r}_v|^2=(\boldsymbol{r}_u\cdot\boldsymbol{r}_u)(\boldsymbol{r}_v\cdot\boldsymbol{r}_v)-(\boldsymbol{r}_u\cdot\boldsymbol{r}_v)^2=EG-F^2.$$

4　(1)　$\boldsymbol{r}=\boldsymbol{i}\cos u+\boldsymbol{j}\sin u+\boldsymbol{k}v$　$(0\leqq u\leqq 2\pi,\ 0\leqq v\leqq 1)$．　$E=1$，　$F=0$，　$G=1$．$\sqrt{EG-F^2}=1$．

$$\therefore\ A=\int_0^1\int_0^{2\pi} du\,dv=2\pi.$$

(2) $\boldsymbol{r}=\boldsymbol{i}u\cos v+\boldsymbol{j}u\sin v+\boldsymbol{k}u$ $(0\leqq u\leqq 1,\ 0\leqq v\leqq 2\pi)$. $E=2,\ F=0,\ G=u^2$. $\sqrt{EG-F^2}=\sqrt{2}\,u$.

$$\therefore\ A=\int_0^{2\pi}\int_0^1\sqrt{2}\,u\,du\,dv=\sqrt{2}\,\pi.$$

5 $E=(a+b\cos v)^2,\ F=0,\ G=b^2,\ \sqrt{EG-F^2}=b(a+b\cos v)$.

$$\therefore\ A=\int_0^{2\pi}\int_0^{2\pi} b(a+\cos v)\,du\,dv=4ab\,\pi^2.$$

6 (1), (2) は単連結でない．(3), (4) は単連結である．

7 $d\boldsymbol{A}$ の $\boldsymbol{i}$ 方向の成分は，$\boldsymbol{i}\cdot d\boldsymbol{A}=\boldsymbol{i}\cdot(\boldsymbol{r}_u\times\boldsymbol{r}_v)\,du\,dv=[\boldsymbol{i},\boldsymbol{r}_u,\boldsymbol{r}_v]\,du\,dv$

$$=\begin{vmatrix}1&0&0\\x_u&y_u&z_u\\x_v&y_v&z_v\end{vmatrix}du\,dv=\frac{\partial(y,z)}{\partial(u,v)}\,du\,dv=dy\,dz.$$ 他成分も同様．

8 (1) $\boldsymbol{r}=\boldsymbol{i}u+\boldsymbol{j}v+\boldsymbol{k}(u+v)$, $0\leqq u\leqq 1$, $0\leqq v\leqq 1$. $E=2,\ F=1,\ G=2,\ \sqrt{EG-F^2}=\sqrt{3}$.

$$\therefore\ \iint_S(x+y)\,dA=\sqrt{3}\int_0^1\int_0^1(u+v)\,du\,dv=\sqrt{3}.$$

(2) $\boldsymbol{r}=2\boldsymbol{i}\cos u+2\boldsymbol{j}\sin u+\boldsymbol{k}v$, $0\leqq u\leqq 2\pi$, $0\leqq v\leqq 1$. $E=4,\ F=0,\ G=1$, $\sqrt{EG-F^2}=2$.

$$\therefore\ \iint_S(x+y)\,dA=4\int_0^1\int_0^{2\pi}(\cos u+\sin u)\,du\,dv=0.$$

9 (1) $d\boldsymbol{A}=\boldsymbol{r}_u\times\boldsymbol{r}_v\,du\,dv=-(\boldsymbol{i}+\boldsymbol{j}+\boldsymbol{k})\,du\,dv$.

$$\iint_S\boldsymbol{u}\cdot d\boldsymbol{A}=-\int_0^1\int_0^1(u+v+uv+1)\,du\,dv=-\frac{9}{4}.$$

(2) $d\boldsymbol{A}=2(\boldsymbol{i}\cos u+\boldsymbol{j}\sin u)\,du\,dv$.

$$\iint_S\boldsymbol{u}\cdot d\boldsymbol{A}=4\int_0^1\int_0^{2\pi}(\cos^2u+\sin u\cos u+2\cos u\sin^2u)\,du\,dv=4\pi.$$

10 この場合，曲面の媒介変数表示は，$\boldsymbol{r}=\boldsymbol{i}u+\boldsymbol{j}v+\boldsymbol{k}f(x,y)$ $(u=x,v=y)$，$E=1+f_u{}^2$, $F=f_uf_v$, $G=1+f_v{}^2$, $\sqrt{EG-F^2}=\sqrt{1+f_u{}^2+f_v{}^2}$ となる．従って，$u=x$，$v=y$ であるから，

$$dA=\sqrt{EG-F^2}\,du\,dv=\sqrt{1+\left(\frac{\partial f}{\partial x}\right)^2+\left(\frac{\partial f}{\partial y}\right)^2}\,dx\,dy.$$

次に，

$$\cos\gamma=\boldsymbol{n}\cdot\boldsymbol{k}=\frac{\boldsymbol{r}_u\times\boldsymbol{r}_v}{\sqrt{EG-F^2}}\cdot\boldsymbol{n}=\frac{1}{\sqrt{EG-F^2}}.\quad\therefore\ \sec\gamma=\sqrt{EG-F^2}.$$

11 (1) $z=2-2x-2y$ より，

$$\frac{\partial z}{\partial x}=-2,\ \frac{\partial z}{\partial y}=-2,\ \sqrt{1+\left(\frac{\partial z}{\partial x}\right)^2+\left(\frac{\partial z}{\partial y}\right)^2}=3,\ dA=3\,dx\,dy.$$

$$\therefore\ \iint_S u\,dA=\int_0^1\int_0^{1-x}3(x-1)^2\,dy\,dx=\frac{3}{4}.$$

(2) $2x+2y+z=2$ より，$\boldsymbol{n}=\frac{2}{3}\boldsymbol{i}+\frac{2}{3}\boldsymbol{j}+\frac{1}{3}\boldsymbol{k}$.

$$\therefore\ \iint_S \boldsymbol{u}\cdot\boldsymbol{n}\,dA=\int_0^1\int_0^{1-y}\frac{2}{3}(x^2-x-y+1)\cdot 3dx\,dy=\frac{1}{2}.$$

12 Gauss の発散定理において，$\boldsymbol{u}=\boldsymbol{r}=\boldsymbol{i}x+\boldsymbol{j}y+\boldsymbol{k}z$ とすればよい．

13 Gauss の発散定理より，Sによって囲まれる領域をTとすれば，

$$\iint_S \boldsymbol{u}\cdot d\boldsymbol{A}=\iiint_T \operatorname{div}\boldsymbol{u}\,dV=(a+b+c)\iiint_T dV.$$

Tは球であるから，その体積は $4\pi r^3/3$ に等しい．

$$\therefore\ \text{面積分}=\frac{4}{3}\pi r^2(a+b+c).$$

14 面積分を計算してもよいし，Stokes の定理を用いて線積分に変換してもよい．前者では，$d\boldsymbol{A}=\boldsymbol{i}\,dy\,dz+\boldsymbol{j}\,dz\,dx+\boldsymbol{k}\,dx\,dy$ を用いる．

(1) $\displaystyle\iint_S \operatorname{rot}\boldsymbol{u}\cdot d\boldsymbol{A}=\iint_S(\boldsymbol{j}+\boldsymbol{k})\cdot d\boldsymbol{A}=\int_0^1\int_0^1 dx\,dy=1.$

(2) $\displaystyle\iint_S \operatorname{rot}\boldsymbol{u}\cdot d\boldsymbol{A}=3\iint_S(x^2+y^2)\boldsymbol{k}\cdot d\boldsymbol{A}=3\iint_S(x^2+y^2)\,dx\,dy=3\int_0^{2\pi}\int_0^1 r^3\,dr\,d\theta=\frac{3\pi}{2}.$

—— B ——

15 Gauss の発散定理は，$\boldsymbol{u}=\boldsymbol{i}u_1+\boldsymbol{j}u_2+\boldsymbol{k}u_3$ に対して，

$$\iiint_T\left(\frac{\partial u_1}{\partial x}+\frac{\partial u_2}{\partial y}+\frac{\partial u_3}{\partial z}\right)dx\,dy\,dz=\iint_{\partial T}(u_1\,dy\,dz+u_2\,dz\,dx+u_3\,dx\,dy)$$

と表わされるから，これを証明するためには，

$$\iiint_T\frac{\partial u_1}{\partial x}dx\,dy\,dz=\iint_{\partial T}u_1\,dy\,dz,$$

$$\iiint_T\frac{\partial u_2}{\partial y}dx\,dy\,dz=\iint_{\partial T}u_2\,dz\,dx,$$

$$\iiint_T\frac{\partial u_3}{\partial z}dx\,dy\,dz=\iint_{\partial T}u_3\,dx\,dy$$

なる 3 式が同時に成立つことを示せばよい．前 2 式は同様にして証明されるから，ここ

では第3式のみを証明する．

そこで，必要があれば，領域 T を細分することにすれば，T は不等式

$$z_1(x, y) \leqq z \leqq z_2(x, y)$$

で表わされる単連結領域であると仮定しても一般性を失なわない．このとき，点 (x, y) のとる xy 平面上の領域を R とすれば，

$$\iiint_T \frac{\partial u_3}{\partial z} dx\, dy\, dz = \iint_R \left\{\int_{z_1}^{z_2} \frac{\partial u_3}{\partial z} dz\right\} dx\, dy = \iint_R \{u_3(x, y, z_2) - u_3(x, y, z_1)\} dx\, dy$$

$$= \iint_R u_3(x, y, z_2) dx\, dy - \iint_R u_3(x, y, z_1)\, dx\, dy = \iint_{\partial T} u_3(x, y, z)\, dx\, dy.$$

16　面分 S 上の点 P における法線 $\boldsymbol{n}$ と $\boldsymbol{r}$ とのなす角を θ とすれば，面分 S' の面素 dA' は，$\boldsymbol{u} = \boldsymbol{r}/|\boldsymbol{r}|$ に注意して，

$$dA' = \frac{\cos\theta}{|\boldsymbol{r}|^2} dA = \frac{\boldsymbol{u}\cdot\boldsymbol{n}}{|\boldsymbol{r}|^2} dA = \frac{\boldsymbol{u}}{|\boldsymbol{r}|^2}\cdot d\boldsymbol{A} = \frac{\boldsymbol{r}}{|\boldsymbol{r}|^3}\cdot d\boldsymbol{A}$$

と表わされる．従って，立体角は，定義より，

$$A = \iint_{S'} dA' = \iint_S \frac{\boldsymbol{r}}{|\boldsymbol{r}|^3}\cdot d\boldsymbol{A}.$$

17　原点 O が S の外部にある場合，S は単位球面上の面分 S' に正負が打ち消し合うように二重に射影されるから，立体角はその代数和 0 となる．原点 O が S 上にある場合は，S は半球（表面積 2π）に射影され，原点 O が S の内部にある場合は，S は全球面（表面積 4π）に射影される．

18　u_1, u_2 を xy 平面上の面分 S で C^1 級の関数とするとき，底面が S で高さ1の空間領域を T とし，$\boldsymbol{u} = \boldsymbol{i}u_2 - \boldsymbol{j}u_1$ と置いて，Gauss の発散定理を用いれば，

$$\iiint_T \mathrm{div}\, \boldsymbol{u}\, dV = \iint_{\partial T} \boldsymbol{u}\cdot d\boldsymbol{A}$$

であり，

$$\text{左辺} = \iiint_T \left(\frac{\partial u_2}{\partial x} - \frac{\partial u_1}{\partial y}\right) dx\, dy\, dz = \int_0^1 dz \iint_S \left(\frac{\partial u_2}{\partial x} - \frac{\partial u_1}{\partial y}\right) dx\, dy$$

$$= \iint_S \left(\frac{\partial u_2}{\partial x} - \frac{\partial u_1}{\partial y}\right) dx\, dy.$$

また，右辺の ∂T 上の面積分において，上面と底面に関する面積分は打ち消し合うから，∂S の上に立つ円筒状の側面 R に関する面積分だけが残るが，R 上では，

$$\boldsymbol{n} = \boldsymbol{i}\frac{dy}{ds} - \boldsymbol{j}\frac{dx}{ds}, \quad dA = ds\, dz$$

であるから，

$$右辺=\iint_R \boldsymbol{u}\cdot d\boldsymbol{A}=\iint_R \boldsymbol{u}\cdot\boldsymbol{n}\,dA=\iint_R (u_1\,dx+u_2\,dy)\,dz$$

$$=\int_0^1 dz\oint_{\partial S}(u_1\,dx+u_2\,dy)=\oint_{\partial S}(u_1dx+u_2dy).$$

$$\therefore\ \iint_S\left(\frac{\partial u_2}{\partial x}-\frac{\partial u_1}{\partial y}\right)dx\,dy=\oint_{\partial S}(u_1\,dx+u_2\,dy).$$

次に，$\boldsymbol{u}=\boldsymbol{i}u_1+\boldsymbol{j}u_2$ と置いて，Stokes の定理を用いれば，

$$\iint_S \mathrm{rot}\,\boldsymbol{u}\cdot d\boldsymbol{A}=\oint_{\partial S}\boldsymbol{u}\cdot d\boldsymbol{r}$$

であり，S 上では，$d\boldsymbol{A}=\boldsymbol{k}\,dx\,dy$，$d\boldsymbol{r}=\boldsymbol{i}\,dx+\boldsymbol{j}\,dy$ であるから，

$$左辺=\iint_S\left(\frac{\partial u_2}{\partial x}-\frac{\partial u_1}{\partial y}\right)\boldsymbol{k}\cdot\boldsymbol{k}\,dx\,dy=\iint_S\left(\frac{\partial u_2}{\partial x}-\frac{\partial u_1}{\partial y}\right)dx\,dy,$$

$$右辺=\oint_{\partial S}(u_1dx+u_2dy)$$

であり，やはり，Green の定理が得られる．

19 Gauss の発散定理において，$\boldsymbol{u}=\mathrm{grad}\,f$ とおけば，

$$\mathrm{div}\,\boldsymbol{u}=\mathrm{div}(\mathrm{grad}\,f)=\nabla^2 f,\quad \boldsymbol{u}\cdot\boldsymbol{n}=\boldsymbol{n}\cdot\nabla f=\partial f/\partial s$$

であるから，R 内の任意の有界閉領域 T，$S=\partial T$ に対して，

$$\iiint_T \nabla^2 f\,dV=\iint_S \frac{\partial f}{\partial s}\,dA.$$

従って，f が調和関数ならば，$\nabla^2 f=0$ より面積分の値も 0 となる．

§21. 複素数と複素平面

—— A ——

1 (1) $\pm 3i=3e^{\pm i\pi/2}$ (2) $1\pm i=\sqrt{2}e^{\pm i\pi/4}$ (3) $-1\pm\sqrt{3}i=2e^{\pm i2\pi/3}$

2 (1) $2e^{i\pi}$ (2) $\sqrt{2}e^{i\pi/4}$ (3) $4e^{i\pi/3}$

3 (1) $-\infty<\mathrm{Re}\,z<\infty$，$\mathrm{Im}\,z=0$，$|z|\geqq 0$，$\arg z=0$ または π.

(2) $0<\mathrm{Re}\,z$，$\mathrm{Im}\,z=0$，$|z|>0$，$\arg z=0$.

(3) $\mathrm{Re}\,z=0$，$-\infty<\mathrm{Im}\,z<\infty$，$|z|\geqq 0$，$\arg z=\pm\pi/2$.

4 (1) $-1+7i$ (2) $1+i$ (3) $-11+2i$

5 (1) $9/25$ (2) $-12/13$

6 $z=x+iy$ と置けば，z が実数ならば $y=0$ であるから，$\bar{z}=x=z$.

逆に，$x+iy=x-iy$ ならば，$2iy=0$ より，$y=0$ を得る．

7 他の場合も同様にして証明できるから，ここでは(3)だけを示す．

$z_1=x_1+iy_1$，$z_2=x_2+iy_2$ と置けば，

$$z_1z_2=(x_1x_2-y_1y_2)+i(x_1y_2+x_2y_1). \quad \therefore \ \overline{z_1z_2}=(x_1x_2-y_1y_2)-i(x_1y_2+x_2y_1).$$

また，

$$\overline{z_1}\,\overline{z_2}=(x_1-iy_1)(x_2-iy_2)=(x_1x_2-y_1y_2)-i(x_1y_2+x_2y_1). \quad \therefore \ \overline{z_1z_2}=\overline{z_1}\,\overline{z_2}.$$

8 (1) 極形式により，$z_1=r_1e^{i\theta_1}$，$z_2=r_2e^{i\theta_2}$ と置けば，$z_1z_2=r_1r_2e^{i(\theta_1+\theta_2)}$.

$$\therefore \ |z_1z_2|=r_1r_2=|z_1||z_2|, \ \arg z_1z_2=\theta_1+\theta_2=\arg z_1+\arg z_2.$$

(2) 同様にして，

$$\frac{z_1}{z_2}=\frac{r_1e^{i\theta_1}}{r_2e^{i\theta_2}}=\frac{r_1}{r_2}e^{i(\theta_1-\theta_2)} \quad \therefore \ \left|\frac{z_1}{z_2}\right|=\frac{r_1}{r_2}=\frac{|z_1|}{|z_2|}, \ \arg\frac{z_1}{z_2}=\theta_1-\theta_2=\arg z_1-\arg z_2.$$

9 $|z-\alpha|=\delta$ (円周)，$|z-\alpha|<\delta$ (開円板)，$|z-\alpha|\leqq\delta$ (閉円板)．

10 (1) $y>0$ (上半平面)　(2) $x>0$ (右半平面)

(3) $1\leqq x^2+y^2\leqq 2$ (半径1，2の同心円で挾まれた環状の閉領域)

(4) $(x-1)^2+y^2=1$ (中心 $(1,0)$，半径1の円)

(5) $x^2-y^2=1$ (直角双曲線)

(6) $\dfrac{x^2}{5^2}+\dfrac{y^2}{3^2}=1$ (焦点 $(\pm4,0)$ からの距離が一定値10の楕円)

(7) $y=x$ の第1象限部分 (原点を含む半直線)

(8) $x\geqq0$，$y\geqq0$ (第1象限，境界を含む)

11 ベクトル z_1, z_2 がなす角を θ とすれば，$\theta=\arg z_1-\arg z_2=\arg(z_1/z_2)$.

$\therefore$ z_1 と z_2 が共線である $\Longleftrightarrow$ θ が0または π $\Longleftrightarrow$ z_1/z_2 が実数．

12 3点 z_1, z_2, z_3 が同一直線上にあるならば，二つのベクトル z_3-z_1，z_2-z_1 は共線であるから，前問により，$(z_3-z_1)/(z_2-z_1)$ が実数になる．逆も成立つ．

13 n について数学的帰納法で証明する．このとき，n は0または負の整数にもなりうることに注意しなければならない．また，

$$(\cos\theta+i\sin\theta)^n=\cos n\theta+i\sin n\theta$$

の場合を証明すれば十分である．

そこで，$n=0$ のとき，左辺＝右辺＝1 となり正しいから，$n=k$ のとき正しいと仮定すれば，複号は同順で，

$$(\cos\theta+i\sin\theta)^{k\pm1}=(\cos\theta+i\sin\theta)^k(\cos\theta\pm i\sin\theta)$$
$$=(\cos k\theta+i\sin k\theta)(\cos\theta\pm i\sin\theta)$$
$$=\cos k\theta\cos\theta\mp\sin k\theta\sin\theta+i(\sin k\theta\cos\theta\pm\cos k\theta\sin\theta)$$

$=\cos(k\pm1)\theta+i\sin(k\pm1)\theta.\quad\therefore\ n=k\pm1$ のときも正しい．

従って，任意の整数 n に対して定理は正しい．

14 (1) $1-i=\sqrt{2}\left(\cos\dfrac{\pi}{4}-i\sin\dfrac{\pi}{4}\right)$ であるから，de Moivre の公式により，

$$(1-i)^8=16(\cos2\pi-i\sin2\pi)=16.$$

(2) $\sqrt{3}+i=2\left(\cos\dfrac{\pi}{6}+i\sin\dfrac{\pi}{6}\right)$ であるから，

$$(\sqrt{3}+i)^8=2^8\left(\cos\frac{4\pi}{3}+i\sin\frac{4\pi}{3}\right)=2^8\left(-\frac{1}{2}-i\frac{\sqrt{3}}{2}\right)=-128-128\sqrt{3}i.$$

15 (1) de Moivre の定理より，

$$(\cos\theta+i\sin\theta)^2=\cos^2\theta-\sin^2\theta+2i\cos\theta\sin\theta=\cos2\theta+i\sin2\theta.$$

この両辺の実部，虚部を比較すれば，2倍角の公式を得る．

(2) 同様にして，次式の両辺の実部，虚部を比較すれば，3倍角の公式を得る．

$$(\cos\theta+i\sin\theta)^3=(\cos^3\theta-3\cos\theta\sin^2\theta)+i(3\cos^2\theta\sin\theta-\sin^3\theta)$$

$=\cos3\theta+i\sin3\theta.$

16 左辺$=e^{iA}e^{iB}e^{iC}=e^{i(A+B+C)}=e^{i\pi}=-1.$

17 左辺$=\dfrac{e^{i\theta}e^{i2\theta}}{e^{-i3\theta}}=e^{i3\theta}e^{i3\theta}=e^{i6\theta}=e^{i\pi/2}=i.$

—— B ——

18 (1) 3，$\pm i$　(2) -1 (3重根)，3 (単根)　(3) ±2，$\pm3i$

19 $(z^2-1)(z^2-4i)=0$ と因数分解せよ．$z=\pm1$，$\sqrt{2}\pm\sqrt{2}i$.

20 有理数の範囲 z^4+1，実数の範囲 $(z^2+\sqrt{2}z+1)(z^2-\sqrt{2}z+1)$，複素数の範囲

$$\left(z+\frac{\sqrt{2}}{2}-\frac{\sqrt{2}}{2}i\right)\left(z+\frac{\sqrt{2}}{2}+\frac{\sqrt{2}}{2}i\right)\left(z-\frac{\sqrt{2}}{2}-\frac{\sqrt{2}}{2}i\right)\left(z-\frac{\sqrt{2}}{2}+\frac{\sqrt{2}}{2}i\right).$$

21 (1) $\overline{f(z)}=\overline{a_0z^n+a_1z^{n-1}+\cdots+a_n}=\overline{a_0z^n}+\overline{a_1z^{n-1}}+\cdots+\overline{a_n}$

$$=a_0\bar{z}^n+a_1\bar{z}^{n-1}+\cdots+a_n=f(\bar{z}).$$

(2) $f(\bar{\alpha})=\overline{f(\alpha)}=\bar{0}=0.\quad\therefore\ \bar{\alpha}$ も根．

22 実係数の整式 $f(z)$ は虚根 α とその共役根 $\bar{\alpha}$ を同時に持つから，1次因数への分解において，互いに共役な虚根を $\alpha_i, \overline{\alpha_i}$，実根を β_j とすれば，

$$f(z)=a_0(z-\alpha_1)(z-\overline{\alpha_1})\cdots(z-\alpha_l)(z-\overline{\alpha_l})\cdot(z-\beta_1)\cdots(z-\beta_k)$$

と表わされる．しかるに，

$$(z-\alpha_i)(z-\overline{\alpha_i})=z^2-(\alpha_i+\overline{\alpha_i})z+\alpha_i\overline{\alpha_i}$$

であるから，互いに共役な虚根の部分の二つの因数の積は常に実係数の2次因数にな

る．従って，$f(z)$ は全体として，実係数の２次因数および１次因数の積となる．

23　もし仮に一組の共役複素数 $\alpha, \bar{\alpha}$ が根であるとすれば，根と係数との関係から，$\alpha+\bar{\alpha}=-2a$，$\alpha\bar{\alpha}=b$．しかるに，両式の左辺は共に実数だから，係数 a, b は共に実数でなければならない．

24　$z^4-4z^2+8z+35=0$.

25　$f(z)=a_0z^n+a_1z^{n-1}+\cdots+a_n\ (a_0\neq 0)$,

$g(z)=b_0z^m+b_1z^{m-1}+\cdots+b_m\ (b_m\neq 0)$

とすれば，

$$f(z)g(z)=a_0b_0z^{n+m}+(a_0b_1+a_1b_0)z^{n+m-1}+\cdots+a_nb_m \quad (a_0b_0\neq 0).$$

$$\therefore\ \deg f(z)g(z)=n+m=\deg f(z)+\deg g(z).$$

26　組立て除法による．商 $3z^3-11z^2+8z-1$，剰余 4．

27　１の n 乗根を $z=r(\cos\theta+i\sin\theta)$ とすれば，$z^n=1$ であるから，

$$r^n(\cos n\theta+i\sin n\theta)=1.$$

両辺の絶対値をとれば，$r^n=1$．$r>0$ であるから，$r=1$．また，両辺の偏角をとれば，$n\theta=2k\pi$（k は整数）．　$\therefore\ \theta=2k\pi/n$.

$$\therefore\ z=\cos\frac{2k\pi}{n}+i\sin\frac{2k\pi}{n} \quad (k=0, 1, 2, \cdots, n-1).$$

28　１の３乗根は 1，$-\frac{1}{2}\pm\frac{\sqrt{3}}{2}i$．　１の４乗根は ± 1，$\pm i$．また，１の５乗根は，

$$\omega^k=\cos\frac{2k\pi}{5}+i\sin\frac{2k\pi}{5} \quad (k=0, 1, 2, 3, 4).$$

29　まず，$(k, n)=1$ とする．ω^k は m 乗して初めて１になるとし，

$$km=qn+r,\ 0\leqq r<n$$

と置けば，

$$(\omega^k)^m=\omega^{km}=\omega^{qn+r}=(\omega^n)^q\omega^r=\omega^r=1.$$

ω は n 乗すると初めて１になるから，$r=0$．　$\therefore\ km=qn$．$(k, n)=1$ であるから，m は n の倍数となり，このような正整数 m の最小値は $m=n$ となる．従って，ω^k は１の原始 n 乗根である．

次に，$(k, n)=g$ $(g\neq 1)$ とする．$n=gn'$，$k=gk'$，$(k', n')=1$ とすれば，

$$(\omega^k)^{n'}=\omega^{kn'}=\omega^{gk'n'}=(\omega^{gn'})^{k'}=(\omega^n)^{k'}=1.$$

従って，ω^k は n' $(n'<n)$ 乗すれば１になり，原始 n 乗根ではない．従って，対偶をとれば，ω^k が１の原始 n 乗根ならば，$(k, n)=1$ でなければならない．

30 1の6乗根は，± 1，$\dfrac{1}{2}\pm\dfrac{\sqrt{3}}{2}i$，$-\dfrac{1}{2}\pm\dfrac{\sqrt{3}}{2}i$．原始6乗根は，$\dfrac{1}{2}\pm\dfrac{\sqrt{3}}{2}i$．

31 1の n 乗根は方程式 $z^n-1=0$ の根である．この方程式は実係数の代数方程式であるから，z が根なら $\bar{z}$ も根である．しかるに，$|z|=1$ であるから，$z^{-1}=\bar{z}$．従って，z が根なら z^{-1} も根である．

32 (1) $z^n-1=(z-1)(z^{n-1}+z^{n-2}+\cdots+z+1)=0$ において，$\omega\neq 1$ はこの方程式の根だから，$\omega^{n-1}+\omega^{n-2}+\cdots+\omega+1=0$．

(2) $z^n-1=0$ の1以外の根は $\omega, \omega^2, \cdots, \omega^{n-1}$ であるから，

$$z^{n-1}+z^{n-2}+\cdots+z+1=(z-\omega)(z-\omega^2)\cdots(z-\omega^{n-1})$$

と因数分解できる．両辺に $z=1$ を代入すれば，与えられた公式を得る．

(3) $1\cdot\omega\cdot\omega^2\cdot\cdots\cdot\omega^{n-1}=\omega^{n(n-1)/2}=(e^{i2\pi/n})^{n(n-1)/2}=e^{i(n-1)\pi}=-1$（$n$ が偶数）または 1（n が奇数）．

(4) $1+z+z^2+\cdots+z^{n-1}=(z-\omega)(z-\omega^2)\cdots(z-\omega^{n-1})$ において，$z=-1$ を代入すればよい．

33 $\omega=\cos\dfrac{2\pi}{7}+i\sin\dfrac{2\pi}{7}$ と置けば，

$$\cos\frac{2\pi}{7}=\frac{\omega+\omega^6}{2},\ \cos\frac{4\pi}{7}=\frac{\omega^2+\omega^5}{2},\ \cos\frac{6\pi}{7}=\frac{\omega^3+\omega^4}{2}.$$

(1) $\cos\dfrac{2\pi}{7}+\cos\dfrac{4\pi}{7}+\cos\dfrac{6\pi}{7}=\dfrac{\omega+\omega^2+\omega^3+\omega^4+\omega^5+\omega^6}{2}=-\dfrac{1}{2}$.

(2) $\cos\dfrac{2\pi}{7}\cdot\cos\dfrac{4\pi}{7}\cdot\cos\dfrac{6\pi}{7}=\dfrac{1}{8}(\omega+\omega^6)(\omega^2+\omega^5)(\omega^3+\omega^4)$

$$=\frac{1}{8}\omega^6(1+\omega+\omega^2+\omega^3+\omega^4+\omega^5+\omega^6+\omega)=\frac{1}{8}\omega^7=\frac{1}{8}.$$

34 $\alpha=|\alpha|(\cos\theta_0+i\sin\theta_0)$ の n 乗根を $z=r(\cos\theta+i\sin\theta)$ とすれば，$z^n=\alpha$ であるから，$r^n(\cos n\theta+i\sin n\theta)=|\alpha|(\cos\theta_0+i\sin\theta_0)$．両辺の絶対値をとれば，$r^n=|\alpha|$．$r>0$ であるから，$r=\sqrt[n]{|\alpha|}$．また，両辺の偏角をとれば，$n\theta=\theta_0+2k\pi$（k は整数）．

$$\therefore\ \theta=(\theta_0+2k\pi)/n.$$

$$\therefore\ z=\sqrt[n]{|\alpha|}\left(\cos\frac{\theta_0+2k\pi}{n}+i\sin\frac{\theta_0+2k\pi}{n}\right)\quad(k=0,1,2,\cdots,n-1).$$

35 $(\beta\omega^k)^n=\beta^n(\omega^k)^n=\alpha\quad(k=0,1,2,\cdots,n-1)$.

ω は1の原始 n 乗根だから，$\beta, \beta\omega, \beta\omega^2, \cdots, \beta\omega^{n-1}$ は互いに相異なる．従って，これらは，α の n 乗根の全体である．

36 重根については明らかに定理は成立するから，$z_1, z_2, \cdots, z_n$ は互いに相異なる $f(z)$

の根としてよい．$f(z)=a(z-z_1)(z-z_2)\cdots(z-z_n)$ と書けるから，これを微分して $f(z)$ で割れば，

$$\frac{f'(z)}{f(z)}=\frac{1}{z-z_1}+\frac{1}{z-z_2}+\cdots+\frac{1}{z-z_n}$$

を得る．このとき，$f(z)$ は重根を持たないから，$f(z)$ と $f'(z)$ は共通根を持たない．従って，$f'(z)$ の根と，上で得られた $f'(z)/f(z)$ の根は一致する．従って，分数方程式

$$\frac{1}{z-z_1}+\frac{1}{z-z_2}+\cdots+\frac{1}{z-z_n}=0$$

をみたす z が，考えている凸体の内部または周上に含まれることを証明すればよい．両辺の共役複素数をとると，各項において，

$$\frac{1}{\overline{z-z_i}}=\frac{z-z_i}{|z-z_i|^2}=s_i(z-z_i),\quad 但し，\ s_i=\frac{1}{|z-z_i|^2}\quad (i=1,2,\cdots,n)$$

が成立するから，

$$s_1(z-z_1)+s_2(z-z_2)+\cdots+s_n(z-z_n)=0.$$

$$\therefore\ z=\frac{s_1z_1+s_2z_2+\cdots+s_nz_n}{s_1+s_2+\cdots+s_n}.$$

ここで，更に，

$$t_i=\frac{s_i}{s_1+s_2+\cdots+s_n}\quad (i=1,2,\cdots,n)$$

と置けば，

$$z=t_1z_1+t_2z_2+\cdots+t_nz_n,\ 各 t_i\geqq 0,\ t_1+t_2+\cdots+t_n=1.$$

これは，z が与えられた凸体の内部またはその周上にあることを示している．

37 (1) $f(z)=z^3-z^2+4z-4$ の 3 根は 1，$\pm 2i$ である．また，その導関数 $f'(z)=3z^2-2z+4$ の 2 根は $(1\pm\sqrt{11}i)/3$ である．従って，Gauss の定理を用いれば，$(1+\sqrt{11}i)/3$ が S の内部にあることがわかる．または，(2) の方法を用いてもよい．

(2) xy 平面上で，点 $(0,2)$，$(1,0)$ を結ぶ直線の方程式は，$y=-2x+2$ である．$x=2/3$，$y=\sqrt{11}/3$ を代入すれば，左辺の方が大きくなるから，点 $(2/3,\ \sqrt{11}/3)$ はこの直線の上側にある．従って，$(2\pm\sqrt{11}i)/3$ は S の外部にある．

38 (1) $2z^3+z=z(2z^2+1)$ の 3 根は 0，$\pm\sqrt{2}i/2$．これらの根の絶対値はいずれも 1 より小だから，これらは単位円の内部にある．

(2) $f(z)=z^6+z^5+z^4+z^3+z^2+z+1$ と置けば，$f'(z)$ が問題の整式である．$f(z)$ の根は $z^7-1=(z-1)(z^6+z^5+z^4+z^3+z^2+z+1)$ の 1 以外の根であるから，それらは単位円の内部にある．従って，Gauss の定理により，$f'(z)$ の根も単位円の内部にある．

§22. 正則関数

―― A ――

1 (1) $15i$　　(2) $-15i$

2 (1) z について解けば，$z=w/(w+2)$．$|z|=1$ であるから，$|w|=|w+2|$．

$\therefore\ u^2+v^2=(u+2)^2+v^2$．　$\therefore\ u=-1$ (直線)．

(2) z について解けば，$z=(3-2w)/(3w-2)$．$|z|=1$ より，$|3-2w|=|3w-2|$．

$\therefore\ (3-2u)^2+4v^2=(3u-2)^2+9v^2$．　$\therefore\ u^2+v^2=1$ (単位円)．

3 (1) 任意の正数 ε に対して，それに応じて適当な正数 δ を決め，

$|z-a|<\delta$ ならば，$|f(z)-f(a)|<\varepsilon$

と出来るとき，関数 f は $z=a$ で連続である．

(2) $f(z)=u+iv$，$f(a)=\alpha+i\beta$ と置く．$f(z)$ が $z=a$ で連続ならば，

$|f(z)-f(a)|^2=(u-\alpha)^2+(v-\beta)^2<\varepsilon^2$．　$\therefore\ |u-\alpha|<\varepsilon$，$|v-\beta|<\varepsilon$．

逆も明らか．

4 極限

$$\frac{dw}{dz}=\lim_{\Delta z\to 0}\frac{f(z+\Delta z)-f(z)}{\Delta z}$$

は，$\Delta z\to 0$ の道のとり方に依存しないので，$\Delta z=\Delta x+i\Delta y$ において，先に $\Delta y\to 0$ とし，次に $\Delta x\to 0$ とすれば，

$$\frac{dw}{dz}=\lim_{\Delta x\to 0}\frac{u(x+\Delta x,y)+iv(x+\Delta x,y)-u(x,y)-iv(x,y)}{\Delta x}$$

$$=\lim_{\Delta x\to 0}\frac{u(x+\Delta x)-u(x,y)}{\Delta x}+i\lim_{\Delta x\to 0}\frac{v(x+\Delta x)-v(x,y)}{\Delta x}$$

$$=\frac{\partial u}{\partial x}+i\frac{\partial v}{\partial x}.$$

同様にして，先に $\Delta x\to 0$ とし，次に $\Delta y\to 0$ とすれば，後の式を得る．

5 $w=u+iv$ が正則であるとすれば，前問より，

$$\frac{\partial u}{\partial x}+i\frac{\partial v}{\partial x}=\frac{\partial v}{\partial y}-i\frac{\partial u}{\partial y}.$$

両辺の成分を比較すれば，Cauchy-Riemann の微分方程式を得る．次に，u,v が全微分可能であることを示す．$w=f(z)$ は正則であるから，

$$f(z+\Delta z)-f(z)=f'(z)\Delta z+a|\Delta z|\quad(\Delta z=\Delta x+i\Delta y)$$

において，$\Delta z\to 0$ のとき，$a=\alpha+i\beta\to 0$ である．右辺において，

$$f'(z)\Delta z=(u_x+iv_x)(\Delta x+i\Delta y)$$
$$=u_x\Delta x-v_x\Delta y+i(v_x\Delta x+u_x\Delta y)$$
$$=u_x\Delta x+u_y\Delta y+i(v_x\Delta x+v_y\Delta y),$$
$$a|\Delta z|=\alpha|\Delta z|+i\beta|\Delta z|$$

であることに注意して，両辺の成分を比較すれば，

$$u(x+\Delta x, y+\Delta y)-u(x, y)=u_x\Delta x+u_y\Delta y+\alpha|\Delta z|,$$
$$v(x+\Delta x, y+\Delta y)-v(x, y)=v_x\Delta x+v_y\Delta y+\beta|\Delta z|.$$

ここに，$\Delta x\to 0$，$\Delta y\to 0$ のとき，$\alpha\to 0$，$\beta\to 0$ である．これは，u, v が全微分可能であることを示している．

逆に，u, v が全微分可能で，かつ，Cauchy-Riemann の微分方程式が成立つと仮定する．このとき，$\Delta x\to 0$，$\Delta y\to 0$ のとき，$\alpha\to 0$，$\beta\to 0$ で，

$$u(x+\Delta x, y+\Delta y)=u_x\Delta x+u_y\Delta y+\alpha|\Delta z|=u_x\Delta x-v_x\Delta y+\alpha|\Delta z|,$$
$$v(x+\Delta x, y+\Delta y)=v_x\Delta x+v_y\Delta y+\beta|\Delta z|=v_x\Delta x+u_x\Delta y+\beta|\Delta z|$$

が成立つ．このとき，$a=\alpha+i\beta\to 0$ で，次式が成立つ：

$$f(z+\Delta z)-f(z)=(u_x+iv_x)(\Delta x+i\Delta y)+a|\Delta z|.$$

$$\therefore\ \lim_{\Delta z\to 0}\frac{f(z+\Delta z)-f(z)}{\Delta z}=u_x+iv_x.\qquad \therefore\ f(z)\ \text{は正則である．}$$

6　これは，§12，問13で証明済みである．

7　Cauchy-Riemann の微分方程式により，u に共役な調和関数を v とすれば，

$$\frac{\partial u}{\partial x}=\frac{\partial v}{\partial y}=2x,\quad \frac{\partial u}{\partial y}=-\frac{\partial v}{\partial x}=-2y.$$

第1式を y について積分すれば，$v=2xy+c(x)$．これを第2式に代入して，$c'(x)=0$.

$$\therefore\ c(x)=c\quad (\text{定数}).\qquad \therefore\ v=2xy+c\quad (c\ \text{は実定数}).$$

8　$w=x-iy$，$w=x$，$w=y$ はいずれも Cauchy-Riemann の微分方程式を満足しない．

9　$$\frac{\partial(u, v)}{\partial(x, y)}=\begin{vmatrix} u_x & u_y \\ v_x & v_y \end{vmatrix}=\begin{vmatrix} u_x & -v_x \\ v_x & u_x \end{vmatrix}=u_x^2+v_x^2=\left|\frac{dw}{dz}\right|^2.$$

$$\frac{1}{4}\left(\frac{\partial^2}{\partial x^2}+\frac{\partial^2}{\partial y^2}\right)(u^2+v^2)=\frac{1}{4}\left(\frac{\partial^2}{\partial x^2}u^2+\frac{\partial^2}{\partial x^2}v^2+\frac{\partial^2}{\partial y^2}u^2+\frac{\partial^2}{\partial y^2}v^2\right)$$
$$=\frac{1}{2}(uu_{xx}+u_x^2+vv_{xx}+v_x^2+uu_{yy}+u_y^2+vv_{yy}+v_y^2).$$

ここで，$u_{xx}+u_{yy}=0$，$v_{xx}+v_{yy}=0$ なること，および，Cauchy-Riemann の微分方程式を用いれば，上式は $|dw/dz|^2$ となる．

10 $g(z)=\{f(z)\}^2$ と置く．高階導関数に関する Leibniz の公式により，

$$g^{(n)}(z)=\sum_{r=0}^{n} {}_n\mathrm{C}_r f^{(n-r)}(z)f^{(r)}(z), \qquad {}_n\mathrm{C}_r=\frac{n!}{(n-r)!r!}$$

$n=2k$ のとき，右辺の総和において，$r=k$ のときを除けば，$2k-r$ と r の一方は k より小であるから，もし $z=a$ が $f(z)$ の位数 k の零点ならば，

$$g^{(k)}(a)={}_{2k}\mathrm{C}_k f^{(k)}(a)f^{(k)}(a)\neq 0$$

となる．また，$n<2k$ のとき，$n-r$ と r の一方は k より小であるから，

$$g(a)=g'(a)=\cdots=g^{(2k-1)}(a)=0$$

を得る．従って，$z=a$ は $g(z)$ の位数 $2k$ の零点である．

11 (1) 零点 -1, ∞； 極$\pm\sqrt{3}i$． いずれも単純（位数１）．

(2) 零点６（２位），∞（３位）； 極０（５位）．

(3) 零点± 1, $\pm i$（位数１）； 極0, ∞（位数２）．

なお，零点，極に無限遠点∞を含めることについては，問23を参照せよ．

12 (1) $e^{z_1}\cdot e^{z_2}=(e^{x_1}\cos y_1+ie^{x_1}\sin y_1)(e^{x_2}\cos y_2+ie^{x_2}\sin y_2)=e^{x_1+x_2}\cos(y_1+y_2)$ $+ie^{x_1+x_2}\sin(y_1+y_2)=e^{z_1+z_2}$． 第２式は n に関する数学的帰納法で証明する．

(2) $e^{2i\pi}=1$ より，$e^{z+2i\pi}=e^z e^{2i\pi}=e^z$．

(3) $|e^z|=1$ とすれば，$e^x=1$． $\therefore\ x=0$． $\therefore\ z=iy$． 逆も明らか．

(4) $e^z=e^x(\cos y+i\sin y)=e^x e^{iy}$ において，e^x は実指数関数であるから０にはならず，e^{iy} は単位円周上の複素数であるから０にはならない． $\therefore\ e^z\neq 0$．

13 $e^z=e^x\cos y+ie^x\sin y$ は Cauchy-Riemann の微分方程式をみたすから正則である．また，$(e^z)'=e^z$，$(e^{az})'=ae^{az}$ も定義より容易に出る．

—— B ——

14 指数関数は全平面で正則であるから，その和および差で定義される $\cos z$，$\sin z$ も全平面で正則である．

$$\frac{d}{dz}\cos z=\frac{ie^{iz}-ie^{-iz}}{2}=-\frac{e^{iz}-e^{-iz}}{2i}=-\sin z,$$

$$\frac{d}{dz}\sin z=\frac{ie^{iz}+ie^{-iz}}{2i}=\frac{e^{iz}+e^{-iz}}{2}=\cos z.$$

15 $\cos z=\dfrac{e^{iz}+e^{-iz}}{2}=0$ より，$e^{iz}=-e^{-iz}=e^{i\pi}e^{-iz}=e^{i(\pi-z)}$．

$\therefore\ z=\pi-z+2n\pi$，すなわち，$z=\pi/2+n\pi$（$n$ は整数）．

同様にして，$\sin z$ の零点は，$z=n\pi$（n は整数）に限る．

16 $\cos z$，$\sin z$ の定義式より直ちに導かれる．

17 指数関数は全平面で正則であるから．その和および差で定義される $\cosh z$, $\sinh z$ も全平面で正則である．

$$\frac{d}{dz}\cosh z=\frac{e^z-e^{-z}}{2}=\sinh z,\quad \frac{d}{dz}\sinh z=\frac{e^z+e^{-z}}{2}=\cosh z.$$

18 (1), (2) は定義から直ちに出る．(3), (4) は加法定理に (2) を用いればよい．

19 $|\cos z|=\sqrt{\cos^2 x+\sinh^2 y}$, $|\sin z|=\sqrt{\sin^2 x+\sinh^2 y}$

において，$\sinh y$ の値はいくらでも増大しうる．

20 (1) $\cos z=\cos x\cosh y-i\sin x\sinh y=1$ の実部，虚部を比較し，$\cos x\cosh y=1$, $\sin x\sinh y=0$. $\therefore$ $z=2n\pi$ (n は整数).

(2) $\sinh z=-i\sin iz=0$ より，$z=n\pi i$ (n は整数).

21 (1) $\cos\bar{z}=\cos(x-iy)=\cos x\cosh(-y)-i\sin x\sinh(-y)=\cos x\cosh y+i\sin x\sinh y=\overline{\cos z}$. (2) も同様である．

22 (1) 非正則 (2) 正則 (3) 非正則 (4) 非正則

23 $\zeta=1/z$ と置けば，

$$f(z)=\frac{a_0z^n+a_1z^{n-1}+\cdots+a_n}{b_0z^m+b_1z^{m-1}+\cdots+b_m}=\zeta^{m-n}\frac{a_0+a_1\zeta+\cdots+a_n\zeta^n}{b_0+b_1\zeta+\cdots+b_m\zeta^m}.$$

従って，$z\to\infty$，すなわち，$\zeta\to 0$ とすれば，$n<m$ のときは $f(z)\to 0$, $n=m$ のときは $f(z)=a_0/b_0$ (0 でない定数) になる．また，$n>m$ のときは，$f(z)$ の分子分母を z^m で割れば，$p(z)\to\infty$, $q(z)\to b_0\neq 0$ であるから，$f(z)\to\infty$ となる．

24 前問の解答により，$n<m$ のとき，$f(z)$ の有限零点の位数の合計は n, ∞ の零点としての位数は $m-n$ であり，その合計は m である．他方，有限極の位数の合計は m であり，この場合は ∞ を極として持たない．従って，いずれの合計も m になる．$n=m$, $n>m$ の場合も同様の考察によって証明できる．

25 この問題では直観的に確認すれば十分であるが，次問の結果を利用して計算によって計算してもよい．

26 北極 $\mathrm{N}(0,0,1)$ と Π 上の点 $\mathrm{P}(x,y,0)$ を結ぶ直線が Σ 上の点 $\mathrm{P}'(l,m,n)$ を通るのであるから，l,m,n を未知数として，

$$\frac{l}{x}=\frac{m}{y}=\frac{n-1}{-1},\quad l^2+m^2+n^2=1.\quad \text{これを解けばよい．}$$

§23. 1 次変換

—— **A** ——

1 分子分母に定数 $\lambda\neq 0$ を掛けて，

$$w=\frac{az+b}{cz+d}=\frac{\lambda az+\lambda b}{\lambda cz+\lambda d}$$

としても1次変換は不変であるから，$\lambda=1/\sqrt{ad-bc}$ とすれば，その行列式は1となる．従って，任意の1次変換は〝行列式=1〟の場合に帰着させることが出来る．次に，もし $ad-bc=0$ ならば，w=定数 となってしまうし，分母が恒等的に0になる可能性も生じる．そこで，これらの場合を避けるために，$ad-bc\neq0$ と仮定している．

2　1次変換 L の不動点は，

$$z=\frac{az+b}{cz+d}，すなわち，cz^2-(a-d)z-b=0$$

の解である．これが恒等式になるのは，$a=d\neq0$，$b=c=0$ の場合に限り，このとき，L は恒等変換 $w=z$ になる．これ以外は，上式は z の高々2次の方程式であるから，高々2個の解を持つ．次に，1次変換 $w=z+\alpha$，$\alpha\neq0$ は，$z=\infty$ を除けば不動点を持たない．

3　$a-d=0$，$b+c=0$.

4　$a+d=0$.

5　$\dfrac{dw}{dz}=\dfrac{ad-bc}{(cz+d)^2}$.　これは $ad-bc\neq0$ であるから0にはならない．

6　(1)　$M(L(z))=M\left(\dfrac{az+b}{cz+d}\right)=\dfrac{(\alpha a+\beta c)z+(\alpha b+\beta d)}{(\gamma a+\delta c)z+(\gamma b+\delta d)}$.

これは再び1次変換の形をしている．そして，その行列式は，

$$\begin{aligned}\det ML&=(\alpha a+\beta c)(\gamma b+\delta d)-(\alpha b+\beta d)(\gamma a+\delta c)\\&=(\alpha\delta-\beta\gamma)(ad-bc)=\det M\cdot\det L\end{aligned}$$

となっているから，$\det ML\neq0$ である．　(2)　(1)で示した．

7　前問によって，任意の二つの1次変換 L, M の結合 ML は再び1次変換である．変換の結合は一般に結合法則をみたす．恒等変換は1次変換である．与えられた1次変換 L の逆変換 L^{-1} は再び1次変換である．従って，1次変換の全体 Ω は群をなす．

8　$f\circ g(z)=\dfrac{z+2}{2z+5}$，　$g\circ f(z)=\dfrac{3z+2}{4z+3}$，　$f^{-1}(z)=\dfrac{z}{-z+1}$.

9　$\arg\dfrac{1}{\bar{z}}=-\arg\bar{z}=\arg z$ であるから，z と $\dfrac{1}{\bar{z}}$ は原点から引いた同じ半直線上にある．また，それらの積 $z/\bar{z}$ の絶対値は1である．従って，それらは単位円に関して対称である．

10　$c=0$ ならば，二つの変換 $z_1=z+b/a$，$w=(a/d)z_1$ で1次変換 L が得られる．また，$c\neq0$ ならば，五つの変換

$$z_1=z+\frac{d}{c},\quad z_2=c^2z_1,\quad z_3=\frac{1}{z_2},\quad z_4=(bc-ad)z_3,\quad w=z_4+\frac{a}{c}$$

によって，1次変換 L が得られる．

11　実係数の1次変換が実軸を実軸に写像することは明らかである．次に，

$$w=\frac{az+b}{cz+d} \text{ とすれば，} \frac{a\bar{z}+b}{c\bar{z}+d}=\overline{\left(\frac{az+b}{cz+d}\right)}=\bar{w}.$$

12　(1)　$z=\dfrac{az+b}{cz+d}$ の分母を払って整頓すれば，$cz^2-(a-d)z-b=0(c\neq0)$．ここで，不動点が唯一つであり，かつ，それが実数であるための必要十分条件は，この2次方程式が重解を持つことである．そこで，判別式 D を計算して，条件 $ad-bc=1$ を用いれば，

$$D=(a-d)^2+4bc=(a+d)^2-4.$$

従って，求める必要十分条件は，$D=0$ と置いて，$a+d=\pm2$ である．

(2)　$c=0$ のとき，$ad=1$ となるから，分母を払って得られる方程式は，

$$(a-d)z+b=0,\ \text{すなわち，}(a^2-1)z+ab=0$$

となる．この方程式が唯一つの実数解を持つための必要十分条件は，$a^2\neq1$．∴ $a\neq1$.

—— **B** ——

13　正則関数 f においては，点 z が臨界点でなければ，点 z の十分小さな増分 $\varDelta z$ に対応する $w=f(z)$ の増分は，$\varDelta w=f'(z)\varDelta z$ としてよい．従って，交点 z において二つの曲線方向にそれぞれ増分 $\varDelta z_1$，$\varDelta z_2$ をとれば，その像のなす角は，

$$\arg\varDelta w_1-\arg\varDelta w_2=\arg\frac{\varDelta w_1}{\varDelta w_2}=\arg\frac{\varDelta z_1}{\varDelta z_2}=\arg\varDelta z_1-\arg\varDelta z_2$$

14　1次変換 L は，唯一つの極 $-d/c$（$c=0$ ならば ∞）を除けば，全平面で正則であり，かつ，$f'(z)$ は全平面で0にはならないから，前問によって，交点が ∞ になる場合を除けば，全平面で等角である．

15　任意の1次変換は，問10によって，いくつかの基本的な1次変換に分解できるが，そのとき，それら基本的1次変換がいずれも円々対応であるから，もとの1次変換も円々対応になる．

16　1次変換が等角写像であることから明らかである．

17　$w_i=\dfrac{az_i+b}{cz_i+d}$　$(i=1,2,3,4)$ とすれば，

$$w_i-w_j=\frac{az_i+b}{cz_i+d}-\frac{az_j+b}{cz_j+d}=\frac{(ad-bc)(z_i-z_j)}{(cz_i+d)(cz_j+d)}\qquad(i\neq j).$$

従って，これによって複比 (w_1,w_2,w_3,w_4) を計算すれば，

$$\frac{w_1-w_3}{w_1-w_4}\Big/\frac{w_2-w_3}{w_2-w_4}=\frac{z_1-z_3}{z_1-z_4}\Big/\frac{z_2-z_3}{z_2-z_4}.$$

$$\therefore\ (w_1, w_2, w_3, w_4)=(z_1, z_2, z_3, z_4).$$

18 相異なる3点 z_2, z_3, z_4 が与えられたとき，

$$(z, z_2, z_3, z_4)=\frac{z-z_3}{z-z_4}\Big/\frac{z_2-z_3}{z_2-z_4}$$

と置けば，これは，z_2, z_3, z_4 をそれぞれ $1, 0, \infty$ に移すような1次変換である．L, M をこのような二つの1次変換とすれば，$M^{-1}L$ は不動点 z_2, z_3, z_4 を持つが，問2により，これは $M^{-1}L=E$（恒等変換）を意味する．従って，$L=M$ に帰着する．

19 円 C 上の相異なる3点をとれば，前問によって，それら3点をそれぞれ $1, 0, \infty$ に移すような1次変換 L が存在する．L は円々対応であるから，円 C を実軸に移す．同様にして，円 D を実軸に移す1次変換 M が存在する．このとき，1次変換 $M^{-1}L$ は円 C を円 D に移す．

20 複比の値 $\lambda=(z_1, z_2, z_3, z_4)$ を $1, 0, \infty$ と置けば，それぞれ，$z_1=z_2$，$z_1=z_3$，$z_1=z_4$ となるが，これは，z_1, z_2, z_3, z_4 が相異なる4点であるという複比の定義に反することになる．

21 相異なる4点 z_1, z_2, z_3, z_4 が共円であるとき，この円を実軸に移すような1次変換をほどこしても複比の値は不変であるから，

$$(z_1, z_2, z_3, z_4)=(w_1, w_2, w_3, w_4)=\text{実数}.$$

逆に，(z_1, z_2, z_3, z_4) が実数のとき，3点 z_2, z_3, z_4 をそれぞれ $1, 0, \infty$ に移す1次変換によって z が w_1 に移るとすれば，

$$(z_1, z_2, z_3, z_4)=(w_1, 1, 0, \infty)=\frac{w_1-0}{w_1-\infty}\Big/\frac{1-0}{1-\infty}=w_1.$$

従って，w_1 は実数である．従って，$w_1, 1, 0, \infty$ は同一直線（実軸）上にあり，その原像 z_1, z_2, z_3, z_4 は共円である，

22 任意の1次変換 L は，問10により，平行移動，回転，相似変換，実軸に関する対称変換および原点を中心とする単位円に関する反転の若干個の合成として表わされる．このうち，最後のもの以外は，対称な位置関係を保存することは容易にわかるから，結局，単位円に関する反転によって対称な位置関係が保存されることを証明すればよい．しかるに，それは，複素球面上で考えれば赤道面に関しての対称変換に他ならない（問9参照）から，確かに対称な位置関係を保存する．

23 与えられた6個の1次変換を，それぞれ，巡回置換

e (恒等置換), (123), (132), (12), (23), (13)

と対応させれば，3次の対称群 S_3 と同型になることは容易にわかる．

注　複比 (z_1, z_2, z_3, z_4) において，z_1, z_2, z_3, z_4 の順序を変えると，24通りの式が得られるが，それらの中で4個ずつ値が等しくなり，結局，異なる値は次の6通りになることがわかる．但し，もとの値を λ とする．

$$\lambda,\ \frac{1}{1-\lambda},\ \frac{\lambda-1}{\lambda},\ \frac{1}{\lambda},\ 1-\lambda,\ \frac{\lambda}{\lambda-1}.$$

§24.　複素積分と留数

—— A ——

1　積分路 $0\to1$ を，C_1，$1\to1+i$ を C_2，$1+i\to0$ を C_3 とする．このとき，

$$C_1 : z=t,\ C_2 : z=1+it,\ C_3 : z=1-t+i(1-t)$$

$(0\leqq t\leqq1)$ と媒介変数表示されるから，

$$\int_C \mathrm{Re}\, z\, dz=\int_0^1 t\, dt+\int_0^1 i\, dt+\int_0^1 (t-1)(1+i)\, dt=\frac{i}{2}.$$

2　(1)　$2\pi i$　　(2)　$2\pi i$　　(3)　0

3　$C : z=a+Re^{it}(0\leqq t\leqq2\pi)$，$(z-a)^n=R^ne^{int}$ より，

$$\oint_C (z-a)^n\, dz=\int_0^{2\pi} iR^{n+1}e^{i(n+1)t}=2\pi i(n=-1),\ 0(n\neq-1).$$

4　$\left|\int_C f(z)\, dz\right|\leqq\int_C |f(z)||dz|\leqq\int_C M\, ds=M\int_C ds=Ml.$

5　Cauchy の積分公式より，

$$|f^{(n)}(a)|=\frac{n!}{2\pi}\left|\oint_C \frac{f(z)}{(z-a)^{n+1}}\, dz\right|\leqq\frac{n!}{2\pi}\oint_C \frac{M}{R^{n+1}}\, ds=\frac{n!}{2\pi}\cdot\frac{M}{R^{n+1}}\cdot2\pi R=\frac{n!}{R^n}M.$$

6　(1)　z_1 から z_2 に到る二つの積分路を C_1, C_2 とし，$C=C_1-C_2$ (単純閉曲線) とする．もし，S 内の任意の単純閉曲線 C を一周する f の積分が0になるならば，

$$\int_C f(z)\, dz=\int_{C_1-C_2} f(z)\, dz=\int_{C_1} f(z)\, dz-\int_{C_2} f(z)\, dz=0.$$

従って，積分は z_1 と z_2 を結ぶ積分路には依存しない．逆も明らかである．

(2)　f に対して積分路変形の原理が成立つとすれば，S 内の定点 a から動点 z までの f の積分は z だけの関数になる．そこで，

$$F(z)=\int_a^z f(\zeta)\, d\zeta$$

と置く．このとき，関数 F が S で正則であり，

$$\frac{d}{dz}F(z)=f(z)$$

となることを証明すればよい．z の近傍の点 $z+\Delta z$ を S 内にとれば，

$$F(z+\Delta z)-F(z)=\int_a^{z+\Delta z} f(\zeta)\,d\zeta-\int_a^z f(\zeta)\,d\zeta=\int_z^{z+\Delta z} f(\zeta)\,d\zeta.$$

$$\therefore\ \frac{F(z+\Delta z)-F(z)}{\Delta z}=\frac{1}{\Delta z}\int_z^{z+\Delta z} f(\zeta)\,d\zeta.$$

$f(\zeta)$ は連続であるから，任意の正数 ε に対して，それに応じて適当な正数 δ を選び，$|\zeta-z|<\delta$ ならば，$|f(\zeta)-f(z)|<\varepsilon$ となるように出来る．従って，$|\Delta z|<\delta$ ならば，

$$\left|\frac{F(z+\Delta z)-F(z)}{\Delta z}-f(z)\right|=\frac{1}{|\Delta z|}\left|\int_z^{z+\Delta z} f(\zeta)\,d\zeta-\int_z^{z+\Delta z} f(z)\,d\zeta\right|$$

$$=\frac{1}{|\Delta z|}\left|\int_z^{z+\Delta z}\{f(\zeta)-f(z)\}\,d\zeta\right|\leqq\frac{\varepsilon}{|\Delta z|}\left|\int_z^{z+\Delta z} d\zeta\right|=\varepsilon.$$

$$\therefore\ \frac{d}{dz}F(z)=\lim_{\Delta z\to 0}\frac{F(z+\Delta z)-F(z)}{\Delta z}=f(z).$$

7 $f(z)=1/z$ を単位円 $z=e^{it}$ に沿って，$0\leqq t\leqq\pi/2$ の範囲で積分すれば，

$$\int_0^{\frac{\pi}{2}} e^{-it}e^{it}i\,dt=i\int_0^{\frac{\pi}{2}} dt=\frac{\pi i}{2}.$$

また，単位円 $z=e^{-it}$ に沿って，$0\leqq t\leqq 3\pi/2$ の範囲で積分すれば，

$$-\int_0^{\frac{3\pi}{2}} e^{it}e^{-it}i\,dt=-i\int_0^{\frac{3\pi}{2}} dt=-\frac{3\pi i}{2}.$$

但し，積分路が原点Oのまわりを n 周するときは $2n\pi i$ だけ加算される．

8 (1) $\left[\dfrac{(z+1)^3}{3}\right]_i^1=\dfrac{10-2i}{3}$　　(2) $[\sin z]_0^i=\sin i=i\sinh 1$

9 $\dfrac{z^2+1}{z^2-1}=1+\dfrac{1}{z-1}-\dfrac{1}{z+1}$ と部分分数に分解する．

(1) $\displaystyle\int_C \frac{z^2+1}{z^2-1}dz=\int_C \frac{1}{z-1}\,dz=2\pi i$　　(2) $2\pi i$

(3) $\displaystyle\int_C \frac{z^2+1}{z^2-1}\,dz=-\int_C \frac{1}{z+1}\,dz=-2\pi i$　　(4) 0

10 (1) §19, 問11と同様の操作により，S を単純閉曲線で囲まれた単連結領域とみなせば，C_k の向きに注意して，Cauchy の積分公式を用い，

$$\oint_{C-(C_1+C_2+\cdots+C_m)} f(z)\,dz=\oint_C f(z)\,dz-\sum_{k=1}^m\oint_{C_k} f(z)\,dz=0.$$

(2) 同様にして，Cauchy の積分公式により，

$$f^{(n)}(a)=\frac{n!}{2\pi i}\oint_{C-(C_1+C_2+\cdots+C_m)}\frac{f(z)}{(z-a)^{m+1}}\,dz$$

$$=\frac{n!}{2\pi i}\oint_C \frac{f(z)}{(z-a)^{m+1}}\,dz-\frac{n!}{2\pi i}\sum_{k=1}^{m}\oint_{C_k}\frac{f(z)}{(z-a)^{m+1}}\,dz.$$

11 条件をみたす二つの単純閉曲線を C, C_1 とすれば，C は特異点を通ることなく C_1 に連続的に変形することが出来るから，

$$\oint_C f(z)\,dz=\oint_{C_1} f(z)\,dz.$$

12 問10(1)の両辺を $2\pi i$ で割ればよい．

13 (1) $4\pi i$ (2) $2\pi ei$

14 $\dfrac{4z^2}{z^4-1}=\dfrac{1}{z-1}-\dfrac{1}{z+1}+\dfrac{i}{z+i}-\dfrac{i}{z-i}$ と部分分数に分解する．

(1) $\displaystyle\oint_C \frac{4z^2}{z^4-1}\,dz=\oint_C \frac{1}{z-1}\,dz=2\pi i$

(2) $\displaystyle\oint_C \frac{4z^2}{z^4-1}\,dz=\oint_C \frac{i}{z+i}\,dz=-2\pi$

(3) $\displaystyle\oint_C \frac{4z^2}{z^4-1}\,dz=2\pi i-2\pi i-2\pi+2\pi=0$

15 $\dfrac{z}{(z-2)(z-1)^3}=\dfrac{2}{z-2}-\dfrac{2}{z-1}-\dfrac{2}{(z-1)^2}-\dfrac{1}{(z-1)^3}$，$R(2)=2$，$R(1)=-2$.

—— B ——

16 $f'(z)$ が連続であるとすれば，u, v は C^1 級になり，

$$\oint_C f(z)\,dz=\oint_C (u\,dx-v\,dy)+i\oint_C (u\,dy+v\,dx)$$

の実部と虚部に Green の定理を適用できる．そこで，$C=\partial R$ として，

$$=\iint_R\left(-\frac{\partial v}{\partial x}-\frac{\partial u}{\partial y}\right)dx\,dy+i\iint_R\left(\frac{\partial u}{\partial x}-\frac{\partial v}{\partial y}\right)dx\,dy.$$

$f(z)$ は正則だから，Cauchy-Riemann の微分方程式が成立し，右辺の二つの被積分関数は共に 0 になる．従って，Cauchy の積分定理が成立つ．

17 n に関する数学的帰納法で証明する．そこで，まず $n=0$ の場合を証明する．

$f(z)=f(a)+f(z)-f(a)$ であるから，

$$\oint_C \frac{f(z)}{z-a}\,dz=f(a)\oint_C \frac{1}{z-a}\,dz+\oint_C \frac{f(z)-f(a)}{z-a}\,dz$$

である．右辺の第1項は $2\pi i f(a)$ であるから，第2項が 0 になることを示せばよい．ここで，積分路 C は a を中心とする半径 δ の十分小さな円周であると仮定しても，一般性は失なわれない．そこで，任意の正数 ε に対して，δ を十分小さくとれば，$f(z)$ は連続であるから，円 C 上の各点 z において，$|f(z)-f(a)|<\varepsilon$ と出来る．従って，線積分の絶対値評価により，

$$\left|\oint_C \frac{f(z)-f(a)}{z-a}\,dz\right| \leqq \oint_C \frac{|f(z)-f(a)|}{|z-a|}|dz| < \frac{\varepsilon}{\delta}2\pi\delta = 2\pi\varepsilon.$$

ε はいくらでも小さくとれるから，第2項の積分の値は0である．以上で，$n=0$ の場合，Cauchy の積分公式の正しいことが証明された．

次に，$n=k$ のとき公式が正しいものとすれば，

$$\frac{f^{(k)}(a+h)-f^{(k)}(a)}{h} = \frac{k!}{2\pi hi}\oint_C \left\{\frac{f(z)}{(z-a-h)^{k+1}} - \frac{f(z)}{(z-a)^{k+1}}\right\} dz.$$

ここで，右辺の被積分関数を通分すれば，

$$\frac{hf(z)\{(z-a)^k+(z-a)^{k-1}(z-a-h)+\cdots+(z-a-h)^k\}}{(z-a-h)^{k+1}(z-a)^{k+1}}$$

となるので，$h\to 0$ のとき，右辺は，極限

$$\frac{(k+1)!}{2\pi i}\oint_C \frac{f(z)}{(z-a)^{k+2}}\,dz$$

を持つ．また，左辺は，$f^{(k+1)}(a)$ になる．これは，$n=k+1$ のときにも公式が正しいことを示している．以上で，任意の $n\geqq 0$ に対して，公式の正しいことが証明された．

18 単連結領域 S で連続な関数 f において，S 内の任意の単純閉曲線 C を一周する f の積分が0になるとすれば，問6によって，f に対して積分路変形の原理が成立し，f の不定積分 F は S で正則である．しからば，Goursat の定理によって，F の導関数 f も S で正則になる．

19 f を有界な整関数とすれば，任意の z に対して，$|f(z)|<M$ が成立つ．従って，Cauchy の評価式により，$|f'(a)|<M/R$ と出来る．R はいくらでも大きくとれるので，$f'(a)=0$ となる．a は任意の点であるから，導関数 $f'(z)$ は恒等的に0でなければならず，その結果，$f(z)$ は定数と結論できる．

20 $f(z)$ が零点を持たないとすれば，関数 $g(z)=1/f(z)$ は全平面で正則である．$z\to\infty$ のとき，$f(z)\to\infty$ であるから，$g(z)\to 0$ となる．すなわち，任意の正数 ε に対して，正数 R を十分大きくとれば，$|z|>R$ なるとき $|g(z)|<\varepsilon$ と出来る．閉円板 $|z|\leqq R$ においては $|g(z)|$ は最大値を持つから，結局，$g(z)$ は全平面で有界である．Liouville の定理により，このような $g(z)$ は定数になり，従って，$f(z)$ も定数になる．故に，次数 $n\geqq 1$ ならば，$f(z)$ は少なくとも一つの零点 a を持たねばならない．しからば，$f(z)$ は1次因数 $z-a$ を持つ．以下，同様にして，$f(z)$ は n 個の1次因数に分解され，n 個の零点を持つことがわかる．

21 $z=a$ が関数 f の単純極ならば，関数 $g(z)=(z-a)f(z)$ は C で囲まれる単連結領域で正則だから，Cauchy の積分公式により，

$$R(a)=\frac{1}{2\pi i}\oint_C f(z)\,dz=\frac{1}{2\pi i}\oint_C \frac{g(z)}{z-a}\,dz=g(a)=\lim_{z\to a}(z-a)f(z).$$

22 前問と同様にして，関数 $g(z)=(z-a)^k f(z)$ は正則になるから，

$$R(a)=\frac{1}{2\pi i}\oint_C f(z)\,dz=\frac{1}{2\pi i}\oint_C \frac{g(z)}{(z-a)^k}\,dz=\frac{1}{(k-1)!}g^{(k-1)}(a)$$

$$=\frac{1}{(k-1)!}\lim_{z\to a}\frac{d^{k-1}}{dz^{k-1}}\{(z-a)f(z)\}.$$

23 問21に L'Hospital の定理を用いれば，

$$R(a)=\lim_{z\to a}\frac{(z-a)p(z)}{q(z)}=\lim_{z\to a}\frac{p(z)+(z-a)p'(z)}{q'(z)}=\frac{p(a)}{q'(a)}.$$

24 (1) $R(0)=3$, $R(1)=1$, $R(-1)=2$.

(2) $R(2)=15/11$, $R(i)=5/4$, $R(-i)=5/4$.

25 (1) $\tan z=\sin z/\cos z$ の特異点 $a=\pi/2+n\pi$ (n は整数) は単純極であるから，L'Hospital の定理を用いて，

$$R(a)=\lim_{z\to a}(z-a)\frac{\sin z}{\cos z}=\lim_{z\to a}\frac{\sin z+(z-a)\cos z}{-\sin z}=-1.$$

(2) $R(a)=1$ ($n=1$) または 0 ($n\geqq 2$).

§25. 複素級数とベキ級数

—— A ——

1 (1) $2+i$ に収束　　(2) 発散（但し，有界）

2 (1) 任意の正数 ε に対して，それに応じて番号 N を定め，$n\geqq N$ ならば $|w_n-w|<\varepsilon$ となるように出来るとき，数列 $\{w_n\}$ は w に収束するという．

(2) この条件は，$\lim_{n\to\infty}(w_n-w)=0$ と同値であり，従って，

$$\lim_{n\to\infty}\{(u_n-u)+i(v_n-v)\}=0 \quad (w_n=u_n+iv_n,\ w=u+iv)$$

と同値である．従って，$\lim_{n\to\infty}u_n=u$, $\lim_{n\to\infty}v_n=v$ とも同値である．

3 部分和 $S_n=w_1+w_2+\cdots+w_n$ に対して，Cauchy の収束判定条件を用いれば，S_1, S_2, ……が収束するための必要十分条件は，任意の正数 ε に対して，それに応じて適当な番号 N を定め，$m>n\geqq N$ ならば，$|S_m-S_n|<\varepsilon$ と出来ることである．しかるに，$S_m-S_n=w_{n+1}+w_{n+2}+\cdots+w_m$ であるから，定理が成立つ．

4 三角不等式より，$|w_{n+1}+w_{n+2}+\cdots+w_m|\leqq|w_{n+1}|+|w_{n+2}|+\cdots+|w_m|$. 仮定から，任意の正数 ε に対して，番号 N を十分大きくとれば，$m>n\geqq N$ のとき，この右辺は ε より小さく出来る．従って，前問より級数 w_1+w_2+……は収束する．

5 部分和 $S_n=a_1-a_2+-\cdots+(-1)^{n+1}a_n$ に対して，もとの数列が単調に減少することから，二つの単調数列

$$S_1\geqq S_3\geqq S_5\geqq\cdots\cdots,\quad S_2\leqq S_4\leqq S_6\leqq\cdots\cdots$$

を得る．第1の数列は有界（0以上）だから極限 α を持つ．第2の数列も有界（S_1 以下）だから極限 β を持つ．このとき，

$$\alpha-\beta=\lim_{n\to\infty}S_{2n+1}-\lim_{n\to\infty}S_{2n}=\lim_{n\to\infty}(S_{2n+1}-S_{2n})=\lim_{n\to\infty}a_{2n+1}=0.\quad\therefore\ \alpha=\beta.$$

従って，数列 $\{S_n\}$ は極限 $\alpha=\beta$ を持つ．

6 Leibniz の定理から直ちにわかる．

7 (1) 極限 l が存在するから，任意の正数 ε が与えられたとき，番号 N を十分大きくとれば，$n\geqq N$ のとき，$l-\varepsilon<|w_{n+1}/w_n|<l+\varepsilon$ と出来る．まず，$l<1$ の場合を考える．ε は $(1-l)/2$ より小さいとしてもよい．$q=l+\varepsilon$ と置けば，

$$\left|\frac{w_{n+1}}{w_n}\right|<q=l+\varepsilon<l+\frac{1-l}{2}=\frac{1+l}{2}<1.\quad\therefore\ |w_{n+1}|<q|w_n|.$$

しからば，$n\geqq N$ のとき，$|w_n|<q^{n-N}|w_N|$．従って，

$$\sum_{n=0}^{\infty}|w_n|=\sum_{n=0}^{N-1}|w_n|+\sum_{n=N}^{\infty}|w_n|<\sum_{n=0}^{N-1}|w_n|+\sum_{n=N}^{\infty}q^{n-N}|w_N|=\sum_{n=0}^{N-1}|w_n|+\frac{|w_N|}{1-q}.$$

この右辺は有限数列であるから和を持つ．従って，左辺の級数は収束し，比較判定法により，もとの級数 $w_1+w_2+\cdots\cdots$ は絶対収束する．

次に，$l>1$ とする．ε は $(l-1)/2$ より小さいとしてもよい．すると，

$$\left|\frac{w_{n+1}}{w_n}\right|>l-\varepsilon>l-\frac{l-1}{2}=\frac{1+l}{2}>1.\quad\therefore\ |w_{n+1}|>|w_n|.$$

従って，数列 $|w_n|$ $(n=N,N+1,\cdots)$ は単調に増加するから，級数は発散する．

(2) (1)と同様にして，$l<1$ のとき，十分大きな番号 $n\geqq N$ をとれば，$\sqrt[n]{|w_n|}<q<1$ $(q=l+\varepsilon)$ と出来るから，$|w_n|<q^n<1$ となり，

$$\sum_{n=N}^{\infty}|w_n|<\sum_{n=N}^{\infty}q^n=\frac{q^N}{1-q}.\quad\therefore\ \text{級数 } w_1+w_2+\cdots\cdots \text{は絶対収束する．}$$

また，$l>1$ とすれば，$\sqrt[n]{|w_n|}>1$，$|w_n|>1$ となり，級数 $w_1+w_2+\cdots\cdots$ は発散する．

8 (1) 収束　(2) 発散　(3) 収束

9 二つの級数 $w_1+w_2+\cdots\cdots$，$u_1+u_2+\cdots\cdots$ がそれぞれ和 w,u を持つので，任意の正数 ε に対して，番号 N を十分大きくとれば，$n\geqq N$ のとき，

$$|(w_n-w|<\varepsilon/2,\quad |u_n-u|<\varepsilon/2$$

と出来る．従って，

$$|(w_n+u_n)-(w+u)|\leqq|w_n-w|+|u_n-u|<\varepsilon.$$

従って，級数 $(w_1+u_1)+(w_2+u_2)+\cdots\cdots$ は和 $w+u$ を持つ．他の場合も同様にして証明できる．

10 括弧を入れて出来る新しい級数の部分和は，もとの級数の部分和を $S_2, S_5, \cdots\cdots$ のようにとびとびに取ったものに等しい．もし，数列 $S_1, S_2, \cdots\cdots$ が極限 S を持つならば，その部分数列も S に収束しなければならない．

11 与えられたベキ級数を $\sum_{n=0}^{\infty} c_n(z-a)^n$ とし，これは任意の z に対して収束したり，または，$z=a$ に対してだけ収束したりする級数ではないとする．このベキ級数が収束するような点 z の集合を S とすれば，S は点 a を中心とする開円板にその円周の一部または全部を付け加えたものになり，しかも，その開円板においては絶対収束する．なぜなら，もしこの級数が点 $b\neq a$ で収束するとすれば，

$$\lim_{n\to\infty}|c_n(b-a)^n|=0 \text{ であるから，} |c_n(b-a)^n|<M \quad (n=0,1,2,\cdots)$$

と出来る．そこで，b より a に近い任意の点 z に対して，

$$q=\left|\frac{z-a}{b-a}\right|<1,\ |c_n(z-a)^n|=|c_n(b-a)^n|q^n<Mq^n$$

であるから，

$$\sum_{n=0}^{\infty}|c_n(z-a)^n|<M\sum_{n=0}^{\infty}q^n=\frac{M}{1-q}.$$

従って，比較判定法により，もとの級数は z で絶対収束する．このことは，上記の S の形状を証明している．このような S が一意的であることは明らかである．

12 (1) $\lim_{n\to\infty}|c_{n+1}/c_n|=l$ であるから，

$$\lim_{n\to\infty}\left|\frac{c_{n+1}(z-a)^{n+1}}{c_n(z-a)^n}\right|=\lim_{n\to\infty}\left|\frac{c_{n+1}}{c_n}\right||z-a|=l|z-a|.$$

従って，比判定法により，$l|z-a|<1$ のときベキ級数は収束し，$l|z-a|>1$ のとき発散する．

(2) 同様にして，根判定法を用いればよい．

13 (1) 3　(2) ∞　(3) 1

14 $S_n=1+z+z^2+\cdots+z^{n-1}$，$zS_n=z+z^2+\cdots+z^n$

の辺々を引けば，$S_n-zS_n=1-z^n$．従って，$|z|<1$ のとき，

$$\lim_{n\to\infty}S_n=\lim_{n\to\infty}\frac{1-z^n}{1-z}=\frac{1}{1-z}.$$

また，もし $|z|\geqq 1$ ならば，$\lim_{n\to\infty}z^n\neq 0$ であるから，この級数は発散する．

15 (1) $\sum_{n=0}^{\infty}\left|\frac{z^n}{n!}\right|=\sum_{n=0}^{\infty}\frac{|z|^n}{n!}=e^{|z|}$.　$\therefore\ \sum_{n=0}^{\infty}\frac{z^n}{n!}$ は全平面で絶対収束する．

(2)　(1)より，この級数は絶対収束するから，項の順序を変更しても和は変わらない．従って，

$$\sum_{n=0}^{\infty}\frac{z^n}{n!}=\sum_{n=0}^{\infty}\frac{(x+iy)^n}{n!}=\sum_{n=0}^{\infty}\frac{1}{n!}\left\{\sum_{r=0}^{n}{}_n\mathrm{C}_r x^{n-r}(iy)^r\right\}=\sum_{n=0}^{\infty}\sum_{r=0}^{n}\frac{x^{n-r}}{(n-r)!}\cdot\frac{(iy)^r}{r!}$$

$$=\sum_{m=0}^{\infty}\frac{x^m}{m!}\cdot\sum_{r=0}^{\infty}\frac{(iy)^r}{r!}$$

ここで，実級数に関する Maclaurin 展開を利用すれば，

$$\sum_{m=0}^{\infty}\frac{x^m}{m!}=e^x,\quad \sum_{r=0}^{\infty}\frac{(iy)^r}{r!}=\sum_{r=0}^{\infty}(-1)^r\frac{y^{2r}}{(2r)!}+i\sum_{r=0}^{\infty}(-1)^r\frac{y^{2r+1}}{(2r+1)!}$$

$$=\cos y+i\sin y.$$

$$\therefore\ \sum_{n=0}^{\infty}\frac{z^n}{n!}=e^x(\cos y+i\sin y)=e^z.$$

16　部分和 $S_n=|c_0|+|c_1z|+\cdots+|c_nz^n|$，$c_n=a_0b_n+\cdots+a_nb_0$ において，

$$S_n\leqq(|a_0|+|a_1z|+\cdots+|a_nz^n|)(|b_0|+|b_1z|+\cdots+|b_nz^n|)$$

が成立し，z がもとの二つの級数の収束円の共通部分内に入っているならば，右辺の積は有界になり，その結果，$S_1, S_2, \cdots\cdots$ は単調に増加する有界数列になり，収束する．従って，Cauchy 積 $c_0+c_1z+c_2z^2+\cdots\cdots$ は絶対収束する．

―― B ――

17　(1)　与えられた級数の第 n 項までの部分 $s_n(z)$ に対し，その剰余項を

$$R_n(z)=f_{n+1}(z)+f_{n+2}(z)+\cdots\cdots$$

と置く．級数は一様収束するから，任意の正数 ε に対して，十分大きな番号 N を選べば，$n>N$ なるとき，$|R_n|<\varepsilon/3$ と出来る．部分和 $s_n(z)$ は，S で連続な有限個の関数の和であるから，やはり S で連続である．従って，与えられた ε に対して，正数 δ を選び，S の任意の点 z に対して，

$$|\Delta z|<\delta \text{ ならば，} |s_n(z+\Delta z)-s_n(z)|<\varepsilon/3$$

となるようにすることが出来る．よって，三角不等式を用いれば，

$$|f(z+\Delta z)-f(z)|=|s_n(z+\Delta z)+R_n(z+\Delta z)-s_n(z)-R_n(z)|$$

$$\leqq|s_n(z+\Delta z)-|s_n(z)|+|R_n(z+\Delta z)|+|R_n(z)|<\varepsilon/3+\varepsilon/3+\varepsilon/3=\varepsilon.$$

これは，関数 f も S で連続であることを示している．

(2)　(1)より，$f(z)=s_n(z)+R_n(z)$ は S で連続である．積分路 C の全長を l とすれば，線積分の絶対値評価により，十分大きな $n>N$ に対して，

$$|R_n(z)|<\frac{\varepsilon}{l},\qquad \left|\int_C R_n(z)\,dz\right|<\frac{\varepsilon}{l}l=\varepsilon$$

とすることが出来る．$R_n(z)=f(z)-s_n(z)$ であるから，$n>N$ なるとき，

$$\left|\int_C f(z)\,dz-\int_C s_n(z)dz\right|<\varepsilon.$$

従って，級数 $\sum_{n=0}^{\infty}\int_C f_n(z)\,dz$ は $\int_C f(z)\,dz$ に収束する．

(3) (2)により，S 内の任意の単純閉曲線 C に対して，

$$\oint_C f(z)\,dz=\sum_{n=0}^{\infty}\oint_C f_n(z)\,dz.$$

ところが，$f_n(z)$ は S で正則であるから，右辺の各項は 0 になり，

$$\oint_C f(z)\,dz=0.$$

従って，Morera の定理により，関数 f は S で正則になる．

次に，S 内の任意の点 a に対して，a の近傍で a を囲む単純閉曲線を C とすれば，C 上の点 z に対して，

$$\frac{f(z)}{(z-a)^2}=\sum_{n=0}^{\infty}\frac{f_n(z)}{(z-a)^2}$$

は一様収束するから，両辺を C に沿って積分し $2\pi i$ で割れば，Cauchy の積分公式より，

$$\frac{1}{2\pi i}\oint_C\frac{f(z)}{(z-a)^2}\,dz=\sum_{n=0}^{\infty}\frac{1}{2\pi i}\oint_C\frac{f_n(z)}{(z-a)^2}\,dz. \quad \therefore\ f'(a)=\sum_{n=0}^{\infty}f_n'(a).$$

a は S 内の任意の点であるから，項別微分の定理が成立つ．

18 $R_n(z)=f_{n+1}(z)+f_{n+2}(z)+\cdots\cdots$，$Q_n=M_{n+1}+M_{n+2}+\cdots\cdots$

と置く．級数 $M_1+M_2+\cdots\cdots$ は収束するので，任意の正数 ε に対して，十分大きな番号 N を選べば，$n>N$ のとき，$Q_n<\varepsilon$ と出来る．S において

$$|R_n(z)|=\left|\sum_{k=n+1}^{\infty}f_k(z)\right|\leqq\sum_{k=n+1}^{\infty}|f_k(z)|\leqq\sum_{k=n+1}^{\infty}M_n=Q_n<\varepsilon.$$

従って，S において級数 $f_1(z)+f_2(z)+\cdots\cdots$ は一様収束する．

19 $|z-a|\leqq r<R$ であるならば，$c_0+c_1r+c_2r^2+\cdots\cdots$ は収束するから，Weierstrass の判定法によって，もとの級数は絶対かつ一様に収束する．

20 問11の解答において，ベキ級数が $z=b$ で絶対収束するとすれば，$|z-a|=|b-a|$ なる z についても級数は絶対収束する．従って，級数は収束円周上では，全周で絶対収束するか，全周で発散するか，または，一部で条件収束して残りで発散するかの三つの場合がある．なお，この三つの場合が実際に存在することは，次の実例を挙げればよい．

(1) 収束円周上で絶対収束する場合

$$1+\frac{z}{1^2}+\frac{z^2}{2^2}+\cdots+\frac{z^n}{n^2}+\cdots\cdots$$ (但し，$z=1$ は特異点)

(2) 収束円周上で発散する場合

$$1+z+z^2+\cdots\cdots+z^n+\cdots\cdots$$

(3) 収束円周上の一部で条件収束する場合

$$1+\frac{z}{1}+\frac{z^2}{2}+\cdots+\frac{z^n}{n}+\cdots\cdots$$ ($z=1$ で発散，その他で収束).

21 収束円内の任意の点 z に対して，$|z-a|<r<R$ なる正数 r を選べば，問19により級数は半径 r の閉円板では一様収束するから，問17により，定理は正しい.

§26. Taylor 級数，Laurent 級数

—— A ——

1 $(e^z)'=e^z$，$(\cos z)'=-\sin z$，$(\sin z)'=\cos z$ から容易にわかる.

2 $f^{(n)}(z)=(-1)^n m(m+1)\cdots(m+n-1)(1+z)^{-m-n}$ から容易にわかる.

3 (1) $$\frac{1}{1+z^2}=\frac{1}{1-(-z^2)}=\sum_{n=0}^{\infty}(-z^2)^n=\sum_{n=0}^{\infty}(-1)^n z^{2n}=1-z^2+z^4-z^6+\cdots \quad (|z|<1).$$

(2) (1)により，

$$\frac{d}{dz}\tan^{-1}z=\frac{1}{1+z^2}=1-z^2+z^4-z^6+\cdots$$

であるから，$\tan^{-1}0=0$ に注意して，両辺を積分すれば，

$$\tan^{-1}z=z-\frac{z^3}{3}+\frac{z^5}{5}-\frac{z^7}{7}+\cdots \quad (|z|<1).$$

注　この級数は，$|\mathrm{Re}\tan^{-1}z|<\pi/2$ なる主値を表わしている. なお，逆関数については次節参照.

(3) $$\tan z=z+\frac{1}{3}z^3+\frac{2}{15}z^5+\frac{17}{315}z^7+\cdots \quad \left(|z|<\frac{\pi}{2}\right).$$

$\tan z$ は，$z=\pm\pi/2$，$\pm 3\pi/2$，$\cdots$で正則だから，右辺の級数は円板 $|z|<\pi/2$ で収束する.

4 $$\frac{2z^2+9z+5}{z^3+z^2-8z-12}=\frac{1}{(z+2)^2}+\frac{2}{z-3}.$$ 2項級数の公式により，

$$\frac{1}{(z+2)^2}=\frac{1}{4(1+z/2)^2}=\frac{1}{4}-\frac{1}{4}z+\frac{3}{16}z^2-\frac{1}{8}z^3+\cdots \quad (|z|<2),$$

$$\frac{2}{z-3}=\frac{-2}{3(1-z/3)}=-\frac{2}{3}+\frac{2}{9}z-\frac{2}{27}z^2+\frac{2}{81}z^3-\cdots \quad (|z|<3).$$

従って，与式は，

$$-\frac{5}{12}-\frac{1}{36}z+\frac{49}{432}z^2-\frac{65}{648}z^3+\cdots\ (|z|<2).$$

5 (1) $\cos 2z=1-\frac{2^2}{2!}z^2+\frac{2^4}{4!}z^4-+\cdots\ (|z|<\infty)$.

(2) $\cos^2 z=\frac{1+\cos 2z}{2}=1-\frac{2}{2!}z^2+\frac{2^3}{4!}z^4-+\cdots\ (|z|<\infty)$.

(3) $e^{-z}=1-z+\frac{z^2}{2!}-\frac{z^3}{3!}+-\cdots\ (|z|<\infty)$.

6 (1) fが偶関数ならば，$f(-z)=f(z)$. $\therefore\ \sum_{n=0}^{\infty}(-1)^n c_n z^n=\sum_{n=0}^{\infty}c_n z^n$. 従って，$n$が奇数のとき，$c_n=0$. (2) も同様である．

7 もし $z=a$ が正則関数 f の位数 k の零点ならば，定義により，

$$f(a)=f'(a)=\cdots=f^{(k-1)}(a)=0,\ f^{(k)}(a)\neq 0$$

であるから，f の点 a を中心とする Taylor の展開は，

$$f(z)=(z-a)^k\{c_k+c_{k+1}(z-a)+c_{k+2}(z-a)^2+\cdots\}$$

の形になる．この右辺の { } 内の級数を $g(z)$ とすれば，$g(a)\neq 0$. 関数 g は連続であるから，点 a の十分小さい近傍では 0 でない．従って，f もその近傍では唯一の零点 a を持ち，a は孤立した零点になる．

8 $h(z)=f(z)-g(z)$ と置けば，関数 h も S で正則である．前問により，正則関数の零点は孤立しているから，もし f, g が恒等的に一致しているのでなければ，それらは S 内に集積点を持つような点集合の上で等しい値をとりえない． $\therefore\ f\equiv g$.

9 もし一つの関数が同じ中心 a を持つ二つのベキ級数に展開されたとすれば，それらは収束円の共通部分の各点に対して同じ関数値をとるから，前問により，恒等的に一致する．

10 (1) 関数 f は点 a で正則とし，a の近傍で a を囲む円 C をとれば，C 内の任意の点 z に対して，Cauchy の積分公式により，

$$f(z)=\frac{1}{2\pi i}\oint_C\frac{f(\zeta)}{\zeta-z}d\zeta$$

が成立つ．ここで，ζ は C 上にあり，z は C 内にあるから，

$$q=\frac{z-a}{\zeta-a}\ \text{と置けば，}|q|<1.\quad \therefore\ \frac{1}{1-q}=1+q+q^2+\cdots.$$

従って，

$$\frac{1}{\zeta-z}=\frac{1}{(\zeta-a)(1-q)}=\frac{1}{\zeta-a}+\frac{z-a}{(\zeta-a)^2}+\frac{(z-a)^2}{(\zeta-a)^3}+\cdots.$$

この級数が C 上の変数 ζ に関して一様収束することは容易に証明できるから，右辺は項別積分を行なうことが出来る．従って，

$$f(z)=\frac{1}{2\pi i}\oint_C\frac{f(\zeta)}{\zeta-a}d\zeta+\frac{z-a}{2\pi i}\oint_C\frac{f(\zeta)}{(\zeta-a)^2}d\zeta+\cdots$$

$$=f(a)+\frac{f'(a)}{1!}(z-a)+\frac{f''(a)}{2!}(z-a)^2+\cdots.$$

ここで，f が正則な点 z では右辺の級数は収束するが，逆に，ベキ級数で表わされる関数は収束円内で正則であるから，もし $z=b$ が f の特異点ならば，点 b は収束円周上またはその外部にある．従って，級数の収束半径 R は a から最も近い f の特異点への距離に等しい．

注　ベキ級数で表わされる関数 f は，級数が収束するすべての点 z で正則になるとは限らない．例えば，前節問 20 の解答 (1) の級数は，$z=1$ で絶対収束するが，その点で非正則である．

(2)　関数 f の孤立特異点 a の近傍で a を囲む円 C をとれば，C 内の任意の点 $z\neq a$ に対して，§24, 問 10 (2) により，

$$f(z)=\frac{1}{2\pi i}\oint_C\frac{f(\zeta)}{\zeta-z}d\zeta-\frac{1}{2\pi i}\oint_B\frac{f(\zeta)}{\zeta-z}d\zeta.$$

但し，B は C 内で $|z-a|$ より小さい半径で a を囲む円である．右辺の第 1 項においては，ζ は C 上にあり，z は C 内にあるから，(1) と同様にして，

$$c_0+c_1(z-a)+c_2(z-a)^2+\cdots,\quad c_n=\frac{1}{2\pi i}\oint_C\frac{f(\zeta)}{(\zeta-a)^{n+1}}d\zeta$$

なるベキ級数に展開される．また，第 2 項においては，ζ は C 上にあり，z は C 外にあるから，

$$q=\frac{\zeta-a}{z-a}\ \text{と置けば，}\ |q|<1.$$

$$\therefore\quad \frac{-1}{\zeta-z}=\frac{1}{(z-a)(1-q)}=\frac{1}{z-a}+\frac{\zeta-a}{(z-a)^2}+\frac{(\zeta-a)^2}{(z-a)^3}+\cdots.$$

従って，第 2 項は，

$$\frac{c_{-1}}{z-a}+\frac{c_{-2}}{(z-a)^2}+\cdots,\quad c_{-n}=\frac{1}{2\pi i}\oint_B f(\zeta)(\zeta-a)^{n-1}d\zeta$$

と展開される．積分路 B は，被積分関数の特異点を通らない限り，連続的に変形してもよいから，係数 c_n, c_{-n} は統一的に，

$$c_n=\frac{1}{2\pi i}\oint_C\frac{f(\zeta)}{(\zeta-a)^{n+1}}d\zeta\qquad (n\ \text{は任意の整数})$$

と積分表示できる．ここで，積分変数 ζ は z に書き改めてもよい．

(3)　(1), (2) の解答中に示した．

11 (1) $z^2e^{1/z}=z^2+z+\dfrac{1}{2!}+\dfrac{1}{3!z}+\dfrac{1}{4!z^2}+\cdots\ (0<|z|<\infty)$.

(2) 問 5 (1) より，

$$\frac{\cos 2z}{z^2}=\frac{1}{z^2}-\frac{2^2}{2!}+\frac{2^4}{4!}z^2-+\cdots\ (0<|z|<\infty).$$

(3) $\cot z=\dfrac{1}{z}-\dfrac{1}{3}z-\dfrac{1}{45}z^3-\dfrac{2}{945}z^5-\cdots\ (0<|z|<\pi)$.

—— B ——

12 点 a が関数 f の極ならば，a で正則な関数 p によって，

$$f(z)=\frac{p(z)}{(z-a)^k},\ p(a)\neq 0$$

と表わされる．a を中心として p を Taylor 展開すれば，f は Laurent 級数

$$f(z)=\frac{p(z)}{(z-a)^k}=\frac{1}{(z-a)^k}\{c_0+c_1(z-a)+c_2(z-a)^2+\cdots\}$$

に展開される．従って，a を中心とする f の Laurent 展開の特異部は有限項である．逆も明らかに成立つから，a が真性特異点ならば，特異部は無限項になる．

13 点 a が除去可能な特異点ならば，定義により，

$$f(z)=c_0+c_1(z-a)+c_2(z-a)^2+\cdots,\qquad \therefore\ \lim_{z\to a}f(z)=c_0\ (\text{有限確定}).$$

逆に，a を中心とする Laurent 展開の特異部が実際に現われるならば，それは $z\to a$ のとき発散するから，$\lim_{z\to a}f(z)$ は有限確定とはなりえない．

14 関数 f を $0<|z-a|<r$ で正則かつ有界とするとき，f は a を中心とする Laurent 級数に展開できる．その特異部の係数 c_{-n} は，a を中心とする半径 ε $(\varepsilon<r)$ の円を C とすれば，

$$c_{-n}=\frac{1}{2\pi i}\oint_C f(z)(z-a)^{n-1}dz\quad (n=1,2,\cdots)$$

と表わされる．$|f(z)|<M$，$|z-a|=\varepsilon$，C の全長は $2\pi\varepsilon$ であるから，

$$|c_{-n}|\leqq\frac{1}{2\pi}\oint_C |f(z)||z-a|^{n-1}\,dz\leqq\frac{M\varepsilon^{n-1}}{2\pi}\cdot 2\pi\varepsilon=M\varepsilon^n.$$

ε は任意に小さく出来るから，$c_{-n}=0$ $(n=1,2,\cdots)$．従って，特異部は現われない．これは，a が除去可能な特異部であることを示している．

15 点 a が関数 f の極ならば，a で正則な関数 p によって，

$$f(z)=\frac{p(z)}{(z-a)^k},\ p(a)\neq 0$$

と表わされる．ここで，$z\to a$ とすれば，分子は有限確定，分母は 0 になるから，$\lim_{z\to a}f(z)=\infty$ となる．逆に，$\lim_{z\to a}f(z)=\infty$ のとき，$g(z)=1/f(z)$ と置けば，

$\lim_{z\to a} g(z)=0$ であるから，$g(a)=0$ と置けば，関数 g は点 a で正則になる．a は g の零点であるから，その位数を k とすれば，a で正則な関数 q により，$g(z)=(z-a)^k q(z)$, $q(a)\neq 0$ と表わされる．このとき，

$$f(z)=\frac{1}{g(z)}=\frac{1}{(z-a)^k}\,\frac{1}{q(z)}.$$

$1/q(z)$ は a で正則だから，a は f の位数 k の極である．

16 関数 f が孤立特異点 a のある近傍で一つの値 b に無限に近づくことは出来ないと仮定する．すなわち，正数 ε に対して，それに応じて正数 δ を選んで，

$0<|z-a|<\delta$ において，f は正則で，$|f(z)-b|\geqq\varepsilon$

とすることが出来ると仮定する．このとき，

$$g(z)=\frac{1}{f(z)-b} \text{ と置けば，} |g(z)|=\frac{1}{|f(z)-b|}\leqq\frac{1}{\varepsilon}.$$

従って，Riemann の定理により，a は関数 g の特異点として除去可能になる．

$$\therefore\ \lim_{z\to a} g(z)=\lim_{z\to a}\frac{1}{f(z)-b}=c \text{ (有限確定)}.$$

ここで，$c\neq 0$ ならば，$\lim_{z\to a} f(z)=b+1/c$ (有限確定)．従って，このとき a は f の除去可能な特異点となる．また，$c=0$ ならば，$\lim_{z\to a} f(z)=\infty$ で，このとき a は f の極となる．従って，a が f の真性特異点ならば，f は a の任意の近傍で任意の値 b に無限に近づくことが出来る．

17 (1) $\dfrac{\sin z}{z}=1-\dfrac{z^2}{3!}+\dfrac{z^4}{5!}-+\cdots$. $z=0$ は除去可能な特異点．

(2) $\sin\dfrac{1}{z}=\dfrac{1}{z}-\dfrac{1}{3!z^3}+\dfrac{1}{5!z^5}-+\cdots$. $z=0$ は真性特異点．

(3) $\tan\dfrac{1}{z}$ は $\cos\dfrac{1}{z}=0$ となる $z=\pm\dfrac{2}{\pi}, \pm\dfrac{2}{3\pi}, \cdots$ を極として持ち，更に，$z=0$ を集積特異点として持つ．

18 問 10 (2) の証明において，円 B の半径 b，円 C の半径 c を $R_1<b<c<R_2$ なる範囲内でとれば，全く同様にして証明できる．

19 関数 f の与えられた環状領域における二つの Laurent 展開を，

$$\sum_{n=-\infty}^{\infty} c_n(z-a)^n=\sum_{n=-\infty}^{\infty} b_n(z-a)^n$$

とする．級数は一様収束するので，両辺を項別積分できる．

$$\therefore\ 2\pi i c_n=2\pi i b_n. \qquad \therefore\ c_n=b_n\ (n=0, \pm1, \cdots).$$

20 (1) $\dfrac{1}{z^2-1}=\dfrac{1}{(z-1)(z+1)}$. ここで，$|z-1|<2$ のとき，

$$\frac{1}{z+1}=\frac{1}{2\{1+(z-1)/2\}}=\sum_{n=0}^{\infty}\frac{(-1)^n}{2^{n+1}}(z-1)^n.$$

$$\therefore\ \frac{1}{z^2-1}=\sum_{n=0}^{\infty}\frac{(-1)^n}{2^{n+1}}(z-1)^{n-1}\ (0<|z-1|<2).$$

また，$|z-1|>2$ のとき，

$$\frac{1}{z+1}=\frac{1}{(z-1)\{1+2/(z-1)\}}=\sum_{n=0}^{\infty}\frac{(-2)^n}{(z-1)^{n+1}}.$$

$$\therefore\ \frac{1}{z^2-1}=\sum_{n=0}^{\infty}\frac{(-2)^n}{(z-1)^{n+2}}\ (|z-1|>2).$$

(2) $\dfrac{1}{z^4}=\displaystyle\sum_{n=0}^{\infty}{}_{-4}\mathrm{C}_n(z-1)^n\ (|z-1|<1)$，または，$\dfrac{1}{z^4}=\displaystyle\sum_{n=0}^{\infty}{}_{-4}\mathrm{C}_n\frac{1}{(z-1)^{n+4}}\ (|z-1|>1)$.

§27. 逆関数と多価関数

—— **A** ——

1 §6, 問 19 と同様である.

2 $|z|=1$ であるから，$\log z=\log|z|+i\arg z=i\arg z$.

(1) $2n\pi i$　(2) $(2n+1/4)\pi i$　(3) $(2n+1/2)\pi i$　(4) $(2n-1/4)\pi i$

3 (1) $\log z_1z_2=\log|z_1z_2|+i\arg z_1z_2=\log|z_1|+i\arg z_1+\log|z_2|+i\arg z_2=\log z_1+\log z_2$. (2) も同様にして出来る.

4 (1) $f(z)=\log(1+z)$ (主値) と置けば，

$$f^{(n)}(z)=(-1)^{n-1}\frac{(n-1)!}{(1+z)^n},\ f^{(n)}(0)=(-1)^{n-1}(n-1)!$$

従って，Maclaurin の公式によって，問題の展開式を得る.

(2) (1) において，z を $-z$ に置き換え，両辺を -1 倍すれば，

$$-\log(1-z)=z+\frac{z^2}{2}+\frac{z^3}{3}+\cdots\ (|z|<1).$$

この二つの級数を加えると，

$$\log(1+z)-\log(1-z)=\log\frac{1+z}{1-z}=2\left(z+\frac{z^3}{3}+\frac{z^5}{5}+\cdots\right).$$

$$\therefore\ \tanh^{-1}z=\frac{1}{2}\log\frac{1+z}{1-z}=z+\frac{z^3}{3}+\frac{z^5}{5}+\cdots\ (|z|<1).$$

5 $w=\log z=\log|z|+i\arg z\ (z\neq 0)$ は主値に限れば一価関数であるが，そのとき，$-\pi<\arg z\leqq\pi$ であるから，w の虚部は負軸において 2π の跳躍をし，連続ではない. しかし，それ以外の領域においては，

$$\frac{d}{dz}\log z=\frac{1}{z}$$

が成立し，正則になる．

6 (1) $b\log a=b\log|a|+ib\arg a=b\,\mathrm{Log}\,a+i2nb\pi$（Logは対数関数の主値）であるから，もし$b$が整数ならば，

$$a^b=e^{b\,\mathrm{Log}\,a+i2nb\pi}=e^{b\,\mathrm{Log}\,a}\quad(1\text{価}).$$

(2) (1)と同様にして，$b=p/q$（既約分数，$q>0$）ならば，$e^{i2nb\pi}$がq価になり，従って，a^bもq価になる．　　(3)も同様．

7 (1) 1　　(2) $e^{-\pi/2}$　　(3) $\cos(2\log 2)+i\sin(2\log 2)$

8 $z=(e^{iw}+e^{-iw})/2$ より，$(e^{iw})^2-2ze^{iw}+1=0$.

$\therefore\ e^{iw}=z\pm\sqrt{z^2-1}$（$\sqrt{\ }$は2価であるから負号は省いてよい）.

$\therefore\ w=-i\log(z+\sqrt{z^2-1})$.

9 $z=\dfrac{e^w-e^{-w}}{e^w+e^{-w}}$ より，$(e^w)^2=\dfrac{1+z}{1-z}$.　$\therefore w=\dfrac{1}{2}\log\dfrac{1+z}{1-z}$.

10 $\log z$ と $\log(-z)$ は定数 $\log(-1)$ の差があるにすぎないから，これを積分定数とみなせば，第1式は複素変数zにより，

$$\int\frac{dz}{\sqrt{a^2+z^2}}=\log(z+\sqrt{a^2+z^2})$$

としてよい．ここで，zをizに置き換えれば，

$$\int\frac{dz}{\sqrt{a^2-z^2}}=\sin^{-1}\frac{z}{a}=-i\log(iz+\sqrt{a^2-z^2}).$$

11 前問と同様にして，第1式は，

$$\int\frac{dz}{z^2-a^2}=\frac{1}{2a}\log\frac{a-z}{a+z}$$

としてよい．ここで，zを$-iz$に置き換えれば，与式を得る．

12 (1) $\sinh^{-1}\sqrt{z^2-1}=\log(\sqrt{z^2-1}+\sqrt{z^2-1+1}=\log(z+\sqrt{z^2-1})=\cosh^{-1}z$.　第2式も同様．

(2) $\cos iw=\cosh w=z$ と置けば，$iw=\cos^{-1}z=i\cosh^{-1}z$．また，$\sin iw=i\sinh w=z$ と置けば，$iw=\sin^{-1}iz=i\sinh^{-1}z$.

(3) $\dfrac{d}{dz}\tan^{-1}z=\dfrac{1}{2i}\dfrac{d}{dz}\{\log(1+iz)-\log(1-iz)\}=\dfrac{1}{2i}\left(\dfrac{i}{1+iz}+\dfrac{i}{1-iz}\right)=\dfrac{1}{1+z^2}$.

第2式も同様にして，

$$\frac{d}{dz}\tanh^{-1}z=\frac{1}{2}\frac{d}{dz}\{\log(1+z)-\log(1-z)\}=\frac{1}{1-z^2}.$$

―― B ――

13 (1) 分岐点 a,∞（分岐度2）　　(2) 分岐点 $-1,\infty$（対数分岐点）

14 (1) 2個の z 球面を a から ∞ まで経線に沿って切断し，それを合成して出来る Riemann 面.

(2) 無限個の z 球面 $\Sigma_0, \Sigma_1, \cdots\cdots$ を， 0から ∞ まで実軸の負の部分に沿って切断し，合成して出来る Riemann 面.

§28. 留数の応用

— **A** —

1 $\left|\int_{\Gamma(t)} f(z)\,dz\right| \leqq \dfrac{M}{t^k}\cdot\pi t = \dfrac{\pi M}{t^{k-1}}$ $(k>1)$. $\therefore\ \lim\limits_{t\to\infty}\int_{\Gamma(t)} f(z)\,dz = 0.$

2 f は有理関数であるから，上半平面に有限個しか極を持たず，t を十分大きくとれば，それらの極はすべて半円 $\Gamma(t)$ 内に入る．また，$\deg p(z) \leqq \deg q(z)-2$ であるから，$|z|=t$ のとき，t を十分大きくとれば，前問により，

$$|f(z)| = \left|\frac{p(z)}{q(z)}\right| < \frac{M}{t^2}\ (M\text{ は定数}),\qquad \therefore\ \lim_{t\to\infty}\int_{\Gamma(t)} f(z)dz = 0$$

とすることが出来る．従って，題意の公式が成立つ．

3 (1) $f(z)=1/(1+z^2)$ は上半平面内に単純極 i を持つ．$R(i)=1/2i$.

$$\therefore\ \int_0^\infty \frac{dx}{1+x^2} = \frac{1}{2}\int_{-\infty}^\infty \frac{dx}{1+x^2} = \pi i R(i) = \frac{\pi}{2}.$$

(2) $f(z)=1/(1+z^4)$ は上半平面内に単純極 $e^{i\pi/4}$， $e^{i3\pi/4}$ を持つ．

$$R(e^{i\pi/4}) = \frac{1}{4e^{i3\pi/4}} = \frac{1}{4}e^{-i3\pi/4} = -\frac{1+i}{4\sqrt{2}},\quad R(e^{i3\pi/4}) = \frac{1-i}{4\sqrt{2}}.$$

$$\therefore\ \int_0^\infty \frac{dx}{1+x^4} = \pi i\cdot\frac{-2i}{4\sqrt{2}} = \frac{\pi}{2\sqrt{2}}.$$

4 $f(z) = \dfrac{1}{(1+z^2)^{n+1}}$ は上半平面内に位数 $n+1$ の極 i を持つ．

$$R(i) = \frac{1}{n!}\lim_{z\to i}\frac{d^n}{dz^n}(z-i)^{n+1}\frac{1}{(1+z^2)^{n+1}} = \frac{1}{n!}\lim_{z\to i}\frac{d^n}{dz^n}\frac{1}{(z+i)^{n+1}}$$

$$= \frac{1}{n!}(-1)^n(n+1)(n+2)\cdots(2n)\lim_{z\to i}(z+i)^{-2n-1} = \frac{(2n)!}{n!n!}\,\frac{-i}{2^{2n+1}}$$

$$= \frac{-i}{2}\cdot\frac{1\cdot3\cdot\cdots\cdot(2n-1)}{2\cdot4\cdot\cdots\cdot(2n)}.$$

$$\therefore\ \int_0^\infty \frac{dx}{(1+x^2)^{n+1}} = \pi i R(i) = \frac{1\cdot3\cdot\cdots\cdot(2n-1)}{2\cdot4\cdot\cdots\cdot(2n)}\cdot\frac{\pi}{2}.$$

注 留数解析を使わなければ，$x=\tan\theta$ と置き，

$$\frac{1}{1+x^2} = \cos^2\theta,\ dx = \frac{1}{\cos^2\theta}\,d\theta.\ \therefore\ \int_0^\infty \frac{dx}{(1+x^2)^{n+1}} = \int_0^{\frac{\pi}{2}} \cos^{2n}\theta\,d\theta.$$

従って，§10,問2(1)の場合に帰着する.

5 (1) $\displaystyle\int_0^{2\pi}\frac{d\theta}{5-3\cos\theta}=2i\oint_C\frac{dz}{(3z-1)(z-3)}=-4\pi\sum_{|a|<1}R(a).$

被積分関数 $1/(3z-1)(z-3)$ は単位円内に単純極 $1/3$ を持つ．

$$R\left(\frac{1}{3}\right)=\lim_{z\to1/3}\frac{1}{3(z-3)}=-\frac{1}{8}.\quad \therefore \int_0^{2\pi}\frac{d\theta}{5-3\cos\theta}=\frac{\pi}{2}.$$

(2) $\displaystyle\int_0^{2\pi}\frac{\cos\theta}{3+\sin\theta}\,d\theta=\oint_C\frac{z^2+1}{z^3+6iz^2-z}\,dz.$

被積分関数は単位円内に単純極 0，$(\sqrt{8}-3)i$ を持つ．

$$R(0)=\lim_{z\to0}\frac{z^2+1}{3z^2+12iz-1}=-1,\ R((\sqrt{8}-3)i)=1.$$

$$\therefore \int_0^{2\pi}\frac{\cos\theta}{3+\sin\theta}\,d\theta=2\pi(1-1)=0.$$

6 三角関数の定義より，

$$\cos n\theta=\frac{e^{in\theta}+e^{-in\theta}}{2}=\frac{z^n+z^{-n}}{2},\ \sin n\theta\ \text{も同様}.$$

7 (1) $\displaystyle\int_0^{2\pi}\frac{\cos^2\theta}{26-10\cos2\theta}\,d\theta=\frac{i}{20}\oint_C\frac{(z^2+1)^2}{z(z^2-1/5)(z^2-5)}\,dz=\frac{\pi}{20}.$

(2) $\displaystyle\int_0^{2\pi}\frac{\cos^2 3\theta}{5-4\cos2\theta}=\frac{i}{8}\oint_C\frac{(z^6+1)^2}{z^5(z^2-2)(z^2-1/2)}\,dz=\frac{3\pi}{8}.$

8 $z=te^{i\theta}=t\cos\theta+it\sin\theta$ と置けば，

$$e^{i\omega z}=e^{-\omega t\sin\theta}e^{i\omega t\cos\theta},\ dz=ite^{i\theta}d\theta$$

であるから，

$$\left|\int_{\Gamma(t)}f(z)e^{i\omega z}\,dz\right|\leqq\int_0^{\pi}\frac{M}{t^k}e^{-\omega t\sin\theta}\,t\,d\theta\leqq\frac{M}{t^{k-1}}\int_0^{\pi}e^{-\omega t\sin\theta}\,d\theta.$$

しかるに，$0\leqq\theta\leqq\pi/2$ では，$\sin\theta\geqq2\theta/\pi$ であるから，

$$\frac{M}{t^{k-1}}\int_0^{\pi}e^{-\omega t\sin\theta}\,d\theta\leqq\frac{M}{t^{k-1}}\cdot2\int_0^{\frac{\pi}{2}}e^{-(2\omega t/\pi)\theta}\,d\theta=\frac{M}{t^{k-1}}\cdot\frac{\pi}{\omega t}(1-e^{-\omega t})$$

$$=\frac{\pi M}{\omega t^k}(1-e^{-\omega t})\to0\ (t\to\infty).\quad \therefore \lim_{t\to\infty}\int_{\Gamma(t)}f(z)e^{i\omega z}\,dz=0.$$

9 問2と同様にすれば，前問により，題意の成立つことがわかる．

10 $e^{i\omega z}/(1+z^2)$ は上半平面で単純極 i を持つ．$R(i)=1/2ie^{\omega}$．

$$\therefore \int_{-\infty}^{\infty}\frac{e^{i\omega x}}{1+x^2}\,dx=\frac{2\pi i}{2ie^{\omega}}=\frac{\pi}{e^{\omega}}.$$ 両辺の実部，虚部を比較すれば，

(1) $\displaystyle\int_{-\infty}^{\infty}\frac{\cos\omega x}{1+x^2}\,dx=\frac{\pi}{e^{\omega}},$　　(2) $\displaystyle\int_{-\infty}^{\infty}\frac{\sin\omega x}{1+x^2}\,dx=0.$

11 留数定理によって，このへこみをつけられた領域を S とすれば，

$$\int_{-t}^{a-\rho} f(x)\,dx+\int_{\Gamma(\rho)} f(z)\,dz+\int_{a+\rho}^{t} f(x)\,dx+\int_{\Gamma(t)} f(z)\,dz=2\pi i\sum_{a\in S} R(a).$$

ここで，$t\to\infty$, $\rho\to 0$ とすれば，与えられた公式を得る．

12 $\displaystyle\int_\rho^t \frac{\sin x}{x}\,dx=\frac{1}{2i}\int_\rho^t \frac{e^{ix}-e^{-ix}}{x}\,dx=\frac{1}{2i}\int_{-t}^{-\rho}\frac{e^{ix}}{x}\,dx+\frac{1}{2i}\int_\rho^t \frac{e^{ix}}{x}\,dx$

$$=\frac{1}{2i}\oint_C \frac{e^{iz}}{z}\,dz-\frac{1}{2i}\int_{\Gamma(\rho)}\frac{e^{iz}}{z}\,dz-\frac{1}{2i}\int_{\Gamma(t)}\frac{e^{iz}}{z}\,dz.$$

ここで，C はへこみをつけられた領域 S の境界であり，e^{iz}/z はその内部に特異点を持たないから，第1項の積分は0である．第2項は，$\Gamma(\rho)$ 上では，$z=\rho e^{i\theta}$ であるから，$dz=izd\theta$ に注意して，

$$-\frac{1}{2i}\int_{\Gamma(\rho)}\frac{e^{iz}}{z}\,dz=\frac{1}{2}\int_0^\pi \exp\,(i\rho e^{i\theta})\,d\theta\to\frac{\pi}{2}\ \ (\rho\to 0).$$

また，第3項は，$\Gamma(t)$ 上では $|z^{-1}|=t^{-1}$ であるから，問8により $t\to\infty$ のとき0に収束する．以上によって，

$$\int_0^\infty \frac{\sin x}{x}\,dx=\frac{\pi}{2}.$$

—— **B** ——

13 関数 f の極の最大絶対値を R とすれば，f は $|z|>R$ で正則であるが，$\deg p(z)<\deg q(z)$ であるから，§22, 問23 により，f は ∞ においても正則である．従って，

$$g(z)=f(z)-\sum_a\sum_{n=1}^k \frac{c_{-n}}{(z-a)^n}$$

は，∞ を含めた全平面において正則になり，定数になる．しかるに，

$$\lim_{z\to\infty} g(z)=\lim_{z\to\infty}\left\{f(z)-\sum_a\sum_{n=1}^k\frac{c_{-n}}{(z-a)^n}\right\}=0.\quad \therefore\ g(z)=0.$$

14 前問において，各極 a の位数 $k=1$ であるから，直ちにわかる．

15 (1) $\displaystyle\frac{2z+3}{z^2-4}=\frac{7}{4(z-2)}+\frac{1}{4(z+2)},$

$$\int\frac{2z+3}{z^2-4}\,dz=\frac{7}{4}\log\,(z-2)+\frac{1}{4}\log\,(z+2)+C.$$

(2) $\displaystyle\frac{z^2}{(z-2)(z^2-1)}=\frac{4}{3(z-2)}-\frac{1}{2(z-1)}+\frac{1}{6(z+1)},$

$$\int\frac{z^2}{(z-2)(z^2-1)}\,dz=\frac{4}{3}\log\,(z-2)-\frac{1}{2}\log\,(z-1)+\frac{1}{6}\log\,(z+1)+C.$$

16 点 a が関数 f の零点，極のいずれであっても，a は $f'(z)/f(z)$ の単純極になる．何故なら，もし，a が f の位数 k の零点ならば，

$f(z)=(z-a)^k g(z)$,　　g は a の近傍で正則，$g(a)\neq 0$

と置けば，

$$\frac{f'(z)}{f(z)}=\frac{k}{z-a}+\frac{g'(z)}{g(z)}, \quad \therefore\ a \text{ は } \frac{f'(z)}{f(z)} \text{ の単純極で } R(a)=k.$$

また，もし，b が f の位数 k の極ならば，

$$f(z)=\frac{p(z)}{(z-b)^k}, \qquad p \text{ は } b \text{ の近傍で正則，} p(b)\neq 0$$

と置けば，

$$\frac{f'(z)}{f(z)}=\frac{-k}{z-b}+\frac{p'(z)}{p(z)}, \quad \therefore\ b \text{ は } \frac{f'(z)}{f(z)} \text{ の単純極で } R(b)=-k$$

となるからである．従って，$f'(z)/f(z)$ について留数定理を用いれば，

$$\frac{1}{2\pi i}\oint_C \frac{f'(z)}{f(z)}\,dz=\sum R(a)+\sum R(b)=N-p.$$

この左辺は，$\log f(z)=\log|f(z)|+i\arg f(z)$ に注意して，

$$\frac{1}{2\pi i}\oint_C \frac{f'(z)}{f(z)}\,dz=\frac{1}{2\pi i}\oint_C d\log f(z)$$

$$=\frac{1}{2\pi}\oint_C d\arg f(z)+\frac{1}{2\pi i}\oint_C d\log|f(z)|.$$

これと $N-p$ の成分を比較すれば，第1項$=N-P$，第2項$=0$ を得る．

索　　引

キ・ギ

ク・グ

ケ・ゲ

コ・ゴ

サ・ザ

シ・ジ

ス・ズ

セ・ゼ

ソ・ゾ

タ・ダ

チ

テ・デ

ト・ド

ナ

ニ

ネ

ノ

ハ・バ

ヒ・ビ

フ・ブ

へ・ベ

ホ・ボ

マ

ミ

ム

メ

モ

ヤ

ユ

ヨ

ラ

リ

ル

レ

著者紹介：

加藤 明史（かとう・あきのぶ）

鳥取大学名誉教授

著書：『親切な代数学演習　新装2版』，現代数学社

『読んで楽しむ代数学』，現代数学社

『大数学者の数学・ガウス／整数論への道』，現代数学社

訳書：『代数学の歴史』（ファン・デル・ヴェルデン 著），現代数学社，

など

初学者のための微積分学　問題演習編

2023年9月21日　　初版第1刷発行

著　者　　加藤 明史

発行者　　富田　淳

発行所　　株式会社　現代数学社

〒606-8425 京都市左京区鹿ヶ谷西寺ノ前町1

TEL 075 (751) 0727　FAX 075 (744) 0906

https://www.gensu.co.jp/

装　幀　　中西真一（株式会社 CANVAS）

印刷・製本　　有限会社 ニシダ印刷製本

ISBN 978-4-7687-0616-9　　2023 Printed in Japan